高职高专"十三五"规划教材

土建专业系列

管道施工技术

主　编　许宏良
副主编　姚　凯　屠小斌

南京大学出版社

内容简介

本书系统地介绍了燃气管道施工技术方面的材料、阀门、土方工程、PE 管道施工、钢管防腐、带气连接、高压和次高压管道施工、非开挖施工、室内燃气管道施工等方面内容,同时也对管道图识读和绘制做了大量的介绍。

图书在版编目(CIP)数据

管道施工技术 / 许宏良主编. --南京 :南京大学
出版社,2016.5
高职高专"十三五"规划教材.土建专业系列
ISBN 978-7-305-16381-4

Ⅰ. ①管… Ⅱ. ①许… Ⅲ. ①管道施工-高等职业教
育-教材 Ⅳ. ①TU81

中国版本图书馆 CIP 数据核字(2015)第 316183 号

出版发行 南京大学出版社
社　　址 南京市汉口路 22 号　　　邮　编 210093
出版人　　金鑫荣

丛 书 名 高职高专"十三五"规划教材·土建专业系列
书　　名 **管道施工技术**
主　　编 许宏良
责任编辑 杨　坤　王抗战　　　编辑热线　025 - 83597482

照　　排 南京南琳图文制作有限公司
印　　刷 江苏凤凰通达印刷有限公司
开　　本 787×1092 1/16　印张 14.5　字数 353 千
版　　次 2016 年 5 月第 1 版　2016 年 5 月第 1 次印刷
ISBN 978-7-305-16381-4
定　　价 38.00 元

网址:http://www.njupco.com
官方微博:http://weibo.com/njupco
官方微信号:njupress
销售咨询热线:(025) 83594756

前　言

随着我国经济社会的高速发展,作为绿色环保的清洁能源——天然气在我国的城镇燃气事业得到了广泛应用,已逐步替代了人工煤气和液化石油气。随之而起的市政天然气管道施工技术的发展也日新月异,新技术、新材料、新工艺、新设备、新标准更是层出不穷,各高职高专类高校的燃气专业、各燃气公司及与之相关的施工企业亟需一本适应形势发展需要、与时俱进的培训教材,以满足燃气施工技术方面各类人员的职业技能和知识的需求。

本书就是在适应形势发展的基础上,参考行业内燃气管道施工经验,结合专业教学的实际需要编写而成。教材内容基本覆盖了燃气施工系统的各个环节。

本书内容体现"以职业活动为导向、以职业能力为核心"的指导思想,突出职业能力和知识要求,结构上针对燃气管道施工的全过程,按照施工和学习模块分别编写。本书在成稿过程中得到了常州港华燃气有限公司姚凯工程师的大力支持,在此深表感谢。

本书根据室内外燃气管道施工过程,设计了模块化知识体系,读者可根据岗位职业技能和自身的知识要求选读。

本书可作为市政燃气类高职高专专业教材,也可作为各燃气公司、管道施工企业的培训教材。

由于编者水平所限,书中难免有不足和疏漏之处,恳请广大读者批评指正。

编　者
2016 年 3 月

前　言

目　录

模块一　管道工程识图基础

第一章　管道工程图概述

一、管道工程图的分类

1. 按工程项目性质分类

工业管道工程图：为生产输送介质，为生产服务的管道系统。

卫生管道工程图：为生活或改善劳动卫生条件而输送介质的管道系统。卫生管道工程图又可分为建筑给水排水管道、供暖管道、燃气管道、通风与空调管道等。

2. 按图形和作用分类

基本图纸：图纸目录、设计施工说明、图例、工艺流程图、平面图、轴测图、立(剖)面图等。详图：大样图、节点详图和标准图等。

图纸的排列宜符合下列顺序：工程项目的图纸目录、选用标准图或图集目录、设计施工说明、设备及主要材料表、图例、设计图。

各专业设计图纸应独立编号。图纸编号宜符合下列顺序：目录、总图、流程图、系统图、平面图、剖面图、详图等。平面图宜按建筑层次由下至上排列。

（1）基本图纸

1）图纸目录：为方便查阅和保管，将一个项目工程的施工图纸按一定的名称和顺序归纳整理编排而成。通过图纸目录，可知道该项目整套专业图的图别、图名及其数量等。

2）设计说明：设计人员在图样上无法表明而又必须要建设单位和施工单位知道的一些技术和质量的要求，一般以文字的形式加以说明。其内容包括工程设计的主要技术数据，施工验收要求以及特殊注意事项。

3）图例(设备材料表)：表示工程实际形状的线型、符号及代号。

4）工艺流程图：是整个管道系统的整个工艺变化过程的原理图，是设备布置和管道布置等设计的依据，也是施工安装和操作运行时的依据。通过此图，可全面了解建筑物名称、设备编号、整个系统的仪表控制点，可确切了解管道的材质、规格、编号、输送的介质与流向以及主要控制阀门等。

5）平面图：是管道工程图中最基本的一种图样。主要表示设备、管道在建筑物内的平面布置，表示管线的排列和走向，坡度和坡向，管径和标高，各管段的长度尺寸和相对位置等具体数据。

6）轴测图(系统图)：是管道工程图中的重要图样之一。它反映设备管道的空间布置和管线的空间走向。识读建筑给水排水和暖通工程图时通常要结合平面图和轴测图一起看。

7) 立(剖)面图:主要反映管道在建筑物内的垂直高度方向上的布置,反映在垂直方向上管线的排列、走向以及各管线的编号、管径、标高等具体数据。

基本幅面代号	A0	A1	A2	A3	A4
$b \times d$	841×1 189	594×841	420×594	297×420	210×297
c	10	10	10	5	5
a	25	25	25	25	25

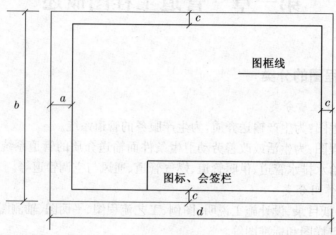

×××××设计研究院		工程名称		＊＊＊＊＊＊＊＊工程		
		子项名称		管道工程		
审定		校核		地下一层给排水平面图		
审核		设计				
项目负责人		制图		阶段 施工图	专业 给排水	比例 1:100
专业负责人		日期		图号	水施-02	

图 1-1 标签栏

(2) 详图

1) 大样图:是表示一组设备的配管或一组管配件组合安装的详图,能反映组合体各部位的详细构造和尺寸。

2) 标准图:是一种具有通用性的图样,是为使设计和施工标准化、统一化,一般由国家或有关部委颁发的标准图样。其反映了成组管件、部件或设备的具体构造尺寸和安装技术要求,是整套施工图纸的一个组成部分。

3) 节点详图:是对以上几种图样无法表示清楚的节点部位的放大图,能清楚地反映某一局部管道和组合件的详细结构和尺寸。

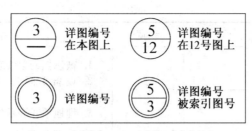

图 1-2 详图索引编号

3. 管道工程图的表示方法

管道工程图是设计人员用来表达设计意图的重要工具。为保证管道工程图的统一性、便于识图性,管道工程图中管线表示方法必须按国家标准进行绘制。

(1) 管道线型

管道工程图上的管道和管件必须采用统一的线型来表示,如管道线型规定中有粗实线、中实线、细实线、粗虚线、中虚线、细虚线、细点划线、折断线、波浪线等。

图线的实线宽度可分为粗、中、细三种。一张图纸上同一线型的宽度应保持一致,一套图纸中大多数图样同一线型的宽度宜保持一致。

常用线型的画法及用途见表 1-1。

同一张图中,虚线、点画线、双点画线的线段长及间隔应一致。点画线、双点画线的点应使间隔均分,虚线、点画线、双点画线应在线段上转折或交汇。当图纸幅面较大时,可采用线段较长的虚线、点画线、双点画线。

表 1-1 线型画法及用途

名称	线型	线宽	用途示例
粗实线	——————	b	1. 单线表示的管道 2. 设备平面图及剖面图中的设备外轮廓线 3. 设备及零部件等编号标志线 4. 剖切符号线 5. 表格外轮廓线
中实线	—————	$0.50b$	1. 双线表示的管道 2. 设备和管道平面及剖面图中的设备外轮廓线 3. 尺寸起止符 4. 单线表示的管道横剖面
细实线	————	$0.25b$	1. 可见建(构)筑物、道路、河流、地形地貌等的轮廓线 2. 尺寸线、尺寸界线 3. 材料剖面线、设备及附件等的图形符号 4. 设备、零部件及管路附件等的编号引出线 5. 较小图形中心线 6. 管道平面图及剖面图中的设备及管路附件的外轮廓线 7. 表格内线

（续表）

名称	线型	线宽	用途示例
粗虚线	—— —— ——	b	1. 被遮挡的单线表示的管道 2. 设备平面及剖面图中被遮挡设备外轮廓线 3. 埋地单线表示的管道
中虚线	— — — —	$0.50b$	1. 被遮挡的双线表示的管道 2. 设备和管道平面及剖面图中被遮挡设备外轮廓线 3. 埋地双线表示的管道
细虚线	--------	$0.25b$	1. 被遮挡的建（构）筑物的轮廓线 2. 拟建建筑物的外轮廓线 3. 管道平面和剖面图中被遮挡设备及管路附件的外轮廓线
点画线	—·—·—·—	$0.25b$	1. 建筑物的定位轴线 2. 设备中心线 3. 管沟或沟槽中心线 4. 双线表示的管道中心线 5. 管路附件或其他零部件的中心线或对称轴线
双点画线	—··—··—	$0.25b$	假想轮廓线
波浪线	〜〜〜	$0.25b$	设备和其他部件自由断开界线
折断线	—─⌐─—	$0.25b$	1. 建筑物的断开界线 2. 多根管道与建筑物同时被剖切时的断开界线 3. 设备及其他部件断开界线

（2）比例

比例应采用阿拉伯数字表示。当一张图上只有一种比例时，应在标题栏中标注；当一张图中有两种及以上的比例时，应在图名的右侧或下方标注。

平面图 1:100　平面图
1:100

管道纵断面图 ｜ 纵向 1:50
横向 1:500

图1-3　比例标注示意　　　　图1-4　比例标注示意

当一张图中垂直方向和水平方向选用不同比例时，应分别标注两个方向的比例。在燃气管道纵断面图中，纵向和横向可根据需要采用不同的比例。同一图样的不同视图、剖面图宜采用同一比例。流程图和按比例绘制确有困难的局部大样图，可不按比例绘制。

燃气工程制图常用比例见表1-2。

表 1－2　常用比例

图名	常用比例
规划图、系统布置图	1：100000,1：50000,1：25000,1：20000, 1：10000,1：5000,1：2000
制气厂、液化厂、储存站、加气站、灌装站、气化站、混气站、 储配站、门站、小区庭院管网等的平面图	1：1000,1：500,1：200,1：100
工艺流程图	不按比例
瓶组气化站、瓶装供应站、调压站等的平面图	1：500,1：100,1：50,1：30
厂站的设备和管道安装图	1：200,1：100,1：50,1：30,1：10
室外高压、中低压燃气输配管道平面图	1：1000,1：500
室外高压、中低压燃气输配管道纵断面图	横向 1：1000,1：500　纵向:1：100,1：50
室内燃气管道平面图、系统图、剖面图	1：100,1：50
大样图	1：20,1：10,1：5
设备加工图	1：100,1：50,1：20,1：10,1：2,1：1
零部件详图	1：100,1：20,1：10,1:5,1：3, 1：2,1：1,2：1

（3）字体

图纸中的汉字宜采用长仿宋体。汉字字高宜根据图纸的幅面确定，但不宜小于 3.5 mm。

一张图或一套图中同一种用途的汉字、数字和字母大小宜相同,数字与字母宜采用直体。

（4）尺寸标注

尺寸标注应包括尺寸界线、尺寸线、尺寸起止符和尺寸数字。尺寸宜标注在图形轮廓线以外。

尺寸线的起止符可采用箭头、短斜线或圆点。一张图宜采用同一种起止符。短斜线采用中粗线,箭头采用实心箭头,使其比较醒目。其画法见表 1－3。

表 1－3　箭头、短斜线和圆点的画法

项　目	箭　头	短斜线	圆　点
画　法			

除半径、直径、角度及弧线的尺寸线外,尺寸线应与被标注长度平行。多条相互平行的尺寸线应从被标注图轮廓线由内向外排列,小尺寸宜离轮廓线较近,大尺寸宜离轮廓线较远。尺寸线间距宜为 5～10 mm。尺寸界线的一端应由被标注的图形轮廓线或中心线引出,另一端宜超出尺寸线 3 mm(图 1－5)。尺寸数字的方向要按图 1－5(a)的规定注写。若

尺寸数字在30°斜线区内,要按图1-5(b)的形式注写。

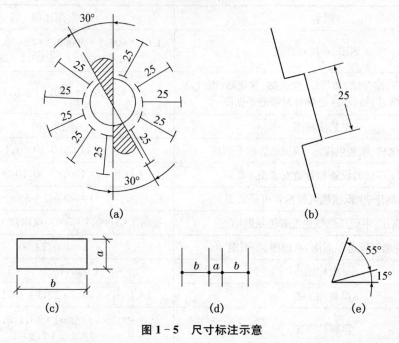

图1-5 尺寸标注示意

半径、直径、角度和弧线的尺寸线起止符应采用箭头表示。尺寸数字应标注在尺寸线上方的中部。当注写位置不足时,可引出标注,不得被图线、文字或符号中断。角度数字应在水平方向注写。

图样上的尺寸单位,除标高应以米(m)及燃气管道平面布置图中的管道长度应以米(m)或千米(km)为单位外,其他均应以毫米(mm)为单位,否则应加以说明。

(5) 管径和管道坡度

管径应以毫米(mm)为单位。管径的表示方法应根据管道材质确定,且宜符合表1-4的规定。此标注方法主要适用于初步设计、施工图和竣工图(其他设计阶段也可以采用公称直径表示)。

表1-4 管径的表示方法

管道材质	示例(mm)
钢管、不锈钢管	1. 以外径 D×壁厚表示(如:D108×4.5) 2. 以公称直径 DN 表示(如:DN200)
铜管	以外径×壁厚表示(如:$\varnothing 8×1$)
铸铁管	以公称直径 DN 表示(如:DN300)
钢筋混凝土管	以公称内径 D_0 表示(如:$D_0=800$)
铝塑复合管	以公称直径 DN 表示(如:DN65)
聚乙烯管	按对应国家现行产品标准的内容表示(如:de110,SDR11)
胶管	以外径$\varnothing$×壁厚表示(如:$\varnothing 12×2$)

管道管径的标注方式:当管径的单位采用毫米(mm)时,单位可省略不写;水平管道宜标注在管道上方;垂直管道宜标注在管道左侧;斜向管道宜标注在管道斜上方;管道规格变化处应绘制异径管图形符号,并应在该图形符号前后分别标注管径。

单根管道时,应按图1-6方式标注:

D219×5

图 1-6 单管管径标注示意

多根管道时,应按图1-7方式标注:

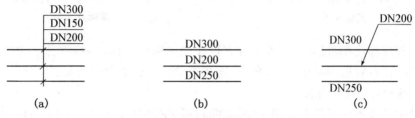

图 1-7 多管管径标注示意

管道坡度应采用单边箭头表示。箭头应指向标高降低的方向,箭头部分宜比数字每端长出(1~2)mm(图1-8)。

$$5‰ \longrightarrow \qquad\qquad 0.005 \longrightarrow$$

(a) (b)

图 1-8 管道坡度标注示意

(6)标高

标高符号及一般标注方式应符合表1-5的规定,标高标注以能表述清楚建筑及管道等的高程变化为原则,不用标注过多,标高符号等腰三角形的高宜为2.5~5.0 mm。

表 1-5 管道标高符号

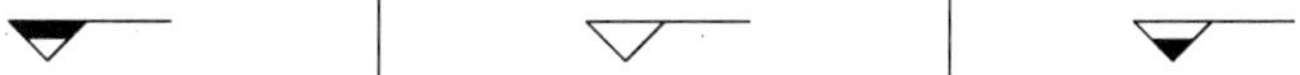

项 目	管顶标高	管中标高	管底标高
符 号	▼	▽	▼

平面图中,管道标高应按图1-9的方式标注;平面图中,沟渠标高应按图1-10的方式标注:

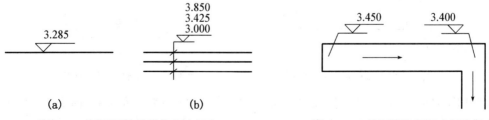

图 1-9 平面图管道标高标注示意　　　　**图 1-10 平面图沟渠标高标注示意**

立面图、剖面图中,管道标高应按图 1-11 的方式标注;轴测图、系统图中,管道标高应按图 1-12 的方式标注:

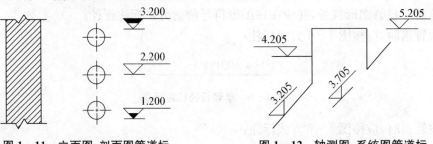

图 1-11　立面图、剖面图管道标高标注示意

图 1-12　轴测图、系统图管道标高标注示意

室内工程应标注相对标高,室外工程宜标注绝对标高。相对标高在标注时应与总图一致。标高应标注在管道的起止点、转角点、连接点、变坡点、变管径处及交叉处。

(7) 设备和管道编号标注

当图纸中的设备或部件不便用文字标注时,可进行编号。在图样中应只注明编号,其名称和技术参数应在图纸附设的设备表中进行对应说明。编号引出线应用细实线绘制,引出线始端应指在编号件上。宜采用长度为 5~10 mm 的粗实线作为编号的书写处(图 1-13)。

在图纸中的管道编号标志引出线末端,宜采用直径 5~10 mm 的细实线圆或细实线作为编号的书写处(图 1-14)。

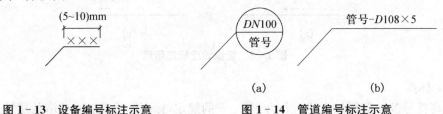

图 1-13　设备编号标注示意

图 1-14　管道编号标注示意

(8) 剖面图的剖切符号

剖面图的剖切符号应由剖切位置线和剖视方向线组成,均应以粗实线绘制。剖切位置线长度宜为 5~10 mm。剖视方向线应垂直于剖切位置线,其长度宜为 4~6 mm,并应采用箭头表示剖视方向(图 1-15)。

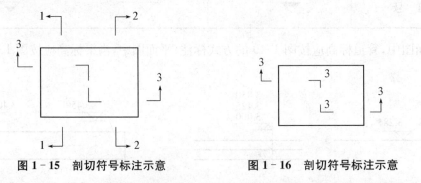

图 1-15　剖切符号标注示意

图 1-16　剖切符号标注示意

剖切符号的编号宜采用阿拉伯数字或英文大写字母,按照自左至右、由下向上的顺序连续编排,并应标注到剖视线的端部。当剖切位置转折处易与其他图线发生混淆时,应在转角

处加注与该符号相同的编号(图1-16)。

当剖面图与被剖切图样不在同一张图纸内时,应在剖切位置线处注明其所在图纸的图号,也可在图上说明(图1-17)。

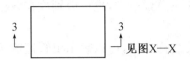

图1-17　剖切符号标注示意

示例:

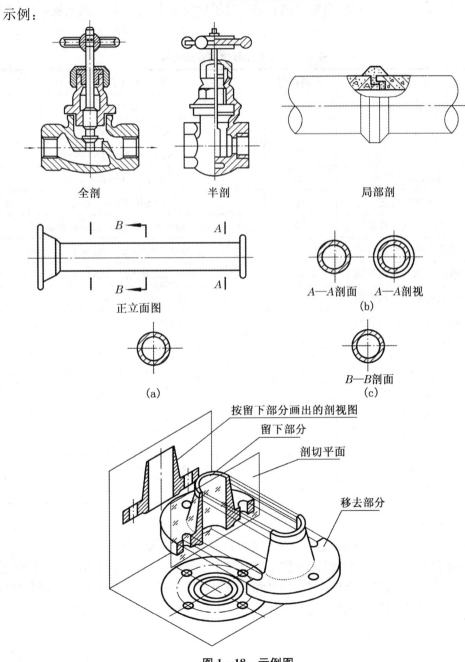

图1-18　示例图

4. 常用代号和图形符号

流程图和系统图中的管线、设备、阀门和管件宜用管道代号和图形符号表示。同一燃气工程图样中所采用的代号、线型和图形符号宜集中列出,并加以注释。一套图纸中所采用的代号和图形符号可放在图纸首页总说明中,也可分别放在各相关图纸的主要图样中。

(1) 管道代号

管道代号一般来源于英文名称字头,可以表示出管道输送介质的不同参数和管道用途;管道代号尽可能采用一个字母,当采用一个字母造成混淆时可以增加字母;燃气工程常用管道代号宜符合表1-6的规定,自定义的管道代号不应与表1-6中的示例重复,并应在图面中说明。

表1-6 燃气工程常用管道代号

序号	管道名称	管道代号	英文名称
1	燃气管道(通用)	G	gas pipe
2	高压燃气管道	HG	high-pressure gas pipe
3	中压燃气管道	MG	mid-pressure gas pipe
4	低压燃气管道	LG	low-pressure gas pipe
5	天然气管道	NG	natural gas pipe
6	压缩天然气管道	CNG	compressed natural gas pipe
7	液化天然气气相管道	LNGV	liquefied natural gas vapor phase pipe
8	液化天然气液相管道	LNGL	liquefied natural gas liquid phase pipe
9	液化石油气气相管道	LPGV	liquefied petroleum gas vapor phase pipe
10	液化石油气液相管道	LPGL	liquefied petroleum gas liquid phase pipe
11	液化石油气混空气管道	LPG-AIR	liquefied petroleum gas mixing air pipe
12	人工煤气管道	M	manufactured gas pipe
13	供油管道	O	oil supply pipe
14	压缩空气管道	A	compressed air pipe
15	给水管道	W	water supply pipe
16	热水管道	H	Hot-water pipe
17	放散管道	V	vent pipe

(2) 图形符号

厂站常用图形符号是结合我国燃气工程的制图习惯,根据简单、形象、容易绘制的原则,经归纳整理后制定的。为减少绘图工作量并有利于计算机绘图,尽量不用、少用涂黑的图形符号。对形式多样、外形复杂的设备、器具和仪表等的图形符号,一般根据其外形简化绘制。

1) 区域规划图、布置图中燃气厂站的常用图形符号宜符合表1-7的规定。

表1-7 燃气厂站常用图形符号

序号	名 称	图形符号	序号	名 称	图形符号
1	气源厂		8	专用测压站	
2	门站		9	汽车加油站	
3	储配站、储存站		10	汽车加气站	
4	液化石油气储配站		11	汽车加油加气站	
5	液化天然气储配站		12	燃气发电站	
6	天然气、压缩天然气储配站		13	阀室	
7	区域调压站		14	阀井	

2）常用不同用途管道图形符号宜符合表1-8的规定。

表1-8 常用不同用途管道图形符号

序 号	名 称	图形符号
1	管线加套管	
2	管线穿地沟	
3	桥面穿越	
4	软管、挠性管	
5	保温管、保冷管	
6	蒸汽伴热管	
7	电伴热管	
8	报废管	
9	管线重叠	
10	管线交叉	

3) 常用管线、道路等图形符号宜符合表 1-9 的规定。

4) 常用阀门的图形符号宜符合表 1-10 的规定。

5) 流程图和系统图中,常用设备图形符号宜符合表 1-11 的规定。

6) 常用管件和其他附件的图形符号宜符合表 1-12 的规定。

7) 常用阀门与管路连接方式的图形符号宜符合表 1-13 的规定。

8) 常用管道支座、管架和支吊架图形符号宜符合表 1-14 的规定。

9) 常用检测、计量仪表的图形符号宜符合表 1-15 的规定。

10) 用户工程的常用设备图形符号宜符合表 1-16 的规定。

表 1-9　常用管线、道路等图形符号

序　号	名　称	图形符号
1	燃气管道	—— G ——
2	给水管道	—— W ——
3	消防管道	—— FW ——
4	污水管道	—— DS ——
5	雨水管道	—— R ——
6	热水供水管线	—— H ——
7	热水回水管线	—— HR ——
8	蒸汽管道	—— S ——
9	电力线缆	—— DL ——
10	电信线缆	—— DX ——
11	仪表控制线缆	—— K ——
12	压缩空气管道	—— A ——
13	氮气管道	—— N ——
14	供油管道	—— O ——
15	架空电力线	—(○)—DL—(○)—
16	架空通信线	—•○•—DX—•○•—

序　号	名　　　称	图形符号
17	块石护底	
18	石笼稳管	
19	混凝土压块稳管	
20	担架跨越	
21	管道固定墩	
22	管道穿墙	
23	管道穿楼板	

表 1-10　常用阀门图形符号

序号	名　　　称	图形符号	序号	名　　　称	图形符号
1	阀门(通用)、截止阀		9	弹簧安全阀	
2	球阀		10	过流阀	
3	闸阀		11	针形阀	
4	蝶阀		12	角阀	
5	旋塞阀		13	三通线	
6	排污阀		14	四通线	
7	止网阀		15	调节阀	
8	紧急切断阀				

表 1-11 常用设备图形符号

序号	名　称	图形符号	序号	名　称	图形符号
1	低压干式气体储罐		18	消火栓	
2	低压湿式气体储罐		19	补偿器	
3	球形储罐		20	波纹管补偿器	
4	卧式储罐		21	方形补偿器	
5	压缩机		22	测试桩	
6	烃泵		23	牺牲阳极	
7	潜液泵		24	放散管	
8	鼓风机		25	调压箱	
9	调压器		26	消声器	
10	Y形过滤器		27	火炬	
11	网状过滤器		28	管式换热器	
12	旋风分离器		29	板式换热器	
13	分离器		30	收发球筒	
14	安全水封		31	通风管	
15	防雨罩		32	灌瓶嘴	
16	阻火器		33	加气机	
17	凝水缸		34	视镜	

表 1-12 常用管件和其他附件的图形符号

序号	名 称	图形符号	序号	名 称	图形符号
1	钢塑过渡接头		10	绝缘法兰	
2	承插式接头		11	绝缘接头	
3	同心异径管		12	金属软管	
4	偏心异径管		13	90°弯头	
5	法兰		14	<90°弯头	
6	法兰盖		15	三通	
7	钢盲板		16	快装接头	
8	管帽		17	活接头	
9	丝堵				

表 1-13 常用阀门与管路连接方式图形符号

序号	名 称	图形符号	序号	名 称	图形符号
1	螺纹连接		4	卡套连接	
2	法兰连接		5	环压连接	
3	焊接连接				

表 1-14 常用管道支座、管架和支吊架图形符号

序号	名 称		图形符号	
			平面图	纵剖面
1	固定支座、管架	单管固定		
		双管固定		
2	滑动支座、管架			
3	支墩			

(续表)

序号	名　称	图形符号	
		平面图	纵剖面
4	滚动支座、管架		
5	导向支座、管架		

表 1-15　常用检测、计算仪表图形符号

序号	名　称	图形符号	序号	名　称	图形符号
1	压力表		7	腰轮式流量计	
2	液位计		8	涡轮流量计	
3	U形压力计		9	罗茨流量计	
4	温度计		10	质量流量计	
5	差压流量计		11	转子流量计	
6	孔板流量计				

表 1-16　用户工程的常用设备图形符号

序号	名　称	图形符号	序号	名　称	图形符号
1	用户调压器		8	炒菜灶	
2	皮膜燃气表		9	燃气沸水器	
3	燃气热水器		10	燃气烤箱	
4	壁挂炉、两用炉		11	燃气直燃机	
5	家用燃气双眼灶		12	燃气锅炉	
6	燃气多眼灶		13	可燃气体泄漏探测器	
7	大锅灶		14	可燃气泄漏报警控制器	

5. 图样内容及画法

图面应突出重点、布置匀称，并应合理选用比例，凡能用图样和图形符号表达清楚的内容不宜用文字说明。有关全项目的问题应在首页说明，局部问题应注写在对应图纸内。

标注图名时，当一张图中仅有一个图样时，可在标题栏中标注图名；当一张图中有两个及以上图样时，应分别标注各自的图名，且图名应标注在图样的下方正中。

布置图面时，当在一张图内布置两个及以上图样时，宜按平面图在下，正剖面图在上，侧剖面图、流程图、管路系统图或详图在右的原则绘制；当在一张图内布置两个及以上平面图时，宜按工艺流程的顺序或下层平面图在下、上层平面图在上的原则绘制；图样的说明应布置在图面右侧或下方。

在同一套工程设计图纸中，图样线宽、图例、术语、符号等绘制方法应一致。设备材料表应包括设备名称、规格、数量、备注等栏；管道材料表应包括序号（或编号）、材料名称、规格（或物理性能）、数量、单位、备注等栏。

简化画法：对于两个及以上相同的图形或图样，可绘制其中的一个，其余的可采用简化画法；对于两个及以上形状类似、尺寸不同的图形或图样，可绘制其中的一个，其余的可采用简化画法，但尺寸应标注清楚。

（1）小区和庭院燃气管道施工图的绘制规定

1）绘制小区和庭院燃气管道施工图时，应绘制燃气管道平面布置图，可不绘制管道纵断面图。当小区较大时，应绘制区位示意图，并对燃气管道的区域进行标识。

2）燃气管道平面图应在小区和庭院的平面施工图、竣工图或实际测绘地形图的基础上绘制。图中的地形、地貌、道路及所有建（构）筑物等均应采用细线绘制。应标注出建（构）筑物和道路的名称，多层建筑应注明层数，并应绘出指北针。

3）平面图中应绘出中、低压燃气管道和调压站、调压箱、阀门、凝水缸、放水管等，燃气管道应采用粗实线绘制。

4）平面图中应给出燃气管道的定位尺寸。

5）平面图中应注明燃气管道的规格、长度、坡度、标高等。

6）燃气管道平面图中应注明调压站、调压箱、阀门、凝水缸、放水管及管道附件的规格和编号，并给出定位尺寸。

7）对于平面图中不能表示清楚的地方，应绘制局部大样图。局部大样图可不按比例绘制。

8）平面图中宜绘出与燃气管道相邻或交叉的其他管道，并注明燃气管道与其他管道的相对位置。

（2）室内燃气管道施工图的绘制规定

1）室内燃气管道施工图应包含平面图和系统图。当管道、设备布置较为复杂，系统图不能表示清楚时，宜辅以剖面图。

2）室内燃气管道平面图应在建筑物的平面施工图、竣工图或实际测绘平面图的基础上绘制。平面图应按直接正投影法绘制。明敷的燃气管道应采用粗实线绘制；墙内暗埋或埋地的燃气管道应采用粗虚线绘制；图中的建筑物应采用细线绘制。

3）平面图中应绘出燃气管道、燃气表、调压器、阀门、燃具等。

4）平面图中燃气管道的相对位置和管径应标注清楚。

5）系统图应按 45°正面斜轴测法绘制。系统图的布图方向应与平面图一致，并应按比例绘制；当局部管道按比例不能表示清楚时，可不按比例绘制。

6）系统图中应绘出燃气管道、燃气表、调压器、阀门、管件等，并应注明规格。

7）系统图中应标出室内燃气管道的标高、坡度等。

8）室内燃气设备、入户管道等处的连接做法，宜绘制大样图。

（3）高压输配管道走向图、中低压输配管网布置图的绘制规定

1）高压输配管道、中低压输配管网布置图应在现有地形图、道路图、规划图的基础上绘制。图中的地形、地貌、道路及所有建（构）筑物等均应采用细线绘制，并应绘出指北针。

2）图中应标示出各厂站的位置和管道的走向，并标注管径。按照设计阶段的不同深度要求，应标示出管道上阀门的位置。

3）燃气管道应采用粗线（实线、虚线、点画线）绘制，当绘制彩图时，可采用同一种线型的不同颜色来区分不同压力级制或不同建设分期的燃气管道。

4）图中应标注主要道路、河流、街区、村镇等的名称。

（4）高压、中低压燃气输配管道平面施工图的绘制规定

1）高压、中低压燃气输配管道平面施工图应在沿燃气管道路由实际测绘的带状地形图或道路平面施工图、竣工图的基础上绘制。图中的地形、地貌、道路及所有建（构）筑物等均应采用细线绘制，并应绘出指北针。

2）宜采用幅面代号为 A2 或 A2 加长尺寸的图幅。

3）图中应绘出燃气管道及与之相邻、相交的其他管线。燃气管道应采用粗实线单线绘制，其他管线应采用细实线、细虚线或细点画线绘制。

4）图中应注明燃气管道的定位尺寸，在管道起点、止点、转点等重要控制点应标注坐标；管道平面弹性敷设时，应给出弹性敷设曲线的相关参数。

5）图中应注明燃气管道的规格，其他管线宜标注名称及规格。

6）图中应绘出凝水缸、放水管、阀门和管道附件等，并注明规格、编号及防腐等级、做法。

7）当图中三通、弯头等处不能表示清楚时，应绘制局部大样图。

8）图中应绘出管道里程桩，标明里程数。里程桩宜采用长度为 3 mm 垂直于燃气管道的细实线表示。

9）图中管道平面转点处，应标注转角度数。

10）应绘出管道配重稳管、管道锚固、管道水工保护等的位置、范围，并给出做法说明。

11）对于采用定向钻方式的管道穿越工程，宜绘出管道入土、出土处的工作场地范围；对于架空敷设的管道，应绘出管道支架，并应给出支架、支座的形式、编号。

12）当平面图的内容较少时，可作为管道平面示意图并入燃气输配管道纵断面图中。

13）当两条燃气管道同沟并行敷设时，应分别进行设计。设计的燃气管道应用粗实线表示，并行燃气管道应用中虚线表示。

第二章　管道三视图

一、单双线图的表示方法

1. 管道双、单线图的由来

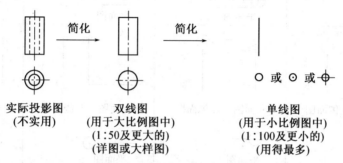

实际投影图	双线图	单线图
(不实用)	(用于大比例图中)	(用于小比例图中)
	(1:50及更大的)	(1:100及更小的)
	(详图或大样图)	(用得最多)

图 2-1　管道双单线图的由来

2. 三种摆放位置情况下,管道单双线图

表 2-1　管道单、双线图的几种情况

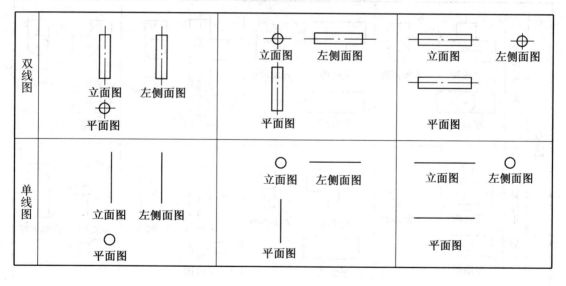

3. 90°弯头的单双线三视图

表 2-2　90°弯头单、双线图的几种情况

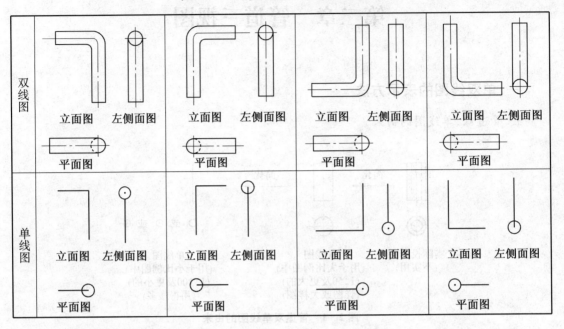

4. 三通的单双线三视图

表 2-3　正三通单、双线图的几种情况

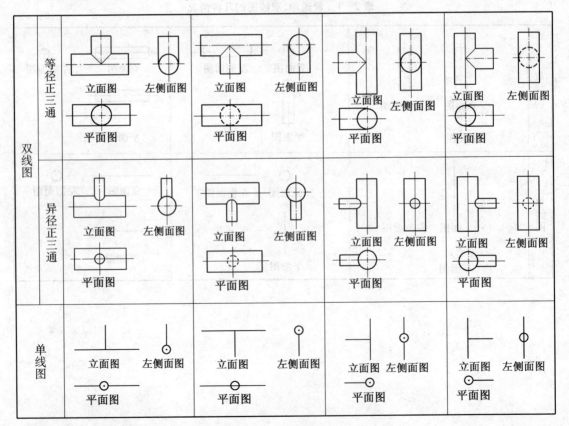

5．四通的单双线三视图

表 2－4 正四通单、双线图

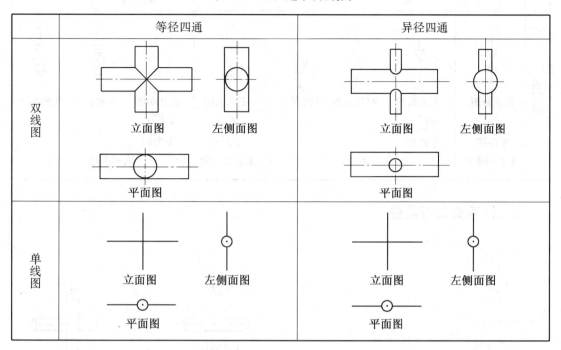

6．变径管（大小头）的单、双线图

表 2－5 大小头的单、双线图

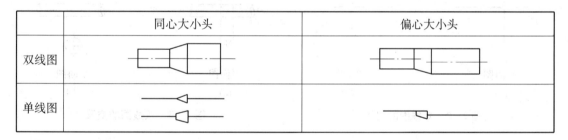

7．阀门的单双线三视图

表 2－6 截止阀的单、双线图

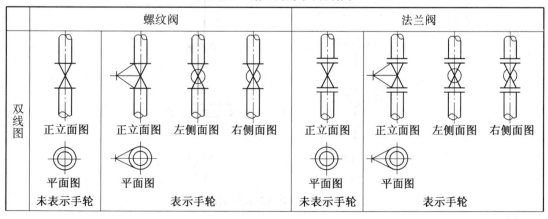

（续表）

单线图	螺纹阀				法兰阀			
	正立面图	正立面图	左侧面图	右侧面图	正立面图	正立面图	左侧面图	右侧面图
	平面图	平面图			平面图	平面图		
	未表示手轮	表示手轮			未表示手轮	表示手轮		

二、管道交叉与重叠

1. 管道的交叉表示

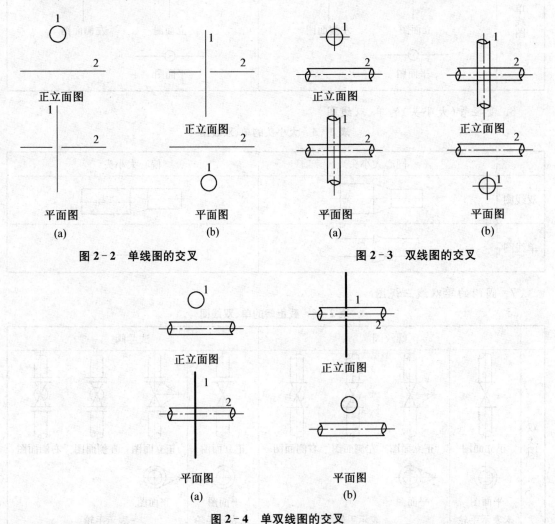

图2-2　单线图的交叉　　　　图2-3　双线图的交叉

图2-4　单双线图的交叉

2. 管道的重叠表示

绘图技巧:断高前露低后。

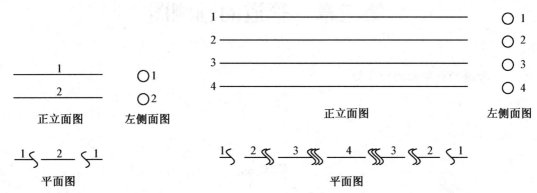

图2-5 两根直管在平面图上的重叠　　图2-6 四根直管在平面图上的重叠

三、管道三视图的识读

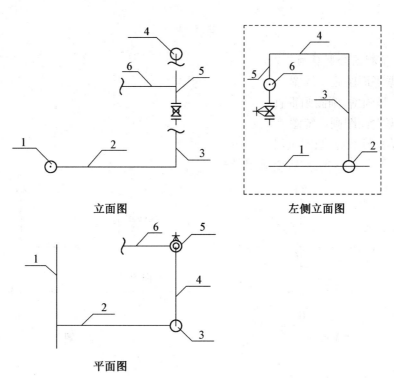

图2-7 管道三视图

第三章　管道的轴测图

1. 管道的斜等轴测图坐标

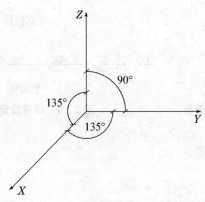

图 3 - 1

2. 斜等轴测图绘制原则

（1）根据平面图画系统图

横画横，竖画斜，圆圈画垂直。

（2）根据立面图画系统图

横画横，竖画垂直，圆圈画斜。

口诀：上下左右不变、前后变成 45°线。

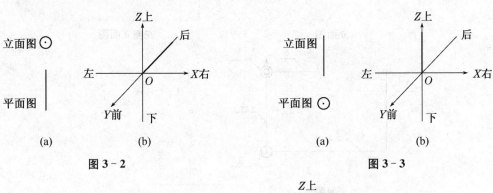

　　　（a）　　　　　　　（b）　　　　　　　　　　　　（a）　　　　　　　（b）

　　　图 3 - 2　　　　　　　　　　　　　　　　　　**图 3 - 3**

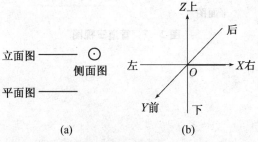

　　　　　　　（a）　　　　　　　　（b）

图 3 - 4

3. 90°弯头轴测图

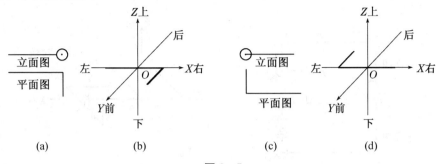

图 3－5

4. 三通轴测图

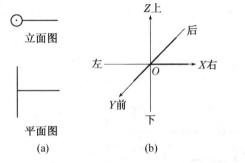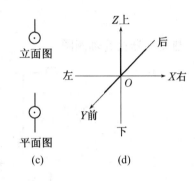

图 3－6

5. 管子重叠轴测图

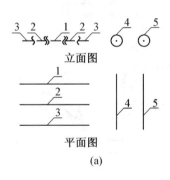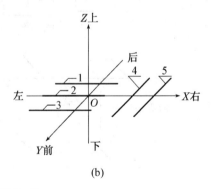

图 3－7

6. 管子交叉轴测图

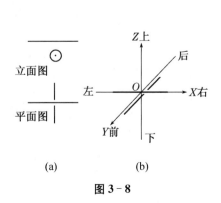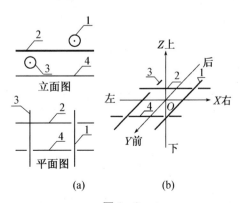

图 3－8　　　　　　　　　　　图 3－9

7. 管道轴测图

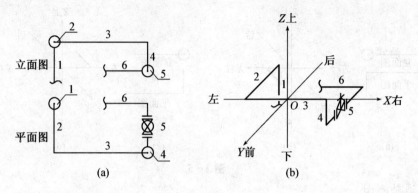

(a)　　　　　　　　　　(b)

图 3 - 10

例:热交换器接管轴测图

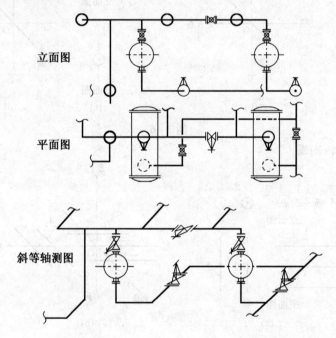

图 3 - 11　热交换器接管轴测图

模块二 燃气工程常用钢材、管材和配件

第四章 燃气工程常用钢材、管材和配件

一、钢材

（一）钢的分类

1. 按化学成分：

碳素钢中主要有 Fe、C、Si、Mn 等化学元素，其中也含有微量的 S、P、O 等有害元素；按照钢中含碳量的多少，钢又可分为低碳钢（C 含量小于 0.25%）、中碳钢（C 含量 0.25%~0.6%）、高碳钢（C 含量大于 0.6%）；合金钢是指含有 Si、Mn、V、Ti 等合金元素的钢材；按照钢中合金元素的含量，钢又可分为低合金钢（合金元素小于 5%）、中合金钢（合金元素 5%~10%）、高合金钢（合金元素大于 10%）。

2. 按钢中有害杂质的含量，钢可分为普通钢、优质钢和高级优质钢。

3. 根据用途不同，钢可分为结构钢、工具钢和特殊性能钢。

燃气工程常用钢有低碳钢、优质碳素结构钢、低合金结构钢。

图 4-1

（二）钢中化学元素对钢材性能的影响

钢材的抗拉、冷弯、冲击韧性和硬度等性能受到钢中化学元素的影响。化学元素成分的影响有：Fe、C 对钢材性能起主导作用；C 含量高，抗拉强度和硬度提高，伸长率和冲击韧性降低；含碳量超过 0.3%，钢的可焊性显著下降；低合金钢中的化学元素 Si 和 Mn 可以提高钢材强度；钢中的 P、S、O 化学元素为有害杂质，均可降低钢的可焊性；化学元素 N 对钢材性质的影响与碳相似；化学元素 Ti 能提高钢的强度，改善其韧性，提高可焊性；化学元素 V 也能提高钢的强度。

（三）常用钢材的标准和选用

燃气工程常用钢材有钢结构用钢材（管道、储罐等）及钢筋混凝土结构用钢筋。钢结构用钢材分为普通碳素结构钢、优质碳素结构钢、低合金结构钢、高压燃气储罐用钢材四种。

1. 普通碳素结构钢

普通碳素结构钢分甲类钢、乙类钢、特类钢三类。

普通碳素结构钢又称碳素结构钢，以钢的屈服强度表示钢的牌号，并按钢中硫、磷含量高低划分质量等级。

国家标准中钢设 Q195、Q215、Q235、Q255、Q275 五个牌号（字母 Q 代表钢屈服点，数值代表钢屈服点值），其中 Q195 不分质量等级，Q215 分 A、B 两级，Q235、Q275 分 A、B、C、D 四级，C、D 级钢相当于优质碳素结构钢，其他相当于原普通碳素结构钢。下表摘自 GB/T 700—2006《碳素结构钢》。

表 4-1　钢的牌号和化学成分（熔炼分析）应符合规定表

牌号	统一数字代号*	等级	厚度（或直径）/mm	脱氧方法	化学成分（质量分数）/%，不大于				
					C	Si	Mn	P	S
Q195	U11952	—	—	F、Z	0.12	0.30	0.50	0.035	0.040
Q215	U12152	A		F、Z	0.15	0.35	1.20	0.045	0.050
	U12155	B							0.045
Q235	U12352	A		F、Z	0.22	0.35	1.40	0.045	0.050
	U12355	B			0.20*				0.045
	U12358	C		Z	0.17			0.040	0.040
	U12359	D		TZ				0.035	0.035
Q275	U12752	A	—	F、Z	0.24	0.35	1.50	0.045	0.050
	U12755	B	≤40	Z	0.21			0.045	0.045
			>40		0.22				
	U12758	C		Z	0.20			0.040	0.040
	U12759	D		TZ				0.035	0.035

1. 表中为镇静钢、特殊镇静钢牌号的统一数字，沸腾钢牌号的统一数字代号如下：
Q195F—U11950；
Q215AF—U12150，Q215BF—U12153；
Q235AF—U12350，Q235BF—U12353；
Q275AF—U12750。
2. 经需方同意，Q235B 的碳含量可不大于 0.22%。

牌号	等级	屈服强度 * R /(N/mm²),不小于						抗拉强度 * R /(N/mm²)	断后伸长率 A/%,不小于					冲击试验(V型缺口)	
		厚度(或直径)/mm							厚度(或直径)/mm					温度/℃	冲击吸收功(纵向)/J 不小于
		≤16	>16~40	>40~60	>60~100	>100~150	>150~200		≤40	>40~60	>60~100	>100~150	>150~200		
Q195	—	195	185	—	—	—	—	315~430	33	—					
Q215	A	215	205	195	185	175	165	335~450	31	30	29	27	26	—	
	B													+20	27
Q235	A	235	225	215	205	195	185	370~500	26	25	24	22	21	—	
	B													+20	27*
	C													0	
	D													-20	—
Q275	A	275	265	255	245	225	215	410~540	22	21	20	18	17	—	
	B													+20	27
	C													0	
	D													-20	

1. Q195 的屈服强度值仅供参考,不作交货条件。
2. 厚度大于 100 mm 的钢材,抗拉强度下限允许降低 20 N/mm²,宽带钢(包括剪切钢板)抗拉强度上限不作交货条件。
3. 厚度小于 25 mm 的 Q235B 级钢材,如供方能保证冲击吸收功值合格,经需方同意,可不做检验。

　　钢号表示是依据 GB/T 700—2006《碳素结构钢》及 GB/T 221—2000《钢铁产品牌号表示方法》。

　　牌号表示方法:钢的牌号由代表屈服强度的字母、屈服强度数值、质量等级符号、脱氧方法符号等 4 个部分按顺序组成,例如 Q235AF:

　　符号 Q——钢材屈服强度"屈"字汉语拼音首位字母;

　　A、B、C、D——分别为质量等级;

　　F——沸腾钢"沸"字汉语拼音首位字母;

　　Z——镇静钢"镇"字汉语拼音首位字母;

　　TZ——特殊镇静钢"特镇"两字汉语拼音首位字母;

　　T、TZ 符号可以省略。

　　2. 优质碳素结构钢

　　依据 GB 699—1999《优质碳素结构钢》。

　　钢号表示——采用两位阿拉伯数字(以万分之几计表示平均含碳量)或阿拉伯数字。S≤0.045%、P≤0.040%。

　　沸腾钢和半镇静钢的牌号尾部分别加符号"F"和"b"。如平均含碳 0.08%沸腾钢,其牌号表示"08F";平均含碳 0.10%半镇静钢,其牌号表示"10b"。镇静钢(S、P 分别≤0.035%)一般不标符号。如平均含碳 0.45%镇静钢,其牌号表示"45"。

对于较高含锰量的优质碳素结构钢,在其表示平均含碳量阿拉伯数字后加锰元素符号。如平均含碳 0.50%,含锰量 0.70%～1.00%,其牌号表示"50Mn"。

对于高级优质碳素结构钢(S、P 分别≤0.030%),在其牌号后加符号"A"。如平均含碳 0.45%高级优质碳素结构钢,其牌号表示"45A"。

对于特级优质碳素结构钢(S≤0.020%、P≤0.025%),在其牌号后加符号"E"。如平均含碳 0.45%特级优质碳素结构钢,其牌号表示为"45E"。

3. 低合金结构钢

依据 GB/T 1591—2008《低合金高强度结构钢》、GB/T 3077—2012《合金结构钢》规定:

钢号表示——采用阿拉伯数字和标准的化学元素符号表示。平均含碳量(以万分之几计)表示:用两位阿拉伯数字表示,放在牌号头部。

合金元素含量表示方法为:平均含量小于 1.50%时,牌号中仅标明元素,一般不标明含量;平均合金含量为 1.50%～2.50%、2.50%～3.50%、3.50%～4.50%、4.50%～5.50%……时,在合金元素后相应写成 2、3、4、5……

例如:碳、铬、锰、硅的平均含量分别为 0.30%、0.95%、0.85%、1.05%的合金结构钢,当 S、P 含量分别≤0.035%时,其牌号表示为"30CrMnSi"。

高级优质合金结构钢(S、P 含量分别≤0.025%),在牌号尾部加符号"A"表示,例如"30CrMnSiA"。

特级优质合金结构钢(S≤0.015%、P≤0.025%),在牌号尾部加符号"E",例如"30CrMnSiE"。

4. 高压燃气储罐用钢材

依据 GB 713—2008《锅炉和压力容器用钢板》规定,锅炉和压力容器用碳钢或碳锰钢和不含铬钼的低合金高强度钢,用屈服强度或抗拉强度和英文字母表示。

例如:锅炉和压力容器用钢牌号表示为"Q345R"在钢号尾部标有"R"表示容器。Q245R 的 P 含量为 0.025%,S 含量为 0.015%。18MnMoNbR、13MnNiMoR、14CrlMoR 的 P、S 含量为 0.020%和 0.010%;根据需方要求,Q345R 和 Q370R 的 R 钢中 P 含量可为≤0.015,S 含量可为≤0.005%;14CrlMoR 的 P≤0.012%;12Cr2MolR 的 P≤0.012%。

二、管道标准

为了简化管子、管件、阀门和法兰等品种规格,便于成批生产,使之具有互换性,利于安装和设计选用,管道标准统一规定了其主要结构的尺寸与性能参数。

(一)公称直径

为设计、制造、安装和检修方便而人为规定的一种标准直径,通常以 DN 或 de 表示。钢管和塑料管的公称直径是与管道内径或外径接近整数;铸铁管及管件的公称直径是两者的内径;法兰的公称直径是与管道内径或外径接近的整数;工艺设备(压缩机、烃泵、调压器)的公称直径是设备接口的内径。

(二)公称压力和试验压力

公称压力是为使生产出的管子能适应不同需求,设计和使用部分能正确选用所规定的一系列压力等级。公称压力在数值上等于在 0～20 ℃时管内介质的最大工作压力,通常以

PN 表示。其后附以 MPa 单位。

试验压力是为保证安全使用对管道和工艺设备进行强度和密封性试验规定的一种压力标准,通常以 PS 表示。其后附以 MPa 单位。一般地,强度试验PS=1.5PN;严密性试验PS=1.15PN。

(三) 工作压力和公称压力的关系

一定公称压力管道或工艺设备可承受最大工作压力随温度升高而降低。

$$P_{\max}=\frac{[\sigma]_t}{[\sigma]_j} \cdot P_N$$

$[\sigma]_t$:工作温度下材料额定许用应力;

$[\sigma]_j$:基准温度下材料额定许用应力。

在燃气工程中选用管道及配件时,可比普通介质管道提高一个压力级别(GB50235—2010《工业金属管道工程施工规范》)。

三、管材

燃气工程中常用的管道:钢管、铸铁管、PE 管、复合管等。室内管道宜选用钢管,也可选用铜管、不锈钢管、铝塑复合管和连接用软管,并符合相应的规定。

(一) 钢管

按照制造方法:分为无缝钢管和焊接钢管。钢管规格习惯表示方法为:外径×壁厚。低压流体输送用焊接钢管用 DN 表示规格。例如:$\varnothing 108×4$ 或 DN100。

1. 无缝钢管

采用热加工的方法制造不带焊缝。钢材选用普通碳素、优质碳素或低合金结构钢。制造方法有热轧(最大$\varnothing 630$)和冷轧(最大$\varnothing 219$);管道长度有普通长度、定尺长度和倍尺长度。

表 4-2 无缝钢管机械性能表

钢号	机械性能			试验压力(帕)	备注 抗拉强度
	抗拉强度 (MPa)	屈服点 (MPa)	伸长率 (%)		
10	340	210	24	$>3\,923×10^4$ ($400\,\mathrm{kgf/cm^2}$)	热轧钢管为 热轧状态, 冷拔管为热 处理状态
20	400	250	20		
25	460	280	19		
35	520	310	17		
45	600	340	14		
Q295	440	300	22		
Q345	520	350	21		
Q390	540	400	18		

2. 焊接(有缝)钢管(采用钢板经带温成型,然后在成型边缘焊接而制成)

按成型方法,焊接(有缝)钢管分为螺旋焊缝钢管(钢管直径和长度易调整,较窄钢带卷制较大直径,但焊缝较长,焊缝质量不如直缝焊)和直焊缝钢管。

低压流体输送用焊接钢管由焊接性较好的低碳钢焊制,管壁有一条纵向焊缝钢管表面按照材料是否镀锌分为镀锌和非镀锌。出厂壁厚有普通(PN≤1.0 MPa)、加厚(PN≤1.6 MPa)。最小 DN6,最大 DN150,长度 4～12 m。采用螺纹连接的最大管径是 DN50。

表 4-3　镀锌钢管规格表

公称口径		钢管螺纹		
mm	英寸	外径(mm)	普通管壁厚(mm)	加厚管壁厚(mm)
6	1/8″	10	2	2.5
8	1/4″	13.5	2.25	2.75
10	3/8″	17	2.25	2.75
15	1/2″	21.25	2.75	3.25
20	3/4″	26.75	2.75	3.5
25	1″	33.5	3.25	4
32	1 1/4″	42.25	3.25	4
40	1 1/2″	48	3.5	4.25
50	2″	60	3.5	4.5
70	2 1/2″	75.5	3.75	4.5
80	3″	88.5	4	4.75
100	4″	114	4	5
125	5″	140	4.5	5.5
150	6″	165	4.5	5.5

螺旋缝电焊钢管是由带钢螺旋卷制后焊接而成。钢材用普通碳素钢或合金结构钢。一般地,PN≤2.0 MPa,管径最小 ∅219,最大 ∅820,长度 8～18 m。

钢板卷制直缝电焊钢管是由中厚钢板采用直缝卷制后焊接而成;一般地,最小 ∅159。

钢管检验内容:钢号、水压试验、机械性能试验、外观检查、焊接要求。

3. 选用钢管时应符合的规定:

(1) 管子公称尺寸小于或等于 DN50,且管道设计压力为低压时,宜采用热镀锌钢管和镀锌管件;管子公称尺寸大于 DN50 时,宜采用无缝钢管或焊接钢管。

(2) 中压和次高压应选用无缝钢管,燃气压力不大于 0.4 MPa 时可选用热镀锌管。

(3) 钢管壁厚:

1) 选用焊接管时,低压采用普通管,中压采用加厚管;

2) 选用无缝管时,壁厚不得小于 3 mm;引入管不得小于 3.5 mm;

3) 在避雷保护范围以外的屋面上的燃气管道和高层建筑沿外墙架设的燃气管道,采用焊接钢管或无缝钢管时其管道壁厚均不得小于 4 mm。

4. 钢管的连接

对于室内低压燃气管道(地下室、半地下室除外)、室外压力不大于 0.2 MPa 的燃气管道,可采用螺纹连接;公称直径大于 DN100 时不宜采用螺纹连接。中压管道采用焊接或法兰连接。

(1)镀锌管管道加工要求

1)管道切口:应平整、无裂纹、冲皮、毛刺、凹凸、熔渣、氧化皮、铁屑等;切口倾斜误差不超过管道外径的 1%,且不超过 3 mm,凹凸误差不超过 1 mm。

2)管道螺纹:螺纹应光滑端正、无斜丝、乱丝、短丝和破丝,缺口长度不得超过螺纹的 10%。

3)管道螺纹接头宜采用聚四氟乙烯带、尼龙密封绳作密封填料。

4)螺纹连接时,不得用管接头强力对口;拧紧螺纹时,不得将密封填料压入管内。

5)管子弯曲要求。管子的现场弯制除应符合现行国家标准 GB 50235—2010《工业金属管道工程施工规范》的有关规定外,还应符合下列规定:

① 弯制时应使用专用弯管设备或专用方法进行;

② 焊接钢管的纵向焊缝在弯制过程中应位于中性线位置处;

③ 管子最小弯曲半径和最大直径、最小直径差值与弯管前管子外径的比值应符合表4-4 的规定。铝塑复合管的弯曲半径为最小极限值,施工中应尽量大于此值。

表4-4　管子最小弯曲半径和最大直径、最小直径差值与弯管前管子外径的比率

	钢管	铜管	不锈钢管	铝塑复合管
最小弯曲半径	$3.5D_o$	$3.5D_o$	$3.5D_o$	$5D_o$
弯管的最大直径与最小直径的差与弯管前管子外径之比值	8%	9%	—	—

注:D_o 是管子的外径。

(2)镀锌管管道尺寸计算

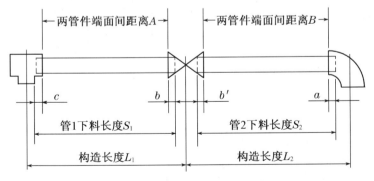

图4-2　镀锌管管道尺寸计算

$S_1 = A + b + c$

$S_2 = B + a + b'$

管子拧入管件的长度可参看表4-5,拧入阀门的长度可直接量出。

表 4－5　管螺纹加工长度及拧入深度

管道直径		旋入配件长度	螺纹切割总长度
毫米	吋	毫米	毫米
6	1/8	5	9
8	1/4	7	11
10	3/8	9	13
15	1/2	11	16
20	3/4	14	19
25	1	17	22
32	$1\frac{1}{4}$	20	25
40	$1\frac{1}{2}$	20	25
50	2	23	29

（3）镀锌管管件

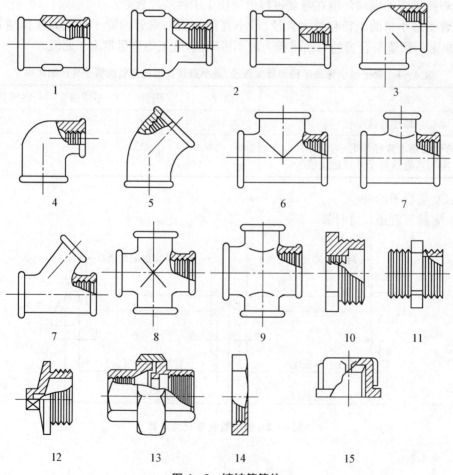

1　2　3

4　5　6　7

7　8　9　10　11

12　13　14　15

图 4－3　镀锌管管件

1—管接头；2—异径管接头；3—弯头；4—异径弯头；5—45°弯头；6—三通；7—异径三通；8—四通；9—异径四通；10—内外螺母；11—六角内接头；12—外方堵头；13—活接头；14—锁紧螺母；15—管帽头

（4）室内燃气管道的连接

1）公称尺寸不大于 DN50 的镀锌钢管应采用螺纹连接；当必须采用其他连接形式时，应采取相应的措施。

2）无缝钢管或焊接钢管应采用焊接或法兰连接。

3）铜管应采用承插式硬钎焊连接，不得采用对接钎焊和软钎焊；软钎焊即锡钎焊，其接头强度比硬钎焊低，且易产生假焊；为了确保接头的质量和安全，故不得采用软焊接。

4）薄壁不锈钢管应采用承插氩弧焊式管件连接或卡套式、卡压式、环压式等管件机械连接。

5）不锈钢波纹软管及非金属软管应采用专用管件连接。

6）燃气用铝塑复合管应采用专用的卡套式、卡压式连接方式。这是目前铝塑复合管国内外主流的连接方式。应使用专用刮刀将管口处的聚乙烯内层削坡口，坡角为 $20°\sim30°$，深度为 $1.0\sim1.5$ mm，且应用清洁的纸或布将坡口残屑擦干净；连接时应将管口整圆，并修整管口毛刺，保证管口端面与管轴线垂直。

燃气管道的连接方式应符合设计文件的规定。当设计文件无明确规定时，设计压力大于或等于 10 kPa 的管道以及布置在地下室、半地下室或地上密闭空间内的管道，除采用加厚的低压管或与专用设备进行螺纹或法兰连接以外，应采用焊接的连接方式。

应对不锈钢波纹软管、燃气用铝塑复合管的切口进行整圆。不锈钢波纹软管的外保护层，应按有关操作规程使用专用工具进行剥离后，方可连接。

5. 防腐处理

（1）常用防腐保护措施

1）镀锌：采用热浸镀锌法，镀层厚度不小于 305 g/m²（45 μm）。

2）涂防锈漆：可用环氧树脂底漆，或含锌量高底漆。涂层厚度不小于 75 μm。

3）包缠防蚀布。

（2）应用

1）钢管宜先作镀锌处理。

2）管道的连接部位。外露螺纹及管道或配件表面受损之处，须涂防锈漆。

3）外露管道处于有潮湿或侵蚀性环境中须涂防锈漆和包缠防蚀布。

4）穿越墙或楼板的管道部分须包缠防蚀布，非镀锌或没有保护层的钢管须涂环氧树脂底漆及包缠防蚀布。

5）暗藏于管槽的管道应缠防蚀布。

（3）防腐程序

1）涂防锈漆前，须清除管道表面所有油污、污迹、灰尘及杂物。

2）管道及气管道附件的涂漆，应在检验试压合格后进行。

3）采用钢管焊接时，应在除锈（露出金属光泽）后进行，先涂两边防锈底漆，然后再涂两道防锈漆和两道面漆。

4）采用镀锌钢管螺纹连接时，连接处应刷一道防锈底漆，然后再刷两道防锈面漆。

（二）铸铁管

燃气管道中应用最广泛管材，使用年限长，生产简便，成本低，且有良好的耐腐蚀性。一般情况下，地下铸铁管的使用年限为六十年以上。

按照材质分为普通铸铁管、高级铸铁管和球墨铸铁管。

1. 普通铸铁管

普通铸铁管的材质为普通灰铸铁。灰口铸铁中碳以石墨状态存在,破断后断口呈灰色,又称灰口铸铁。

表4-6 灰口铸铁的主要组分

碳(C)	硅(Si)	锰(Mn)	磷(P)	硫(S)
3.0～3.3	1.5～2.2	0.5～0.9	0.4	0.12

表4-7 灰口铸铁的主要性能

抗拉强度	按工作压力
不小于140 MPa	高压管(PN≤1.0 MPa) 普压管(PN≤0.75 MPa) 低压管(PN≤0.45 MPa)

2. 高级(可锻)铸铁管

其材料为将普通灰铸铁进一步脱硫和脱磷而成的高级铸铁。组织致密,韧性加强,抗拉强度可达250 MPa。

3. 球墨铸铁管

熔炼时在铁水中加入少量球化剂,如:镁、钙等碱土金属或稀土金属,使铸铁中的石墨球化,表面积最小,提高其抗拉强度达到380～450 MPa。同时,其延伸率增强及冲击韧性提高。

铸铁进行球化处理的主要作用是提高铸铁的各种机械性能。铸造方法有连续式浇铸和离心式浇铸等。

表4-8 球墨铸铁的化学成分

碳(C)	硅(Si)	锰(Mn)	磷(P)	硫(S)	镁(Mg)	稀土(Re)
3.4～4.0	2～2.9	0.4～1.0	<0.1	0.04	0.03～0.06	0.02～0.05

(三) PE管

管道领域"以塑代钢"。PE管广泛用于燃气输送、给水、排污、农业灌溉、矿山细颗粒固体输送,及油田、化工和邮电通讯等领域,特别在燃气输送上的应用。设计使用年限为50年。

1. 发展史——国外

20世纪20年代,法国科学家斯陶丁格揭示聚合物奥秘为高分子材料科学奠定基础;

1933年英国ICI公司首先发明了聚乙烯(PE)。1940年批量使用。1950年—1970年,PE63(材料的长期静液压强度(MRS))作为压力管道使用,称为第一代PE,1965年,敷设第一条PE管道。

1980年—1999年,输气管材PE63发展到PE80,称第二代PE。

1990年至今,输气管材PE80发展到PE100,称为第三代PE。

2. 发展史——国内

20世纪80年代初,当时的国防科工委"75-35-02-92"高密度PE燃气管道专用料研制加工应用技术开发科技攻关项目启动。

1982 年，美国菲利普公司在上海曹阳三村试铺了 440 m 低压人工燃气管道；1987 年，香港中华煤气开始使用 PE；1988 年英国和 1989 年法国在北京建设了 PE 工程示范小区；1992 年，上海挖出 82 年敷设的 PE 管道，发现其力学、短期静压性能良好；1995 国标 GB 15558.1、GB 15558.2 及行标 CJJ63—95 发布实施。

20 世纪 90 年代中，中国城市燃气协会对 47 家燃气公司，包括北京、上海、香港的中华燃气、港华煤气等公司调查，截至 2003 年底共敷设 PE 管道 6 426 km，占全部燃气管道 20%。

2003 年，管径从 De40-De315，输气介质包括 NG，MG，LPG，2003 年对规范 GB 15558.1 修订，2005 年对规范 GB 15558.2 修订，2008 年对 CJJ 63 进行了修订。

3. 材质

国际上将 PE 管材分 PE32、40、63、80 和 PE100 五个等级，目前，燃气管道使用的 PE 管材及管件，分为 PE80(8.0 MPa) 和 PE100(10.0 MPa)。

PE80 分为中密度聚乙烯(MDPE)($0.930\sim0.940$ g/cm^3) 和高密度聚乙烯(HDPE)。

PE100 一般为高密度聚乙烯(HDPE)(密度为 $0.940\sim0.965$ g/cm^3)。

4. 常用标准尺寸比

SDR：标准尺寸比；SDR＝De/e。

De：管公称外径。

e：管公称规定壁厚。

根据 GB/T10798—2001 热塑性塑料管材通用壁厚表和 GB/T4217—2001 流体输送用热塑性塑料管材公称外径和公称压力规定的管系列推算出的标准尺寸比有 7.4、9、11、13.6、17、21、26、33。

我国管材标准沿用欧洲 SDR17.6 系列；国内燃气多采用 SDR11 和 SDR17.6。

5. 常用管材生产与规格

在挤出生产线上进行，目前国内选用进口生产线，基本上实现全自动控制，产品质量稳定，效率明显提高。PE 燃气管材国标分 SDR11 和 SDR17.6 两个系列，管材的颜色有黄色管和黑管加黄条。规格一般为 20 mm～250 mm，目前国内已应用的最大规格到 400 mm。ISO 标准和欧洲标准已将管材的公称外径扩大到 630 mm。

表 4－9　聚乙烯管材的规格尺寸表　　　　　　　　　　单位：mm

公称外径 De		壁厚 e			
		SDR17.6		SDR11	
基本尺寸	允许偏差	基本尺寸	允许偏差	基本尺寸	允许偏差
16	＜0.30	2.3	0.40	3.0	0.40
20	＜0.30	2.3	0.40	3.0	0.40
25	0.30	2.3	0.40	3.0	0.40
32	0.30	2.3	0.40	3.0	0.40
40	0.40	2.3	0.40	3.7	0.50
50	0.40	2.9	＜0.40	4.6	＜0.60

（续表）

公称外径 De		壁厚 e			
		SDR17.6		SDR11	
基本尺寸	允许偏差	基本尺寸	允许偏差	基本尺寸	允许偏差
63	0.40	3.6	0.50	5.8	0.70
75	0.50	4.3	0.60	6.8	0.80
90	0.60	5.2	0.70	8.2	1.00
110	0.60	6.3	0.80	10.0	1.10
125	0.60	7.1	0.90	11.4	1.30
140	0.90	8.0	0.90	12.7	1.40

表 4-10　聚乙烯管材的规格尺寸表　　　　　　　　　　单位:mm

公称外径 De		壁厚 e				备注
		SDR17.6		SDR11		
基本尺寸	允许偏差	基本尺寸	允许偏差	基本尺寸	允许偏差	
160	<1.00	9.1	1.10	14.6	1.60	*
180	1.00	10.3	1.20	16.4	1.80	
200	1.20	11.4	1.30	18.2	2.00	
225	1.40	12.8	1.40	20.5	2.20	
250	1.50	14.2	1.60	22.7	2.40	*
315	1.80	17.9	1.90	28.7	3.00	*
355	2.00	20.2	2.20	32.3	3.40	
400	2.20	22.8	2.40	36.4	3.80	*

国标中还有:450、500、560、630

注:备注栏中带*号的为目前国内(11/25)常用规格

6. 我国输送压力的规定

《聚乙烯(PE)燃气管道技术规程》CJJ 63—2008 和《城镇燃气设计规范》GB 50028—2006 规定了 PE 管道不同种类燃气的最大允许工作压力。见表 4-11。

表 4-11　不同种类燃气的最大允许工作压力

燃气种类		20 ℃工作温度下最大允许工作压力(MPa)			
		PE80		PE100	
		SDR11	SDR17.6	SDR11	SDR17.6
天然气		0.5	0.3	0.7	0.4
液化石油气	混空气	0.4	0.2	0.5	0.3
	气态	0.2	0.1	0.3	0.2

燃气种类		20 ℃工作温度下最大允许工作压力（MPa）			
		PE80		PE100	
		SDR11	SDR17.6	SDR11	SDR17.6
人工煤气	干气	0.4	0.2	0.5	0.3
	其他	0.2	0.1	0.3	0.2

7. PE 管的特点

PE 管具有耐低温、韧性好、刚柔相济的特性。PE 管能解决传统管道的腐蚀和接头泄漏两大难题。PE 管因其独特的施工特点会带来巨大经济效益。如美国资料报道，聚乙烯管安装费用低于钢管道安装费用 50%，而穿插法又比聚乙烯管直接埋地法节约 30%~40%。

（1）高韧性

可直可卷，欧洲最大卷管达到 De160；适用于许多非开挖的敷管技术；其断裂伸长率一般超过 500%，对管基不均匀沉降的适应能力非常强，也是一种抗震性能优良的管道；一般在主要管道两端需设清管井。

据有关资料介绍，在 1995 年日本的神户地震中，聚乙烯燃气管和供水管是唯一没有损坏的管道系统。正因为如此，日本在神户震后大力推广 PE 管在燃气领域的使用。

（2）强度

强度不如钢管，适用范围受到限制，多用于中压。

（3）温度

温度范围较窄（-20 ℃~40 ℃）。温度高变软，耐压减低；温度过低，变脆，容易开裂，宜采用 HDPE。

（4）耐腐蚀

聚乙烯为惰性材料，除少数强氧化剂外，可耐多种化学介质的侵蚀，无电化学腐蚀，管壁不需要设防腐层。

（5）不易泄漏

采用熔接连接（热熔连接或电熔连接），本质上保证接口材质、结构与管体本身的同一性，实现了接头与管材的一体化。

试验证实，其接口的抗拉强度及爆破强度均高于管材本体，可有效地抵抗内压力产生的环向应力及轴向的拉伸应力。因此，与橡胶圈类接头或其他机械接头相比，不存在因接头扭曲造成泄漏的危险。

（6）良好的抵抗刮痕能力

采用不开槽施工技术，PE80 等级的聚乙烯管具有较好的抵抗刮痕能力。PE100 聚乙烯管材料则具有更加出色的抵抗刮痕能力。

（7）防老化

阳光、紫外光对其有老化作用，一般适用于埋地用，否则需要采取保护措施。

（8）使用寿命长

根据聚乙烯管材环向抗拉强度的长期静水压设计基础值（HDB）确定，其使用寿命可达

50 年以上,已被国际标准认可。

四、燃气用其他管材

(一) 铜管

(1) 铜管宜采用牌号为 TP2 的铜管及铜管件。TP2 为 2 号磷脱氧铜,其氧含量不高于 0.01%,仅为 T2 铜含氧量的 1/6。这使铜管的机械加工性能,特别是钎焊性能大大改善。

① 燃气中硫化氢含量小于或等于 7 mg/m³ 时,中低压管道可采用现行国标 GB/T18033 规定的 A 型管或 B 型管。

② 燃气中硫化氢的含量大于 7 mg/m³ 而小于 20 mg/m³ 时,中压管道应选用带耐腐蚀内衬的铜管;无耐腐蚀内衬的铜管只允许在室内的低压燃气管道中采用。

(2) 埋入建筑物地板和墙中的铜管是覆塑铜管或带有专用涂层的铜管,可保证铜管与墙内金属物件绝缘,又能防止墙槽填充材料对钢管的腐蚀。

(3) 铜管必须有防外部损伤的保护措施。

(4) 铜管道不得采用对焊、螺纹或软钎焊,应采用硬钎焊连接(熔点不小于 450 ℃)。钎焊是采用比母材熔点低的金属材料作钎料,将焊件和钎料加热到高于钎料熔点,低于母材熔化温度,利用液态钎料润湿母材,填充接头间隙并与母材相互扩散实现连接焊件的方法。

(5) 钎焊的特点

一是接头表面光洁,气密性好,形状和尺寸稳定,焊件的组织和性能变化不大,可连接相同的或不相同的金属及部分非金属。钎焊时,还可采用对工件整体加热,一次焊完很多条焊缝,提高了生产率。但钎焊接头的强度较低,多采用搭接接头,靠通过增加搭接长度来提高接头强度;另外,钎焊前的准备工作要求较高。二是钎料熔化而焊件不熔化。为了使钎接部分连接牢固,增强钎料的附着作用,钎焊时要用钎剂,以便清除钎料和焊件表面的氧化物。硬钎料(如铜基、银基、铝基、镍基等),具有较高的强度,可以连接承受载荷的零件,应用比较广泛。软钎料(如锡、铅、铋等),焊接强度低,主要用于焊接不承受载荷但要求密封性好的焊件,如容器、仪表元件等。

(二) 不锈钢管

(1) 燃气用薄壁不锈钢管的壁厚不得小于 0.6 mm(DN15),不锈钢波纹管的壁厚不得小于 0.2 mm。

(2) 连接方式:

① 薄壁不锈钢管的连接方式,应采用承插亚弧焊式管件连接或卡套式管件机械连接,优先选用承插亚弧焊式管件连接。

② 不锈钢波纹管的连接应采用卡套式管件机械连接。

(3) 必须有防外部损坏的保护措施。

(4) 薄壁不锈钢管和不锈钢波纹软管用于暗埋形式敷设或穿墙时,应具有外包覆层,以防外壁损坏。

(5) 不锈钢波纹管的优点

耐腐蚀性强,安全使用寿命超过 50 年,具备补偿性,避免地震和建筑物沉降而造成的燃气泄漏现象。弯曲容易,能在狭窄的空间自由弯曲和通过,能满足用户个性化需求,安装方便、美观。

　　不锈钢波纹管连接方式是采用卡套式管件机械连接。卡套式管件连接方便快捷,管体中部没有接口,减少连接点。

图4-4　不锈钢波纹管及其管件

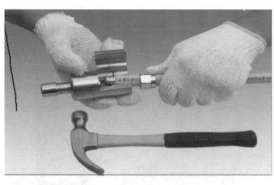
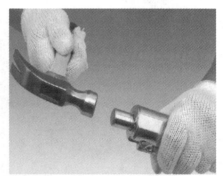
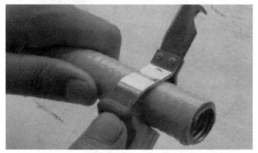

图4-5　金属波纹管的非定尺不锈钢波纹管连接管口加工工具

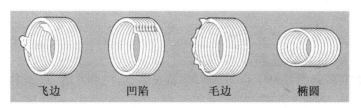

飞边　　　　凹陷　　　　毛边　　　　椭圆

图4-6　金属波纹管切口缺陷

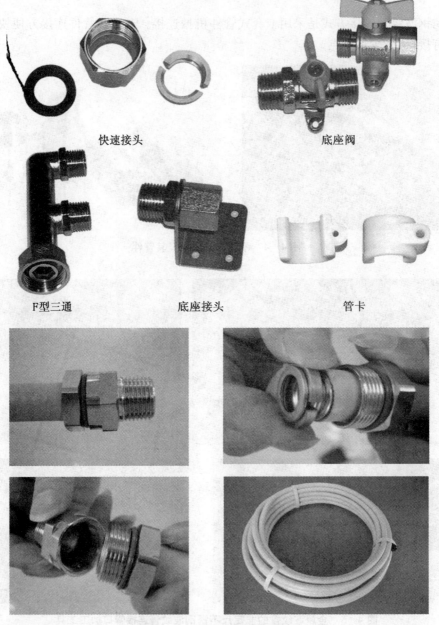

快速接头　　　　　　　　底座阀

F型三通　　　　底座接头　　　　　管卡

图4-7　金属波纹管及连接件

（三）铝塑管

铝塑复合管是最早替代铸铁管的供水管,其基本构成应为五层,即由内而外依次为塑料、热熔胶、铝合金、热熔胶、塑料。

铝塑复合管有较好的保温性能,内外壁不易腐蚀;因内壁光滑,对流体阻力很小;又因为可随意弯曲,所以安装施工方便。

使用的铝塑复合管质量应符合现行国家标准 GB/T 18997.2—2003《铝塑复合压力管》。安装时需对铝塑复合管进行防机械损伤、防紫外线伤害及防热保护,应在环境温度不高于 60 ℃、工作压力小于 10 kPa,户内计量装置之后安装。考虑到铝塑复合管不耐火和塑料老化问题,所以只允许在户内燃气表后采用。

铝塑管连接采用卡压式管件或承插式管件机械连接。

1. 铝塑复合管卡压式管件连接步骤

(1) 剪管

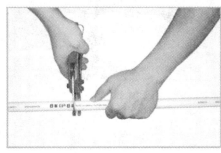

(2) 整圆-倒角

图 4-8　整圆器

图 4-9　倒角整圆器

(3) 将管子插入到底

图 4-10

(4) 压接

图 4-11

2. 卡套式管件连接步骤

(1) 剪管

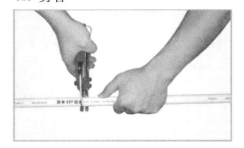

图 4-12

(2) 上螺母-C 型环-整圆

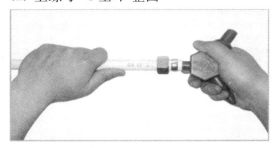

图 4-13

（3）将管子插入到底

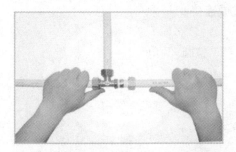

图 4 - 14

（4）上紧螺母

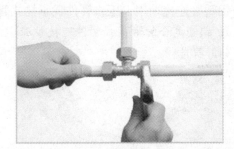

图 4 - 15

3. 薄壁不锈钢管加工工具

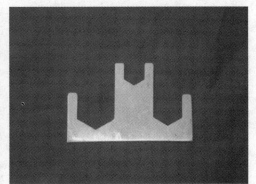

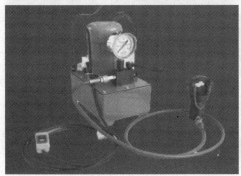

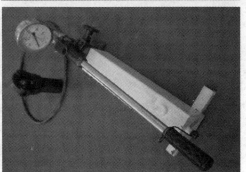

图 4 - 16

4. 薄壁不锈钢管的安装

（1）检查密封圈

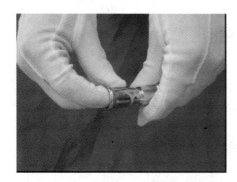

图 4-17

（2）画线

图 4-18

（3）管材的切割

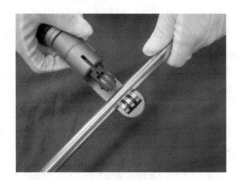

图 4-19

（4）插入长度确认

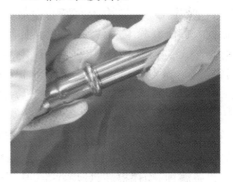

图 4-20

（5）确认卡压钳口凹槽安置在接头
本体圆弧凸出部位，卡压到位。

图 4-21

（6）检测

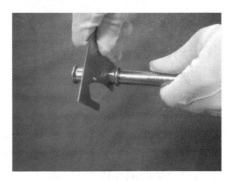

图 4-22

模块三　阀　门

第五章　阀　门

阀门是流体管路的控制装置,其基本功能是接通或切断管路介质的流通,改变介质的流通,改变介质的流动方向,调节介质的压力和流量,保护管路和设备的正常运行。近二三十年来,石油、化工、电站、冶金、船舶、核能、宇航等方面的需要加大,对阀门也提出更高的要求,促使人们研究和生产高参数的阀门:其工作温度从超低温$-269\ ℃$到高温$1\ 200\ ℃$,甚至高达$3\ 430\ ℃$;工作压力从超真空$1.33\times10^{-8}\ MPa(1\times10^{-1}\ mmHg)$到超高压$1\ 460\ MPa$;阀门通径从$1\ mm$到$600\ mm$,甚至达到$9\ 750\ mm$;阀门的材料从铸铁、碳素钢发展到钛及钛合金,高强度耐腐蚀钢等。阀门的驱动方式从手动发展到电动、气动、液动、程控、数控、遥控等。

石油天然气行业阀门使用量大,开闭频繁。但往往由于制造、使用、选型、维修不当,跑、冒、滴、漏现象频频发生,由此引起火焰、爆炸、中毒、烫伤事故,或者造成产品质量低劣、能耗提高、设备腐蚀、物耗提高、环境污染,甚至造成停产等事故。因此,人们希望获得高质量的阀门,同时也要求提高阀门的使用、维修水平,这对从事阀门操作人员、维修人员以及工程技术人员提出新的要求:除了要精心设计、合理选用、正确操作阀门之外,还要及时维护、修理阀门,使阀门的"跑、冒、滴、漏"及各类事故降到最低限度。

一、阀门定义

阀门是一种安装在各种管道和设备等流体输送系统中,具有截止、导流、防止逆流、调节、分流或溢流泄压等功能的控制装置。它属于一种通用机械产品。

二、阀门的分类

阀门的用途广泛,种类繁多,分类方法也比较多,总的可分以下两大类:

第一类自动阀门:依靠介质(液体、气体)本身的能力而自行动作的阀门,如止回阀、安全阀、调节阀、疏水阀、减压阀等。

第二类驱动阀门:借助手动、电动、液动、气动来操纵动作的阀门,如闸阀、截止阀、节流阀、蝶阀、球阀、旋塞阀等。

此外,阀门的分类还有以下几种方法:

(一) 按结构特征,根据关闭件相对于阀座移动的方向可分:

(1) 截门形:关闭件沿着阀座中心移动;

(2) 闸门形:关闭件沿着垂直阀座中心移动;

(3) 旋塞和球形:关闭件是柱塞或球,围绕本身的中心线旋转;

(4) 旋启形:关闭件围绕阀座外的轴旋转;

(5) 碟形:关闭件的圆盘,围绕阀座内的轴旋转;

(6) 滑阀形:关闭件在垂直于通道的方向滑动。

(二) 按用途,根据阀门的不同用途可分:

(1) 开断用:用来接通或切断管路介质,如截止阀、闸阀、球阀、蝶阀等;

(2) 止回用:用来防止介质倒流,如止回阀;

(3) 调节用:用来调节介质的压力和流量,如调节阀、减压阀;

(4) 分配用:用来改变介质流向、分配介质,如三通旋塞、分配阀、滑阀等;

(5) 安全阀:在介质压力超过规定值时,用来排放多余的介质,保证管路系统及设备安全,如安全阀、事故阀;

(6) 其他特殊用途:如疏水阀、放空阀、排污阀等。

(三) 按驱动方式,根据不同的驱动方式可分:

(1) 手动:借助手轮、手柄、杠杆或链轮等,有人力驱动,传动较大力矩时,装有蜗轮、齿轮等减速装置;

(2) 电动:借助电机或其他电气装置来驱动;

(3) 液动:借助(水、油)来驱动;

(4) 气动;借助压缩空气来驱动。

(四) 按压力,根据阀门的公称压力可分:

(1) 真空阀:绝对压力<0.1 MPa 即 760 mm 汞柱高的阀门,通常用 mm 汞柱或 mm 水柱表示压力;

(2) 低压阀:公称压力 PN≤1.6 MPa 的阀门(包括 PN≤1.6 MPa 的钢阀);

(3) 中压阀:公称压力 PN2.5～6.4 MPa 的阀门;

(4) 高压阀:公称压力 PN10.0～80.0 MPa 的阀门;

(5) 超高压阀:公称压力 PN≥100.0 MPa 的阀门。

(五) 按介质的温度分,根据阀门工作时的介质温度可分:

(1) 普通阀门:适用于介质温度 -40 ℃～425 ℃ 的阀门;

(2) 高温阀门:适用于介质温度 425 ℃～600 ℃ 的阀门;

(3) 耐热阀门:适用于介质温度 600 ℃ 以上的阀门;

(4) 低温阀门:适用于介质温度 -40 ℃～-150 ℃ 的阀门;

(5) 超低温阀门:适用于介质温度 -150 ℃ 以下的阀门。

(六) 按公称通径分,根据阀门的公称通径可分:

(1) 小口径阀门:公称通径 DN<40 mm 的阀门;

(2) 中口径阀门:公称通径 DN50～300 mm 的阀门;

(3) 大口径阀门:公称通径 DN350～1 200 mm 的阀门;

(4) 特大口径阀门:公称通径 DN≥1400 mm 的阀门。

（七）按与管道连接方式分，根据阀门与管道连接方式可分：

(1) 法兰连接阀门：阀体带有法兰，与管道采用法兰连接的阀门；

(2) 螺纹连接阀门：阀体带有内螺纹或外螺纹，与管道采用螺纹连接的阀门；

(3) 焊接连接阀门：阀体带有焊口，与管道采用焊接连接的阀门；

(4) 夹箍连接阀门：阀体上带有夹口，与管道采用夹箍连接的阀门；

(5) 卡套连接阀门：采用卡套与管道连接的阀门。

（八）通用分类法

这种分类方法既按原理、作用又按结构划分，是目前国内和国际上最常用的分类方法。

一般分为：闸阀、截止阀、旋塞阀、球阀、蝶阀、隔膜阀、止回阀、节流阀、安全阀、减压阀、疏水阀、调节阀。

三、阀门的型号编制方法

（一）阀门的型号

阀门的型号是用来表示阀类、驱动及连接形式、密封圈材料和公称压力等要素的。由于阀门种类繁杂，为了制造和使用方便，国家对阀门产品型号的编制方法做了统一规定。

阀门型号由阀门类型、驱动方式、连接形式、结构形式、密封面材料或衬里材料类型、压力代号或工作温度下的工作压力、阀体材料七部分组成。

编制的顺序按：阀门类型、驱动方式、连接形式、结构形式、密封面材料或衬里材料类型、公称压力代号或工作温度下的工作压力代号、阀体材料。表 5-1 节选自 (JB/T 308—2004《阀门型号编制方法》)

表 5-1　阀门型号编制

1	2	3	4	5	6	7
汉语拼音字母表示阀门类型	一位数字表示驱动方式	一位数字表示连接形式	一位数字表示结构形式	汉语拼音字母表示密封面或衬里	数字表示公称压力 kg/m^2	汉语拼音字母表示阀体材料
Z 闸阀 J 截止阀 L 节流阀 Q 球阀 D 蝶阀 H 止回阀和底阀 G 隔膜阀 A 弹簧载荷安全阀 GA 杠杆式安全阀 X 旋塞阀 Y 减压阀 S 蒸汽疏水阀 U 柱塞阀 P 排污阀	0 电磁动 1 电磁—液动 2 电—液动 3 蜗轮 4 正齿轮转动 5 锥齿轮转动 6 气动 7 液动 8 气—液动 9 电动 其他手轮、手柄、扳手无号表示	1 内螺纹 2 外螺纹 4 法兰 6 焊接 7 对夹 8 卡箍 9 卡套	（见下页阀门结构形式表）	T 铜合金 H Cr13 系不锈钢 B 锡基轴承合金（巴氏合金） Y 硬质合金 X 橡胶 J 衬胶 N 尼龙塑料 P 渗硼钢 Q 衬铅 R 奥氏体不锈钢 S 塑料 C 搪瓷 D 渗氮钢 F 氟塑料 G 陶瓷	阀门使用的压力级采用10倍的兆帕单位(MPa)数值表示。当介质最高温度超过425℃时，标注最高工作温度下的工作压力代号。	C 碳钢铬镍钼系不锈R钢 H，Cr13系不锈钢 S 塑料 I 铬钼系钢 T 铜及铜合金 K 可锻铸铁 Ti 钛及钛合金 L 铝合金 V 铬钼钒钢 P 铬镍系不锈钢 Z 灰铸铁 Q 球墨铸铁

1	2	3	4	5	6	7
汉语拼音字母表示阀门类型	一位数字表示驱动方式	一位数字表示连接形式	一位数字表示结构形式	汉语拼音字母表示密封面或衬里	数字表示公称压力 kg/m²	汉语拼音字母表示阀体材料
当阀门还具有其他功能作用或带有其他特异结构时，在阀门类型代号前再加注一个汉语拼音字母。保温型 B 排渣型 P 低温型 Dⁱ（a 低温型指允许使用温度低于−46 ℃以下的阀门）防火型 F（阀杆密封）波纹管型 W 缓闭型 H 快速型 Q	注：代号1、代号2及代号8是用在阀门启闭时，需有两种动力源同时对阀门进行操作。安全阀、减压阀、疏水阀、手轮直接连接阀杆操作结构形式的阀门，本代号省略，不表示。对于气动或液动机构操作的阀门：常开式用6K、7K表示；常闭式用6B、7B表示；防爆电动装置的阀门用9B表示			阀门密封副材料均为阀门的本体材料时，密封面材料代号用"W"表示。隔膜阀以阀体表面材料代号表示	公称压力小于等于1.6 MPa的灰铸铁阀门的阀体材料代号在型号编制时予以省略。公称压力大于等于2.5 MPa的碳素钢阀门的阀体材料代号在型号编制时予以省略	

表 5－2 闸阀结构形式代号

结构形式			代 号
阀杆升降式（明杆）	楔式闸板	弹性闸板	0
		单闸板	1
		双闸板	2
	平行式闸板	单闸板	3
		双闸板	4
阀杆非升降式（暗杆）	楔式闸板	单闸板	5
		双闸板	6
	平行式闸板	单闸板	7
		双闸板	8

注：表中"刚性闸板"跨越"单闸板/双闸板"各行（代号1—8）。

表5-3 截止阀、节流阀和柱塞阀结构形式代号

结构形式		代 号	结构形式		代 号
阀瓣非平衡式	直通流道	1	阀瓣平衡式	直通流道	6
	Z形流道	2		角式流道	7
	三通流道	3		—	—
	角式流道	4		—	—
	直流流道	5		—	—

表5-4 球阀结构形式代号

结构形式		代 号	结构形式		代 号
浮动球	直通流道	1	固定球	直通流道	7
	Y形三通流道	2		四通流道	6
	L形三通流道	4		T形三通流道	8
	T形三通流道	5		L形三通流道	9
	—	—		半球直通	0

表5-5 旋塞阀结构形式代号

结构形式		代 号	结构形式		代 号
填料密封	直通流道	3	油密封	直通流道	7
	T形三通流道	4		T形三通流道	8
	四通流道	5		—	—

表5-6 安全阀结构形式代号

结构形式		代 号	结构形式		代 号
弹簧载荷弹簧密封结构	带散热片全启式	0	弹簧载荷弹簧不封闭且带扳手结构	微启式、双联阀	3
	微启式	1		微启式	7
	全启式	2		全启式	8
	带扳手全启式	4		—	—
杠杆式	单杠杆	2	带控制机构全启式		6
	双杠杆	4	脉冲式		9

表5-7 减压阀结构形式代号

结构形式	代 号	结构形式	代 号
薄膜式	1	波纹管式	4
弹簧薄膜式	2	杠杆式	5
活塞式	3	—	—

（二）命名

连接形式的"法兰"，结构形式为"闸阀的'明杆'、'弹性'、'刚性'和'单闸板'，截止阀、节流阀的'直通式'，球阀的'浮动球'、'固定球'和'直通式'，蝶阀的'垂直板式'，隔膜阀的'屋脊式'，旋塞阀的'填料'和'直通式'，止回阀的'直通式'和'单瓣式'，安全阀的'不封闭式'、'阀座密封面材料'"在命名中均予省略。

型号和名称编制方法示例：

（1）电动、法兰连接、明杆楔式双闸板，阀座密封面材料由阀体直接加工，公称压力 PN0.1 MPa、阀体材料为灰铸铁的闸阀：Z942W－1 电动楔式双闸板闸阀。

（2）手动、外螺纹连接、浮动直通式阀座密封面材料为氟塑料、公称压力 PN4.0 MPa、阀体材料为 1Crl8Ni9Ti 的球阀：Q21F－40P 外螺纹球阀。

（3）气动常开式、法兰连接、屋脊式结构并衬胶、公称压力 PN0.6 MPa、阀体材料为灰铸铁的隔膜：G6K41J－6 气动常开式衬胶隔膜阀。

（4）液动、法兰连接、垂直板式、阀座密封材料为铸铜、阀瓣密封面材料为橡胶、公称压力 PN0.25 MPa、阀体材料为灰铸铁的蝶阀：D741X－2.5 液动蝶阀。

（5）电动驱动对接焊连接、直通式、阀座密封面材料为堆焊硬质合金、工作温度 540 ℃ 时工作压力 17.0 MPa、阀体材料铬钼钒钢的截止阀：J961Y－P54170V 电动焊接截止阀。

四、典型阀门

（一）闸阀

闸阀是指关闭件（闸板）沿通路中心线的垂直方向移动，在管路中主要作切断用的阀门。闸阀在全开时整个流通直通，此时介质运行的压力损失最小。

闸阀是使用很广的一种阀门，一般口径 DN≥50 mm 的切断装置都选用它，有时口径很小的切断装置也选用闸阀。闸阀通常适用于不需要经常启闭，而且保持闸板全开或全闭的工况。不适用于作为调节或节流使用。

对于高速流动的介质，闸板在局部开启状况下可以引起闸门的振动，而振动又可能损伤闸板和阀座的密封面，而节流会使闸板遭受介质的冲蚀。

1. 闸阀的种类

（1）按密封面配置可分为：楔式闸板式闸阀和平行闸板式闸阀

1）楔式闸板式闸阀又可分为：单闸极式、双闸板式和弹性闸板式；其密封面与垂直中心线成某种角度，即两个密封面成楔形的闸阀。

密封面的倾斜角度一般有 2°52′,3°30′,5°,8°,10°等，角度的大小主要取决于介质温度的高低。一般工作温度愈高，所取角度应愈大，以减小温度变化时发生楔住的可能性。

在楔式闸阀中，单闸板楔式闸阀，结构简单，使用可靠，但对密封面角度的精度要求较高，加工和维修较困难，温度变化时楔住的可能性很大。双闸板楔式闸阀在水和蒸气介质管路中使用较多。它的优点是：对密封面角度的精度要求较低，温度变化不易引起楔住的现象，密封面磨损时，可以加垫片补偿。但这种结构零件较多，在粘性介质中易粘结，影响密封。更主要是上、下挡板长期使用易产生锈蚀，闸板容易脱落。弹性闸板楔式闸阀，它具有单闸板楔式闸阀结构简单，使用可靠的优点，又能产生微量的弹性变形弥补密封面角度加工过程中产生的偏差,改善工艺性,现已被大量采用。

2)平行闸板式闸阀可分为:单闸板式和双闸板式。其密封面与垂直中心线平行,即两个密封面互相平行的闸阀。

在平行式闸阀中,以带推力楔块的结构最常为常见,既在两闸板中间有双面推力楔块,这种闸阀适用于低压中小口径(DN40～300 mm)闸阀。也有在两闸板间带有弹簧的,弹簧能产生预紧力,有利于闸板的密封。

(2)按阀杆的螺纹位置划分,可分为:明杆闸阀和暗杆闸阀两种

1)明杆闸阀:阀杆螺母在阀盖或支架上,开闭闸板时,用旋转阀杆螺母来实现阀杆的升降。这种结构对阀杆的润滑有利,开闭程度明显,因此被广泛采用。

2)暗杆闸阀:阀杆螺母在阀体内,与介质直接接触。开闭闸板时,用旋转阀杆来实现。这种结构的优点是:闸阀的高度总保持不变,因此安装空间小,适用于大口径或对安装空间受限制的闸阀。此种结构要装有开闭指示器,以指示开闭程度。这种结构的缺点是:阀杆螺纹不仅无法润滑,而且直接接受介质侵蚀,容易损坏。

2.闸阀的密闭

关闭时,密封面可以只依靠介质压力来密封,即只依靠介质压力将闸板的密封面压向另一侧的阀座来保证密封面的密封,这就是自密封。

大部分闸阀是采用强制密封的,即阀门关闭时,要依靠外力强行将闸板压向阀座,以保证密封面的密封性。

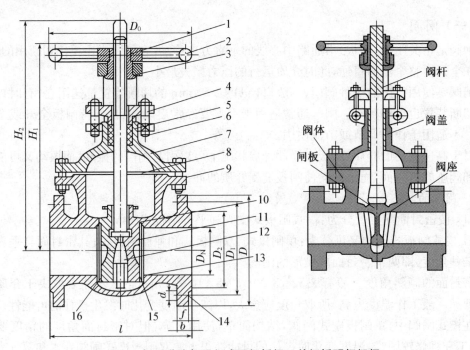

图5-1 低压升降杆平行式双闸板阀 单闸板明杆闸阀

1—阀杆;2—手轮;3—阀杆螺母;4—填料盖 ;5—填料;6—J形螺栓;7—钢盖;8—垫片;9—阀体;10—闸板密封圈;11—闸板;12—顶楔;13—阀体密封圈;14—法兰孔数;15—有密封圈型式;16—无密封圈型式

3. 手动闸阀工作原理

转动手轮,通过手轮与阀杆的螺纹的进、退,提升或下降与阀杆连接的阀板,达到开启和关闭的目的。

4. 闸阀优缺点

流动阻力小:阀体内部介质通道是直通的,介质成直线流动,流动阻力小。

启闭时较省力:是与截止阀相比而言,因为无论是开或闭,闸板运动方向均与介质流动方向相垂直。

高度大,启闭时间长:闸板的启闭行程较大,降是通过螺杆进行的。

水锤现象不易产生,原因是关闭时间长。

闸阀通道两侧是对称的,介质可向两侧任意方向流动,易于安装。

闸阀也有不足之处:

① 外形尺寸和开启高度都较大。安装所需空间较大。

② 开闭过程中,密封面间有相对摩擦,容易引起擦伤现象。

③ 闸阀一般都有两个密封面,给加工、研磨和维修增加一些困难。

(二)截止阀

截止阀是指关闭件(阀瓣)沿阀座中心线移动的阀门,截止阀在管路中主要作切断用。

适用场所:截止阀主要用于截断流体,在对调节性能要求不高的场合也可用于调节流量;适用于需要频繁开关的场合。

1. 截止阀分类

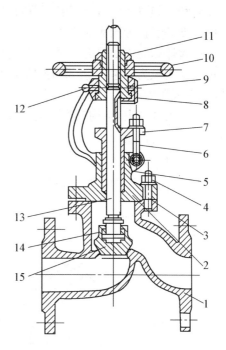

直流式

图 5 - 2　手动锥面密封截止阀

1—阀体;2—中法兰垫片;3—双头螺栓;4—螺母;5—填料;6—活节螺栓;7—填料压盖;8—导向块;
9—阀杆螺母;10—手轮;11—压紧螺母;12—油环;13—阀杆;14—钢球;15—阀座

常见的截止阀阀体流道形式有直通式、直流式和直角式 3 种。

直通式截止阀的流体阻力较大,因阀体形状近似球体,所以习称球形阀。为了减小流体阻力,直流式多用于含固体颗粒或粘度大的流体。

直角式用于高、中压力的直角型管道。

截止阀的密封面主要有平面和锥面两种。锥面密封的接触面宽度比平面密封的小,所需密封力小,密封性较易保证,启闭力也低得多,大多用于高压场合。

为了减小启闭力,已研制出高压平衡式截止阀。它采用压力平衡式阀瓣。流体从阀瓣下部通过小孔进入阀瓣上部。

2. 截止阀开关

介质通过此类阀门时的流动方向发生了变化,因此截止阀的流动阻力较高。

引入截止阀的流体从阀芯下部引入称为正装,从阀芯上部引入称为反装,正装时阀门开启省力,关闭费力,反装时,阀门关闭严密,开启费力,截止阀一般正装。

3. 截止阀的安装方向

截止阀的使用极为普遍,但由于开启和关闭力矩较大、结构长度较长,通常公称通径都限制在 250 mm 以下,也有到 400 mm 的,但选用时需特别注意进出口方向。

一般 150 mm 以下的截止阀介质大都从阀瓣的下方流入,而 200 mm 以上的截止阀介质大都从阀瓣的上方流入。这是考虑到阀门的关闭力矩所致。为了减小开启或关闭力矩,一般 200 mm 以上的截止阀都设内旁通或外旁通阀门。

4. 截止阀的优缺点

在开启和关闭过程中,由于阀瓣与阀体密封面间的摩擦力比闸阀小,因而耐磨。

开启高度一般仅为阀座通道直径的 1/4,因此比闸阀小得多。

通常在阀体和阀瓣上只有一个密封面,因而制造工艺性比较好,便于维修。

截止阀使用较为普遍,但是截止阀的缺点也是不容忽视的。其缺点主要是流阻系数比较大,因此造成压力损失,特别是在液压装置中,这种压力损失尤为明显。

由于开闭力矩较大,结构长度较长,一般公称通径都限制在 DN200 mm 以下,因而限制了截止阀更广泛的使用。

(三)蝶阀

蝶阀启闭件是一个圆盘形的蝶板,在阀体内绕其自身的轴线旋转,从而达到启闭或调节的阀门。

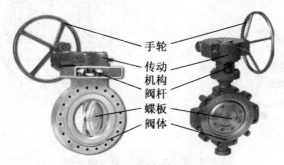

图 5-3　蝶阀的结构

作为密封型的蝶阀是在合成橡胶出现以后才得到迅速的发展,因此是一种新型的截流阀。在我国直至 20 世纪 80 年代,蝶阀主要作用于低压阀门,阀座采用合成橡胶;到九十年代,由于国外交流增多,硬密封(金属密封)蝶阀得以迅速发展。目前已有多家阀门厂能稳定地生产中压金属密封蝶阀,使蝶阀应运领域更为广泛。

目前国产蝶阀参数如下:

公称压力:PN0.25~4.0 MPa

公称直径:DN100~3 000 mm

工作温度:≤425 ℃

1. 蝶阀种类

根据连接方式:法兰螺纹、对夹螺纹、螺纹蝶阀、卡箍蝶阀、焊接蝶阀。

根据密封面材料:软密封、硬密封。

根据结构形式,蝶阀可分成以下类型:板式蝶阀、斜板式、偏置板式、杠杆式。

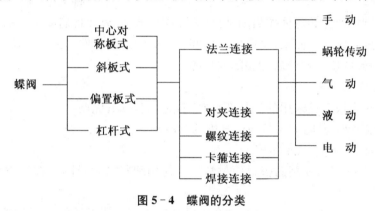

图 5-4 蝶阀的分类

2. 蝶阀的特点

(1) 结构简单,外形尺寸小。结构紧凑,结构长度短,体积小,重量轻,适用于大口径的阀门。

(2) 流体阻力小,全开时,阀座通道有效流通面积较大,因而流体阻力较小。

(3) 启闭方便迅速,调节性能好,蝶板旋转 90°即可完成启闭。通过改变蝶板的旋转角度可以分级控制流量。

(4) 启闭力矩较小,由于转轴两侧蝶板受介质作用基本相等,而产生转矩的方向相反,因而启闭较省力。

(5) 低压密封性能好,密封面材料一般采用橡胶、塑料,故密封性能好。受密封圈材料的限制,蝶阀的使用压力和工作温度范围较小。但硬密封蝶阀的使用压力和工作温度范围都有了很大的提高。

3. 蝶阀的结构

蝶阀主要由阀体、蝶板、阀杆、阀座(密封圈)和传动装置组成。

(1) 阀体:阀体呈圆筒状,上下部分各有一个圆柱形凸台,用于安装阀杆。蝶阀与管道多采用法兰连接,如采用对夹连接,其结构长度最小。

(2) 阀杆:阀杆是蝶板的转轴,轴端采用填料函密封结构,可防止介质外漏。阀杆上端与传动装置直接相接,以传递力矩。

(3)蝶板:蝶板是蝶阀的启闭件,根据蝶板在阀体中的安装方式,蝶阀可以分成中线蝶阀、双偏心蝶阀和三偏心蝶阀几种形式。

(4)阀座:蝶板是蝶阀的密封件。根据使用温度和耐腐蚀性等要求,选用不同材质的橡胶作为阀座。

非密封形蝶阀:关闭时不能保证密封的蝶阀。在管路中只能做节流用,密封圈通常是用金属制成的。

4. 蝶阀开度控制

蝶阀全开到全关通常是小于90度,蝶阀和蝶杆本身没有自锁有力,为了蝶板的定位,要在阀杆上加装蜗轮减速器。采用蜗轮减速器,不仅可以使蝶板具有自锁能力,使蝶板停止在任意位置上,还能改善阀门的操作性能。

(四)球阀

球阀用带圆形通孔的球体作启闭件,球体随阀杆转动,以实现启闭动作的阀门。

球阀是由旋塞阀演变而来,又称球形旋塞阀。球阀的启闭件作为一个球体,利用球体绕阀杆的轴线旋转90度实现开启和关闭的目的。

1. 球阀主要优缺点

球阀是近年来被广泛采用的一种新型阀门,它具有以下优点:

(1)流体阻力小,其阻力系数与同长度的管段相等。

(2)结构简单、体积小、重量轻。

(3)紧密可靠,目前球阀的密封面材料广泛使用塑料、密封性好,在真空系统中也已广泛使用。

(4)操作方便,开闭迅速,从全开到全关只要旋转90°,便于远距离的控制。

(5)维修方便,球阀结构简单,密封圈一般都是活动的,拆卸更换都比较方便。

(6)在全开或全闭时,球体和阀座的密封面与介质隔离,介质通过时,不会引起阀门密封面的侵蚀。

(7)适用范围广,通径从小到几毫米,大到几米,从高真空至高压力都可应用。

缺点:介质易从阀杆部位泄漏。

2. 球阀分类

球阀按结构形式可分为浮动球阀、固定球阀、弹性球阀和油封球阀;按通道可分为直通式球阀、角式球阀和三通式球阀等,三通式又可分为T形球阀和L形球阀两种。

按连接方工可分为螺纹式连接球阀、法兰连接球阀和焊接式球阀三种。

3. 操作球阀的注意事项

要留有阀柄旋转的位置,不能用作节流。

(五)止回阀

止回阀是指依靠介质本身流动而自动开、闭阀瓣,用来防止介质倒流的阀门,又称止逆阀或单向阀。

止回阀的作用是只允许介质向一个方向流动,而且阻止反方向流动。通常这种阀门是自动工作的,在一个方向流动的流体压力作用下,阀瓣打开;流体反方向流动时,由流体压力

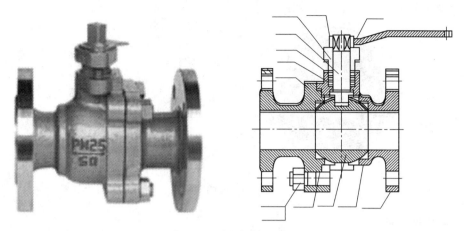

图 5-5 浮动球阀结构

和阀瓣的自重使得阀瓣作用于阀座,从而切断流动。

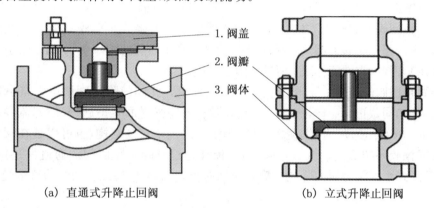

（a）直通式升降止回阀　　　　　（b）立式升降止回阀

图 5-6 升降式止回阀的结构

1—阀盖;2—阀瓣;3—阀体

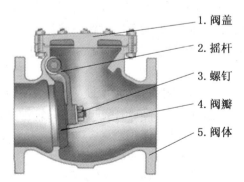

图 5-7 旋启式止回阀

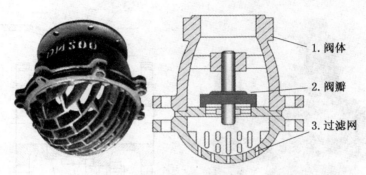

1. 阀体

2. 阀瓣

3. 过滤网

图5-8 底阀结构

1. 止回阀分类

止回阀按结构划分,可分为升降式止回阀、旋启式止回阀、蝶式止回阀和管道式止回阀四种。

(1)升降式止回阀可分为立式止回阀和卧式止回阀两种。

升降式止回阀的阀瓣沿着阀体垂直中心线滑动。升降式止回阀只能安装在水平管道上,在高压小口径止回阀上阀瓣可采用圆球。升降式止回阀的阀体形状与截止阀一样(可与截止阀通用),因此,它的流体阻力系数较大。

升降式止回阀的阀瓣位于阀体上阀座密封面上。此阀门除了阀瓣可以自由地升降之外,其余部分如同截止阀一样,流体压力使阀瓣从阀座密封面上抬起,介质回流导致阀瓣回落到阀座上,并切断流动。根据使用条件,阀瓣可以是全金属结构,也可以是在阀瓣架上镶嵌橡胶垫或橡胶环的形式。像截止阀一样,流体通过升降式止回阀的通道也是狭窄的,因此,通过升降式止回阀的压力降比旋启式止回阀大些,而且旋启式止回阀的流量受到的限制很少。

(2)旋启式止回阀分为单瓣式止回阀、双瓣式止回阀和多瓣式止回阀三种。其阀瓣围绕阀座外的销轴旋转的止回阀,旋启式止回阀应用较为普遍。

旋启式止回阀有一个铰链机构,还有一个像门一样的阀瓣自由地靠在倾斜的阀座表面上。为了确保阀瓣每次都能到达阀座面的合适位置,阀瓣设计在铰链机构,以便阀瓣具有足够的旋启空间,并使阀瓣真正地、全面地与阀座接触。阀瓣可以全部用金属制成,也可以在金属上镶嵌皮革、橡胶或者采用合成覆盖面,这取决于使用性能的要求。旋启式止回阀在完全打开的状况下,流体压力几乎不受阻碍,因此,通过阀门的压力降相对较小。

(3)蝶式止回阀为直通式止回阀。阀瓣围绕阀座内的销轴旋转的止回阀。蝶式止回阀结构简单,只能安装在水平管道上,密封性较差。

(4)管道式止回阀:阀瓣沿着阀体中心线滑动的阀门。管道式止回阀是新出现的一种阀门。它的体积小,重量较轻,加工工艺性好,是止回阀发展方向之一;但它的流体阻力系数比旋启式止回阀略大。

以上几种止回阀在连接形式上可分为螺纹连接止回阀、法兰连接止回阀和焊接止回阀三种。

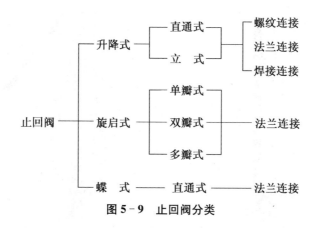

图 5-9　止回阀分类

2. 止回阀安装注意事项

在管线中不要使止回阀承受重量,大型的止回阀应独立支撑,使之不受管系产生的压力的影响。安装时注意介质流动的方向应与阀体所标箭头方向一致;升降式垂直瓣止回阀应安装在垂直管上;升降式水平瓣止回阀应安装在水平管上。

（六）安全阀

安全阀的作用原理:基于力平衡,一旦阀瓣所受压力大于弹簧设定压力时,阀瓣就会被此压力推开,其压力容器内的气(液)体会被排出,以降低该压力容器内的压力。

安全阀是防止介质压力超过规定数值起安全作用的阀门。

安全阀在管路中,当介质工作压力超过规定数值时,阀门便自动开启,排放出多余介质;而当工作压力恢复到规定值时,又自动关闭。

1. 安全阀常用的术语

开启压力:当介质压力上升到规定压力数值时,阀瓣便自动开启,介质迅速喷出,此时阀门进口处压力称为开启压力。

排放压力:阀瓣开启后,如设备管路中的介质压力继续上升,阀瓣应全开,排放额定的介质排量,这时阀门进口处的压力称为排放压力。

关闭压力:安全阀开启,排出了部分介质后,设备管路中的压力逐渐降低,当降低到小于工作压力的预定值时,阀瓣关闭,开启高度为零,介质停止流出。这时阀门进口处的压力称为关闭压力,又称回座压力。

工作压力:设备正常工作中的介质压力称为工作压力。此时安全阀处于密封状态。

排量:在排放介质阀瓣处于全开状态时,从阀门出口处测得的介质在单位时间内的排出量,称为阀的排量。

2. 安全阀分类

（1）根据安全阀的结构可分

重锤(杠杆)式安全阀:用杠杆和重锤来平衡阀瓣的压力。重锤式安全阀靠移动重锤的位置或改变重锤的重量来调整压力。它的优点在于结构简单;缺点是比较笨重,回座力低。这种结构的安全阀只能用于固定的设备上。

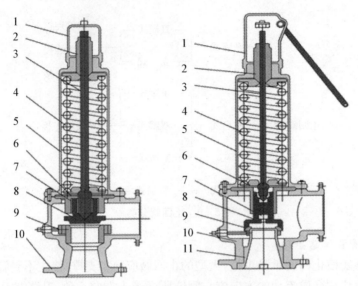

图 5-10 弹簧式安全阀结构

1—保护罩；2—调整螺杆；3—阀杆；4—弹簧；5—阀盖；6—导向套；7—阀瓣；
8—反冲盘；9—调节环；10—阀体；11—阀座

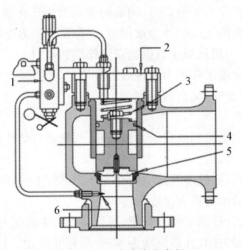

图 5-11 脉冲式安全阀

1—导阀；2—主阀；3—圆顶气室；4—活塞密封圈；5—阀座；6—压力传感嘴

弹簧式安全阀：利用压缩弹簧的力来平衡阀瓣的压力并使之密封。弹簧式安全阀靠调节弹簧的压缩量来调整压力。它的优点在于比重锤式安全阀体积小、轻便，灵敏度高，安装位置不受严格限制；缺点是作用在阀杆上的力随弹簧变形而发生变化。同时必须注意弹簧的隔热和散热问题。弹簧式安全阀的弹簧作用力一般不要超过 2 000 公斤，因为过大过硬的弹簧不适于精确的工作。

脉冲式安全阀：脉冲式安全阀由主阀和辅阀组成。主阀和辅阀连在一起，通过辅阀的脉冲作用带动主阀动作。脉冲式安全阀通常用于大口径管路上，因为大口径安全阀都不适合采用重锤或弹簧式。脉冲式安全阀由主阀和辅阀两部分组成。当管路中介质超过额定值时，辅阀首先动作带动主阀动作，排放出多余介质。

（2）根据安全阀阀瓣最大开启高度与阀座通径之比，又可分：

1）微启式：阀瓣的开启高度为阀座通径的 1/20～1/10。由于开启高度小，对这种阀的结构和几何形状要求不像全启式那样严格，设计、制造、维修和试验都比较方便，但效率较低。

2）全启式：阀瓣的开启高度为阀座通径的 1/4～1/3。

全启式安全阀是借助气体介质的膨胀冲力，使阀瓣达到足够的升高和排量。它利用阀瓣和阀座的上、下两个调节环，使排出的介质在阀瓣和上下两个调节环之间形成一个压力区，使阀瓣上升到要求的开启高度和规定的回座压力。此种结构灵敏度高，使用较多，但上、下调节环的位置难于调整，使用须仔细。

（3）根据安全阀阀体构造，又可分：

1）全封闭式：排放介质时不向外泄漏，而全部通过排泄管放掉。

2）半封闭式：排放介质时，一部分通过排泄管排放，另一部分从阀盖与阀杆配合处向外泄漏。

3）敞开式：排放介质时，不引到外面，直接由阀瓣上方排泄。

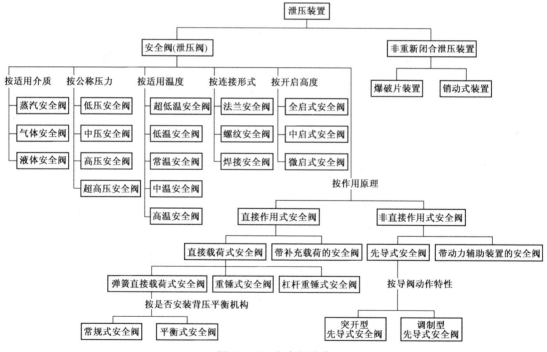

图 5‑12 安全阀分类

3. 弹簧式安全阀的优缺点

优点在于比重锤式安全阀体积小、轻便，灵敏度高，安装位置不受严格限制。

缺点是作用在阀杆上的力随弹簧变形而发生变化。同时必须注意弹簧的隔热和散热问题。弹簧式安全阀的弹簧作用力一般不要超过 2 000 公斤，因为过大过硬的弹簧不适于精确的工作。

4. 安全阀使用注意事项

安全阀使用必须在效验有效期内;管路设备上安装的安全阀控制阀通常为截止阀,必须将其打开保证安全阀能有效工作;定期将阀盘稍稍抬起,用介质吹扫阀内杂质;如安全阀不能在整定压力内工作,必须进行重新效验或更换。

(七)疏水阀

疏水阀是蒸汽管路、加热器等设备系统中能自动地间歇排除冷凝水,又能防止蒸汽泄出的一种阀门。

常用的有钟形浮子式、热动力式和脉冲式三种。

机械型蒸汽疏水阀工作原理:利用冷凝水与蒸汽之间的密度差来操作。

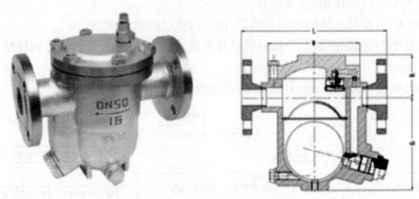

图 5-13　自由浮球式蒸汽流水阀

(八)角型阀

角型阀是截止阀的一种,具有以下的特点:

(1)角阀的阀芯成圆锥体,与阀座的接触面小。

(2)由于其接触面积小,所以开关灵活,适用于压力悬殊较大和介质不纯净的地方。

(九)调节阀

调节阀是一个局部阻力可以改变的节流元件,由于阀芯在阀体内移动,改变了阀芯与阀体之间的流通面积,即改变了阀的阻力系数,被调介质的流量也相应地改变,从而达到调节工艺参数的目的。

较常用的为直通式单座调节阀,阀杆的上端与执行机构通过螺母相连接。

1. 调节阀分类

按照不同的使用要求,调节阀的结构形式很多,常用的主要有以下几种。

(1)直通单座调节阀:阀体内只有一个阀芯和一个阀座。这种阀泄漏量小,易于保证关闭,甚至完全切断;在结构上分为调节型(阀芯为柱塞形)和切断型(阀芯为平板形)。

(2)直通双座调节阀阀体内有两个阀芯和两个阀座。流体从左侧进入,通过阀芯阀座后,由右侧流出,采用双导向结构,只把阀芯倒装,阀杆与阀芯的下端连接,上下阀座互换位置就可改变安装方式。

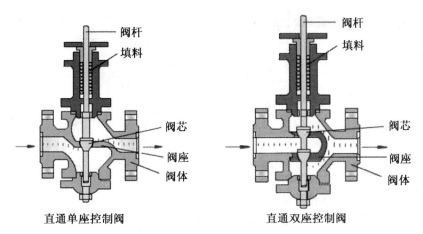

直通单座控制阀   直通双座控制阀

图 5－14　调节阀

（3）隔膜调节阀用耐腐蚀衬里的阀体和耐腐蚀隔膜代替阀芯阀座组件，由隔膜起调节作用，适用于强酸、强碱、强腐蚀性物质、流路形状简单，阻力较小，能用于高粘度及有悬浮物流体的调节。

（4）蝶阀（翻板阀）结构简单，流动阻力小，适用于低压差和大流量气体和带有悬浮物流体的调节，一般泄漏量较大，转角小于 60°时流量特性近似等百分比特性。

（十）气、电动执行机构

调节阀的动力来源——执行机构是调节机构（调节阀）的动力装置，它按控制信号的大小产生相应的推力，推动调节机构动作。

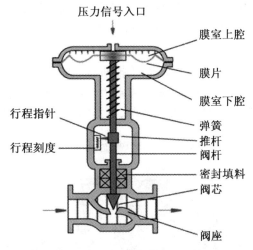

压力信号入口

膜室上腔
膜片
膜室下腔
行程指针
弹簧
行程刻度
推杆
阀杆
密封填料
阀芯
阀座

图 5－15　气动薄膜执行机构

执行机构可分为气动、电动、液动等三大类，而气动执行机构以压缩空气为能源，结构简单、动作可靠、平稳、输出推力较大、维修方便、防火防爆且价格较低，在化工装置中应用广泛。

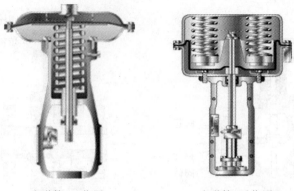

多弹簧,正作用　　　　　　　多弹簧,反作用

图 5 - 16　薄膜式气动执行机构

1. 气动执行器有气开和气闭两种形式。有信号时阀关、无信号时,阀开为气关式,反之为气开式。气动执行机构分薄膜式和活塞式两种。

执行机构是将控制信号转换成相应的动作来控制阀内截流件的位置或其他调节机构的装置。它按信号压力的大小产生相应的推力,使推杆产生相应的位移,而带动调节阀芯动作,达到调节的目的。

气动薄膜执行机构分正作用和反作用两种形式,国产型号为 ZMA 型(正作用)和 ZMB型(反作用)。

信号压力一般是 20～100 kPa,气源压力的最大值为 600 kPa。信号压力增加时推杆向下动作的叫正作用执行机构;信号压力增加时推杆向上动作的叫反作用执行机构。

正、反作用执行机构基本相同,均由上、下膜盖、波纹薄膜、推杆、支架、压缩弹簧、弹簧座、调节件、标尺等组成。在正作用执行机构上加上一个装 O 形密封圈的填块,只要更换个别零件,即可变为反作用执行机构。

2. 电动执行机构一般由电机、减速机、手操机构、机械位置指示机构等一些部件组成。与其他阀门驱动装置相比,电动驱动装置具有动力源广泛、操作迅速、方便等特点,并且容易满足各种控制要求。所以,在阀门驱动装置中,电动装置占主导地位。

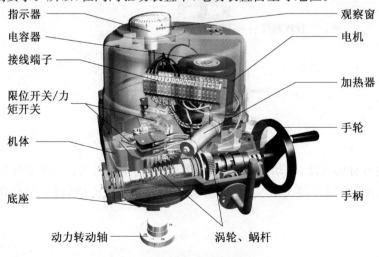

指示器　　　　　　　　　　　　　　　观察窗
电容器　　　　　　　　　　　　　　　电机
接线端子
限位开关/力　　　　　　　　　　　　加热器
矩开关
机体　　　　　　　　　　　　　　　　手轮
底座
　　　　　　　　　　　　　　　　　　手柄
动力转动轴　　　　　　涡轮、蜗杆

图 5 - 17　电动执行机构的构造

3. 执行机构的调试

（1）电动头调试

电动执行机构调试时，用手轮将阀门开至中间位置，然后给开或关的信号，看阀门是否向正确方向动作，如果相反，则电机反转，只需将电机三相电源的两相调换即可。力矩开关出厂后已经整定好，一般不需调整，如需调整，则查找说明书对应力矩开关上的刻度值调整。行程开关的调整分关向和开向，关向调整时，将阀门手动至"全关"，用起子压下顶轴，并旋转90°可卡住为止，按关向箭头旋转关向调整螺母，直到关向转动柱动作，使转动柱上的凸台与两旁箭头方向基本一致为止（非动作状态，凸台方向与箭头方向垂直），旋回顶轴复位；开向调整时，手动将阀门致"全开"，用起子压下顶轴，并旋转90°可卡住为止，按开向箭头旋转开向调整螺母，直到开向转动柱动作，使转动柱上的凸台与两旁箭头方向基本一致为止，旋回顶轴复位。之后给出开、关信号，看阀门是否达到要求。

（2）气动头调试

气动执行机构的调试主要是对定位器进行调试。首先将阀门放至全关位置，为保证阀门关闭严密，拧阀杆上连接螺母至拧不动为止，阀芯和阀座肯定接触紧密了，此时调整阀杆行程刻度牌至零位，然后接通气源，用减压阀将气源压力调至所需压力，然后用信号发生器给定位器输入 4 mA 电流，调整定位器上的零点调整手轮至阀门刚刚开始动作为止，接着再输入 20 mA 电流，根据行程刻度，调整零点调整手轮和量程调整装置使阀杆行程为全开，然后重复输入 4 mA 和 20 mA 的步骤，直至阀门满足 4 mA 全关和 20 mA 全开的要求。为了保证阀门在 4mA 的时候关紧，在调试时可以输入 4.10～4.15 mA 电流作为全关的信号，这样在实际工作状态下 4 mA 电流肯定能将阀门关紧。

四、阀门的安装、维护与操作

（一）安装

阀门安装的质量直接影响着使用，所以必须对其认真注意。

1. 方向和位置

许多阀门具有方向性，例如截止阀、节流阀、减压阀、止回阀等，如果装倒装反，就会影响使用效果与寿命（如节流阀），或者根本不起作用（如减压阀），甚至造成危险（如止回阀）。一般阀门，在阀体上有方向标志；如果没有，应根据阀门的工作原理，正确识别。

截止阀的阀腔左右不对称，流体要让其由下而上通过阀口，这样流体阻力小（由形状所决定），开启省力（因介质压力向上），关闭后介质不压填料，便于检修。这就是截止阀为什么不可安反的道理。其他阀门也有各自的特性。

阀门安装的位置必须便于操作；即使安装暂时困难些，也要为操作人员的长期工作着想。最好阀门手轮与胸口取齐（一般离操作地坪 1.2 米），这样开闭阀门比较省劲。

落地阀门手轮要朝上，不要倾斜，以免操作别扭。靠墙及靠设备的阀门，也要留出操作人员站立余地。要避免仰天操作，尤其是酸碱、有毒介质等，否则很不安全。

闸阀不要倒装（即手轮向下），否则会使介质长期留存在阀盖空间，容易腐蚀阀杆，而且为某些工艺要求所禁忌，同时更换填料极不方便。

明杆闸阀，不要安装在地下，否则由于潮湿而腐蚀外露的阀杆。

升降式止回阀，安装时要保证其阀瓣垂直，以便升降灵活。

旋启式止回阀,安装时要保证其销轴水平,以便旋启灵活。

减压阀要直立安装在水平管道上,各个方向都不要倾斜。

2. 施工作业

安装施工必须小心,切忌撞击脆性材料制作的阀门。

安装前,应将阀门作逐一检查,核对规格型号,鉴定有无损坏,尤其对于阀杆,要转动几下,看是否歪斜,因为运输过程中,最易撞歪阀杆;要清除阀内的杂物。

阀门起吊时,绳子不要系在手轮或阀杆上,应该系在法兰上,以免损坏这些部件。

对于阀门所连接的管路,一定要清扫干净(可用压缩空气吹去氧化铁屑、泥沙、焊渣和其他杂物)。这些杂物不但容易擦伤阀门的密封面,其中大颗粒杂物(如焊渣)还能堵死小阀门,使其失效。

安装螺口阀门时,应将密封填料(线麻加铅油或聚四氟乙烯生料带)包在管子螺纹上,不要弄到阀门里,以免阀内存积,影响介质流通。

安装法兰阀门时,要注意对称均匀地拧紧螺栓。阀门法兰与管子法兰必须平行,间隙合理,以免阀门产生过大压力,甚至开裂。对于脆性材料和强度不高的阀门,尤其要注意。须与管子焊接的阀门,应先点焊,再将关闭件全开,然后焊死。

3. 保护设施

有些阀门还须有外部保护,这就是保温和保冷。保温层内有时还要加伴热蒸汽管线。

阀门应该保温或保冷,要根据生产要求而定。原则上说,凡阀内介质降低温度过多会影响生产效率或冻坏阀门时,就需要保温,甚至伴热;凡阀门裸露对生产不利或引起结霜等不良现象时,就需要保冷。保温材料有石棉、矿渣棉、玻璃棉、珍珠岩、硅藻土、蛭石等;保冷材料有软木、珍珠岩、泡沫、塑料等。长期不用的水、蒸汽阀门必须放掉积水。

4. 旁路和仪表

有的阀门,除了必要的保护设施外,还要有旁路和仪表。安装了旁路,便于疏水阀检修。其他阀门,也有安装旁路的。是否安装旁路,要看阀门状况、重要性和生产上的要求而定。

5. 填料更换

库存阀门,有的填料已失效,有的与使用介质不符,这就需要更换填料。

阀门制造厂无法考虑使用单位种类繁多的不同介质,填料函内总是装填普通盘根,但使用时,必须让填料与介质相适应。

在更换填料时,要一圈一圈地压入。每圈接缝以 45 度为宜,圈与圈接缝错开 180 度。填料高度要考虑压盖继续压紧的余地,同时又要让压盖下部压填料室适当深度,此深度一般可为填料室总深度的 10%～20%。

对于要求高的阀门,接缝角度为 30 度。圈与圈之间接缝错开 120 度。

除上述填料之处,还可根据具体情况,采用橡胶 O 形环(天然橡胶耐 60℃ 以下弱碱,丁腈橡胶耐 80℃ 以下油品,氟橡胶耐 150℃ 以下多种腐蚀介质)、三件叠式聚四氟乙烯圈(耐 200℃ 以下强腐蚀介质)、尼龙碗状圈(耐 120℃ 以下氨、碱)等成形填料。在普通石棉盘根外面包一层聚四氟乙烯生料带,能提高密封效果,减轻阀杆的电化学腐蚀。

在压紧填料时,要同时转动阀杆,以保持四周均匀,并防止太死,拧紧压盖要用力均匀,不可倾斜。

（二）维护

对阀门的维护，可分两种情况：一种是保管维护，另一种是使用维护。

1. 保管维护

保管维护的目的是不让阀门在保管中损坏或降低质量。而实际上，保管不当是阀门损坏的重要原因之一。

阀门保管，应该井井有条，小阀门放在货架上，大阀门可在库房地面上整齐排列，不能乱堆乱垛，不要让法兰连接面接触地面。这不仅为了美观，主要是保护阀门不致碰坏。

由于保管和搬运不当，手轮打碎，阀杆碰歪，手轮与阀杆的固定螺母松脱丢失等等，这些不必要的损失，应该避免。

对短期内暂不使用的阀门，应取出石棉填料，以免产生电化学腐蚀，损坏阀杆。对刚进库的阀门，要进行检查，如在运输过程中进了雨水或污物，要擦拭干净，再予存放。

阀门进出口要用蜡纸或塑料片封住，以防脏东西进去。对能在大气中生锈的阀门加工面要涂防锈油，加以保护。放置室外的阀门必须盖上油毡或苫布之类防雨、防尘物品。存放阀门的仓库要保持清洁干燥。

2. 使用维护

使用维护的目的在于延长阀门寿命和保证启闭可靠。

阀杆螺纹经常与阀杆螺母摩擦，要涂一点黄油、二硫化钼或石墨粉，起润滑作用。不经常启闭的阀门，也要定期转动手轮，对阀杆螺纹添加润滑剂，以防咬住。室外阀门，要对阀杆加保护套，以防雨、雪、尘土锈污。

如阀门系机械传动，要按时对变速箱添加润滑油。

要经常保持阀门的清洁。

要经常检查并保持阀门零部件完整性。如手轮的固定螺母脱落，要配齐、不能凑合使用，否则会磨圆阀杆上部的四方，逐渐失去配合可靠性，乃至不能开动。

不要依靠阀门支持其他重物，不要在阀门上站立。

阀杆，特别是螺纹部分，要经常擦拭，对已经被尘土弄脏的润滑剂要换成新的，因为尘土中含有硬杂物，容易磨损螺纹和阀杆表面，影响使用寿命。

（三）操作

对于阀门，不但要会安装和维护，而且还要会操作。

1. 手动阀门的开闭

手动阀门是使用最广的阀门，它的手轮或手柄是按照普通的人力来设计的，考虑了密封面的强度和必要的关闭力。因此不能用长杠杆或长扳手来扳动。有些人习惯于使用扳手，应严格注意不要用力过大过猛，否则容易损坏密封面，或扳断手轮、手柄。

启闭阀门，用力应该平稳，不可冲击。某些冲击启闭的高压阀门各部件已经考虑了这种冲击力，与一般阀门不能等同。

对于蒸气阀门，开启前应预先加热，并排除凝结水；开启时，应尽量徐缓，以免发生水击现象。

当阀门全开后，应将手轮倒转少许，使螺纹之间严紧，以免松动损伤。

对于明杆阀门，要记住全开和全闭时的阀杆位置，避免全开时撞击上死点，并便于检查全闭时是否正常。假如阀瓣脱落,或阀芯密封之间嵌入较大杂物,全闭时的阀杆位置就要变化。

管路初用时,内部脏物较多,可将阀门微启,利用介质的高速流动,将其冲走,然后轻轻关闭(不能快闭、猛闭,以防残留杂质夹伤密封面),再次开启,如此重复多次,冲净脏物,再投入正常工作。

常开阀门,密封面上可能粘有脏物,关闭时也要用上述方法将其冲刷干净,然后正式关严。

如手轮、手柄损坏或丢失,应立即配齐,不可用活络扳手代替,以免损坏阀杆四方,启闭不灵,以致在生产中发生事故。

某些介质,在阀门关闭后冷却,使阀件收缩,操作人员就应于适当时间再关闭一次,让密封面不留细缝,否则,介质从细缝高速流过,很容易冲蚀密封面。

操作时,如发现操作过于费劲,应分析原因。若填料太紧,可适当放松;如阀杆歪斜,应通知人员修理。有的阀门,在关闭状态时,关闭件受热膨胀,造成开启困难;如必须在此时开启,可将阀盖螺纹拧松半圈至一圈,消除阀杆应力,然后扳动手轮。

2. 注意事项

(1) 200 ℃以上的高温阀门,由于安装时处于常温,而正常使用后,温度升高,螺栓受热膨胀,间隙加大,所以必须再次拧紧,叫做"热紧",操作人员要注意这一工作,否则容易发生泄露。

(2) 天气寒冷时,水阀长期闭停,应将阀后积水排除。汽阀停汽后,也要排除凝结水。阀底有如丝堵,可将它打开排水。

(3) 非金属阀门,有的硬脆,有的强度较低,操作时,开闭力不能太大,尤其不能使用蛮力。还要注意避免物件磕碰。

(4) 新阀门使用时,填料不要压得太紧,以不漏为度,以免阀杆受压太大,加快磨损,而又启闭费劲。

五、阀门的检查、修理与寿命

无论是使用新阀门,还是使用修复后的阀门,安装前必须试压试漏。

(一) 试压试漏

试压,指的是阀体强度试验。试漏,指的是密封面严密性试验,这两项试验是对阀门主要性能的检查。

试验介质,一般是常温清水,重要阀门可使用煤油。安全阀定压试验,可使用氮气较稳定气体,也可用蒸汽或空气代替。对于隔膜阀,使用空气做试验。

1. 试验压力

公称压力为 0.4 MPa～32 MPa。有些常用压力阀门的强度试验压力为其 1.5 倍。阀门密封试验压力等于公称压力。

(二) 试验方法

试压试漏在试验台上进行。试验台上面有一压紧部件,下面有一条与试压泵相连通的管路。将阀压紧后,试压泵工作,从试压泵的压力表上,可以读出阀门承受压力的数字。试压阀门充水时,要将阀内空气排净。试验台上部压盘,有排气孔,用小阀门开闭。空气排净的标志是,排气孔中出来的全部都是水。

关闭排气孔后,开始升压。升压过程要缓慢,不要急剧。达到规定压力后,保持3分钟,压力不变为合格。

试压试漏程序可以分三步:

(1) 打开阀门通路,用水(或煤油)充满阀腔,并升压至强度试验要求压力,检查阀体,阀盖、垫片、填料有无渗漏。

(2) 关死阀路,在阀门一侧加压至公称压力,从另一侧检查有无渗漏。

(3) 将阀门颠倒过来,试验相反一侧。

(三) 检修的一般程序

阀门拆除时,用钢字在阀门上及与阀门相连的法兰上打好检修编号,并记录该阀门的工作介质、工作压力和工作温度,以便修理时选用相应材料。

检修阀门时,要求在干净的环境中进行。首先清理阀门外表面,或用压缩空气吹或用煤油清洗。但要记清铭牌及其他标识。检查外表损坏情况,并作记录。接着拆卸阀门各零部件,用煤油清洗(不要用汽油清洗,以免引起火灾),检查零部件损坏情况,并作记录。

对阀体阀盖进行强度试验。如系高压阀门,还要进行无损探伤,如超声波探伤,X光探伤。

对密封圈可用红丹粉检验,阀座、闸板(阀瓣)的吻合度。检查阀杆是否弯曲,有否腐蚀,螺纹磨损如何。检查阀杆螺母磨损程度。

对检查到的问题进行处理。阀体补焊缺陷。堆焊或更新密封圈。校直或更换阀杆。修理一切应修理的零部件;不能修复者更换。

重新组装阀门。组装时,垫片、填料要全部更换。

进行强度试验和密封性试验。

六、常见故障及预防

(一) 一般阀门

1. 填料函泄漏

这是跑、冒、漏的主要原因,在工厂里经常见到。产生填料函泄漏的原因有下列几点:① 填料与工作介质的腐蚀性、温度、压力不相适应;② 装填方法不对,尤其是整根填料旋放入,最易产生泄漏;③ 阀杆加工精度或表面光洁度不够,或有椭圆度,或有刻痕;④ 阀杆已发生点蚀,或因露天缺乏保护而生锈;⑤ 阀杆弯曲;⑥ 填料使用太久已经老化;⑦ 操作太猛。

2. 关闭件泄漏

通常将填料函泄漏叫外漏,把关闭件泄漏叫做内漏,关闭件泄漏,在阀门里在,不易发现。

关闭件泄漏,可分两类:一类是密封面泄漏;另一类是密封件根部泄漏。

引起泄漏的原因有:① 密封面研磨得不好;② 密封圈与阀座、阀瓣配合不严紧;③ 阀瓣与阀杆连接不牢靠;④ 阀杆弯扭,使上下关闭件不对中;⑤ 关闭太快,密封面接触不好或早已损坏;⑥ 材料选择不当,经受不住介质的腐蚀;⑦ 将截止阀、闸阀作调节使用,密封面经受不住高速流动介质的冲击;⑧ 某些介质,在阀门关闭后逐渐冷却,使密封面出现细缝,也会产生冲蚀现象;⑨ 某些密封圈与阀座、阀瓣之间采用螺纹连接,容易产生氧浓差电池,腐蚀松脱;⑩ 因焊渣、铁锈、尘土等杂质嵌入,或生产系统中有机械零件脱落堵住阀芯,使阀门不能关严。

3. 阀杆升降失灵

其原因有:① 操作过猛使螺纹损伤;② 缺乏润滑剂或润滑剂失效;③ 阀杆弯扭;④ 表面光洁度不够;⑤ 配合公差不准,咬得过紧;⑥ 阀杆螺母倾斜;⑦ 材料选择不当;例如阀杆与阀杆螺母为同一材质,容易咬住;⑧ 螺纹被介质腐蚀(指暗杆阀门或阀杆在下部的阀门);⑨ 露天阀门缺少保护,阀杆螺纹粘满尘砂,或者被雨露霜雪等锈蚀。

4. 其他

阀体开裂:一般是冰冻造成的。天冷时,阀门要有保温伴热措施,否则停产后应将阀门及连接管路中的水排净(如有阀底丝堵,可打开丝堵排水)。

手轮损坏:撞击或长杠杆猛力操作所致。只要操作人员或其他有关人员注意,便可避免。

填料压盖断裂:压紧填料时用力不均匀,或压盖有缺陷。压紧填料,要对称地旋转螺丝,不可偏歪。制造时不仅要注意大件和关键件,也要注意压盖之类次要件,否则影响使用。

阀杆与闸板连接失灵:闸阀采用阀杆长方头与闸板 T 形槽连接形式较多,T 形槽内有时不加工,因此使阀杆长方头磨损较快。主要从制造方面来解决。但使用单位也可对 T 行槽进行补加工,让它有一定光洁度。

双闸板阀门的闸板不能压紧密封面:双闸板的张力是靠顶楔产生的,有些闸阀,顶楔材质不佳(低牌号铸铁),使用不久便磨损或折断。顶楔是个小件,换下原来的铸铁件。

(二)自动阀门

1. 弹簧式安全阀

故障之一,密封面渗漏。原因有:① 密封面之间夹有杂物;② 密封面损坏。这种故障要靠定期检修来预防。

故障之二,灵敏度不高。原因有:① 弹簧疲劳;② 弹簧使用不当。

弹簧疲劳,无疑应该更换。弹簧使用不当,是使用者不注意一种公称压力的弹簧式安全阀有几个压力段,每一个压力段有一种对应的弹簧。如公称压力为 16 kg/cm² 的安全阀,使用压力是 2.5～4 kg/cm² 的压力段,安装了 10～16 kg/cm² 的弹簧,虽也能凑合开启,但忽高忽低,很不灵敏。

2. 止回阀

常见故障有:① 阀瓣打碎;② 介质倒流。

引起阀瓣打碎的原因是:止回阀前后介质压力处于接近平衡而又互相"拉锯"的状态,阀瓣经常与阀座拍打,某些脆性材料(如铸铁,黄铜等)做成的阀瓣就被打碎。预防的办法是采用阀瓣为韧性材料的止回阀。

介质倒流的原因有:① 密封面破坏;② 夹入杂质。修复密封面和清除杂质,就能防止倒流。

以上关于常见故障及预防方法的叙述,只能起启发作用,实际使用中,还会遇到其他故障,要做到机动灵活地预防阀门故障的发生,最根本的的一条是熟悉它的结构、材质和动作原理。

七、阀门的使用寿命

由于阀门应用领域广泛,使用介质繁多,腐蚀情况各不相同,因此从国家标准到行业标准均未对阀门的使用寿命做出规定,在 1980 年机械工业部为了提高机械工业产品的质量并配合全国优质产品评比,制定了《阀门行业产品质量分等规定》其中对闸阀、截止阀的一等品、优等品规定了寿命实验要求;如 DN≤200～400 高中压阀门一等品耐擦伤次数 2 000 次,优等品为 4 000 次。由于核电站的特殊性,各国对核电阀门的使用寿命都做了规定;如美国、法国都规定 40 年,日本规定 30 年～40 年。

柔性石墨的应用:它是在石墨的晶格中浸入某种液体,随后强制汽化,改变晶格排列方向,从而改变石墨脆性而成为柔软的物质,它可以做垫片和盘根,由于石墨纯度高,几乎能耐所有化学品种,如果在其中夹镍丝增加强度可用于高温高压电控阀门作填料、垫片。

模块四　土方工程

第六章　土方工程

一、施工准备

(一)技术经济资料准备

1. 熟悉图纸及有关资料

熟悉设计图和相关资料审查、核对;地下管道施工前还应熟悉地层、水文、地下构筑物、其他管线位置;还需要领会设计意图以及了解建设期限与设计概算。

设计交底与图纸会审(交底、踏勘、会审):设计交底是指在施工图完成并经审查合格后,设计单位在设计文件交付施工时,按法律规定的义务就施工图设计文件向施工单位和监理单位做出详细的说明。其目的是对施工单位和监理单位正确贯彻设计意图,使其加深对设计文件特点、难点、疑点的理解,掌握关键工程部位的质量要求,确保工程质量。

施工技术交底:建筑施工企业中的技术交底,是在某一单位工程开工前,或一个分项工程施工前,由主管技术领导向参与施工的人员进行的技术性交待,其目的是使施工人员对工程特点、技术质量要求、施工方法与措施等方面有一个较详细的了解,以便于科学地组织施工,避免技术质量等事故的发生。

各项技术交底记录也是工程技术档案资料中不可缺少的部分。

技术交底一般包括下列几种:

1. 设计交底,即设计图纸交底。这是在建设单位主持下,由设计单位向各施工单位(土建施工单位与各设备专业施工单位)进行的交底,主要交待建筑物的功能与特点、设计意图与要求等。

2. 施工设计交底、施工技术交底的内容。

(1)工地(队)交底中有关内容;

(2)施工范围、工程量、工作量和施工进度要求;

(3)施工图纸的解说;

(4)施工方案措施;

(5)操作工艺和保证质量安全的措施;

(6)工艺质量标准和评定办法;

(7)技术检验和检查验收要求;

（8）增产节约指标和措施；

（9）技术记录内容和要求；

（10）其他施工注意事项。

（二）编制施工组织设计与施工预算

1. 施工组织设计

施工组织设计是用来指导施工项目全过程各项活动的技术、经济和组织的综合性文件，是施工技术与施工项目管理有机结合的产物，它能保证工程开工后施工活动有序、高效、科学合理地进行。

施工组织设计的内容包括：

（1）施工方案；

（2）施工现场平面布置图；

（3）施工进度计划及保证措施；

（4）劳动力及材料供应计划；

（5）施工机械设备的选用；

（6）质量保证体系及措施；

（7）安全生产、文明施工措施；

（8）环境保护、成本控制措施；

（9）合同当事人约定的其他的内容。

2. 施工图预算

施工图预算是确定建筑工程预算造价的文件。任何一个工程均需要编制施工图预算。建设项目划分为工程项目、单位工程、分部工程、分项工程，施工图预算基于单位工程。施工图预算根据施工图设计、施工组织设计、现行建筑工程预算定额与取费标准、建筑材料预算价格和其他取费规定进行计算和编制。

施工图预算也称为设计预算。

对于施工企业而言，施工图预算计算出来的就是施工企业的项目承包收入，施工图预算计算的工作量一定大于施工预算。

3. 施工预算

施工预算是施工企业内部在工程施工前，以单位工程为对象，根据施工劳动定额与补充定额编制的，用来确定一个单位工程中各楼层、各施工段上每一分部分项工程的人工、材料、机械台班需要量和直接费的文件。

施工预算由说明书和表格组成。说明书包括工程性质、范围及地点，图纸会审及现场勘察情况，工期及主要技术措施，降低成本措施以及尚存问题等。表格主要包括施工预算工料分析表、工料汇总表及按分部工程的两算对比表等。

施工预算可作为施工企业编制工作计划、安排劳动力和组织施工的依据；是向班组签发施工任务单和限额领料卡的依据；是计算工资和奖金、开展班组经济核算的依据；是开展基层经济活动分析，进行两算对比的依据。

对于施工企业而言，施工预算计算出来项目目标成本。比如同一个工程，合同造价500万元，经施工图预算计算后项目结算收入可能为580万元，施工预算计算出来的是480万元，项目利润可能就是100万元。

注意：

（1）施工预算：是针对施工企业而言的，是施工企业控制实际成本的依据，是越准越好，在保证质量、工期的前提下保证施工预算越小越好。

（2）施工图预算：是针对发包单位或者业主的，在计算准确的工程量的前提下，施工图预算是越大越好。

（三）施工现场及物资准备

施工现场的"三通一平"：道路通畅、给水排水、通电通讯、场地平整（消除地上/下障碍物，按设计标高平整）、熟悉自然环境资料。

施工物资准备：资金、材料、机具、施工队伍准备、临时设施的搭设。

二、土的分类与性质

（一）土的分类与土方工程的概念

地壳主要由土和岩石组成。

在工程上通常把地壳表层所有的松散堆积物都称为土，按其堆积条件可分为残积土、沉积土和人工填土三大类。

残积土：是指地表岩石经强烈的物理、化学及生物风化作用，并经成土作用残留在原地而组成的土。

沉积土：是指地表岩石的风化产物，经风、水、冰或重力等因素搬运，在特定环境下沉积而成的土。

人工填土：是指人工填筑的土。

土是颗粒（固相）、水（液相）和气体（气相）组成的三相分散体系。建筑工程上根据土的颗粒联结特征将上分成砂土、粘土和黄土。黄土是在干旱条件下由砂和粘土组成的特种土。具有一定体积岩土层或若干土层的综合体称为土体。

岩石是由单体矿物在一定地质条件作用下，按一定规律组合成具有某种联结作用的集合体。按其成因可分为沉积岩、变质岩和岩浆岩三大类。

土方工程：主要指土体的开挖和填筑，包括岩石的爆破法开挖。

天然密度：土体在天然状态下单位体积的质量。一般土体的天然密度在 1 600～2 200 kg/m³ 之间。

天然含水量：天然状态下土中水的质量与土颗粒质量的比值。

孔隙比：土中孔隙体积与土颗粒体积的比值。孔隙比越大，土越松散，孔隙比越小，土越密实。

土的可松性：土经挖掘后，颗粒间的联结遭到破坏，体积增加，其增加值用可松性系数表示。

最初松散系数是计算装运车辆及挖土机械的重要参数，最终松散系数是计算填方所需挖土工程的重要参数。

（二）土的工程性质

粘性土的可塑性：工程中按粘性土含水量不同，将粘性土分为干硬、半干硬、可塑和流塑四种基本状态。

土的压缩性:移挖作填或借土回填,一般的土经挖运、填压以后,多有压缩,在核实土方量时,一般可按照填方断面增加 10%~20% 的方数考虑。

原地面经机械压实后的沉陷量:原地面经机械或其他方式压实后的沉降量。不同的土质,其沉降量一般在 3~30 cm 之间。

三、沟槽断面选择

(一)沟槽的断面形式

常用沟槽断面:直槽、梯形槽、混合槽和联合槽。

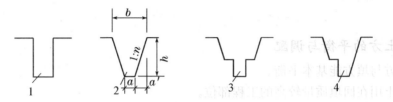

图 6-1　沟槽断面形式
1—直槽;2—梯形槽;3—混合槽;4—联合槽

选择沟槽断面的形式,通常应考虑:土壤性质、地下水状况、施工作业面宽窄、施工方法和管材类别、管子直径和沟槽深度等因素。

施工方法和沟槽断面是互为影响的,可以按照沟槽断面选用施工方法,也可按施工方法选用沟槽断面。

机械化施工针对边坡较大的梯形槽和陡边坡梯形槽;对于很深的沟槽,需人工开挖时采用混合槽;多管道同沟敷设时,若各管道的管底不在同一标高上,采用联合槽。

(二)沟槽断面尺寸的确定

沟槽断面尺寸与沟槽断面形式有关。

梯形槽是沟槽断面的基本形式,其他断面形式均由梯形演变而成。

沟槽断面尺寸主要指:挖深 h,沟底宽度 a,沟槽上口宽度 b,沟槽边坡率 $n(=a'/h)$。

1. 挖深

一般应遵照断面设计图的规定,即挖深应等于现状地面标高与管底设计标高之差。若设计图与施工现状有较大误差时,应与设计人员协商后确定。

燃气工程施工中,沟槽土方开挖可采用人工作业、机械作业或两者配合的施工方法。

开挖时应按设计平面位置和标高,人工开挖且无地下水时,槽底预留 0.05~0.1 m,机械开挖或有地下水时,槽底预留不应小于 0.15 m,管道入沟前用人工清底至设计标高。

2. 沟底宽度

沟底宽度主要取决于管径和管道安装方式。CJJ33—2005《城镇燃气输配工程施工及验收规范》推荐:

(1)铸铁管或单管沟底组装的钢管按规定确定。

(2)单管沟边组装的钢管:$a=D+0.3$。

(3)双管同沟敷设的钢管:$a=D_1+D_2+S+C$。

沟底组装 $C=0.6$ m;沟边组装 $C=0.3$ m。

　　a——沟底宽度；D——管外径；S——管间设计净距；C——工作宽度。

3. 沟槽边坡坡度

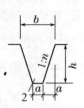

为了保持沟边土壁稳定，必须有一定的边坡坡度，在工程中以 $1:n$ 表示。边坡率 n 为边坡水平投影 a' 和挖深 h 的比值，即 $n=a'/h$。

当土质稳定，沟槽不深，施工周期较短的情况下，原则上可开挖直槽，即 $n=0$，但施工时往往按 $1:0.05$ 的微小边坡开挖。

当雨季施工或遇上流沙、填杂土、地下水位较高时，应在采取降水、排水措施的同时，酌情加大边坡或用挡土板支撑。

4. 沟槽上口宽度

$$b=a+2a'=a+2nh, n=a'/h$$

（三）土方的平衡与调配

（1）挖方与填方能基本平衡。

（2）好土用在回填质量较高的工程部位。

（3）合理选择调配位置、运输路线和运输机具。

（4）确定土方的最优调配方案，使总土方运输量为最小值。

四、沟槽土方的开挖

（一）路面破除

1. 人工破路

混凝土路面采用钢錾，沥青或碎石路面用十字镐。

2. 机械破路

混凝土路面、沥青路面用切割机切割；小面积混凝土路面用内燃凿岩机、风镐；大面积破除路面用锤击机。沥青路面用松土机、无齿锯等机械。

（二）开挖机械

1. 单斗挖土机

正铲挖土机：挖掘力最大，适用于开挖停机面以上的土方。

抓铲挖掘机：适用于开挖较松软的土，可开挖施工面狭窄而深的基坑、深槽等。

液压挖掘装载机：挖掘装载机俗称"两头忙"，同时具备装载、挖掘两种功能。液压控制系统是装载机械的核心部分。液动控制是先将机械能转变为液压能，再将液压能转变为机械能，降低了电力消耗和液压油消耗，更易于控制，节省了大量劳动力，实现了生产的自动化管理。

铲运机：能综合完成铲土、运土、卸土、填筑、压实等工作。

反铲挖掘机：主要用于开挖停机面以下的土方。

拉铲挖掘机：适用于开挖较大基坑（槽）和沟渠，挖取水下泥土，也可用于填筑路基、堤坝等。

推土机：多用于场地平整、开挖深度不大的基坑、集中土方、堆筑堤坝、回填土方等。

图 6-2　反铲挖土机

图 6-3　推土机

图 6-4　正铲挖土机

图 6-5　液压挖掘装载机

2. 多斗挖土机

多斗挖土机又称挖沟机,与单斗挖土机比较,其优点是挖土作业是连续的,在同样条件下主产率较高,开挖每单位土方量消耗的能量较少,开挖沟槽的底和壁较整齐,在连续挖土的同时,能将土自动卸在沟槽一侧。

挖沟机不宜开挖坚硬的土和含水量较大的土,宜于开挖亚粘土、亚砂土和黄土等。

五、沟槽的防护与排水

(一)沟槽的防护

已开掘成型的沟槽在管道尚未敷设之前,由于土壤受地下水的浸泡和沟边地面荷载的影响往往会塌方。这不但使工程遭受损失,而且对施工人员的安全造成威胁。

沟槽支撑是避免塌方,确保安全的有效措施,是地下管施工安全操作规程的主要内容之一。

沟槽防护作用是为了防止沟壁面坍塌的一种临时性安全措施,它是用木材或钢材制成的挡土结构。

有支撑的直槽,可以减少土方量,缩小施工面积。在有地下水的沟槽里设置板桩时,板桩下端低于槽底,使地下水渗入沟槽的途径加长,具有阻水作用。

但是,安装支撑增加了材料消耗,给后续作业带来不便。因此,是否设置支撑结构应该按照具体条件进行技术经济比较后确定。

（二）支撑的结构

支撑结构主要由横撑、垫板和撑板等组成。横撑是支撑架中的撑杆,长度取决于沟槽宽度,可采用圆木或方木。其两端下方垫托木,用扒钉固定。

撑板是同沟壁接触的支撑构件,按设置方法,可分为水平撑板及垂直撑板。在敷设管道时可临时拆除局部横撑,撑板长度一般为 5～6 m,板厚约 50 mm。

垫板是横撑与撑板之间的传力构件,按设置方法,可分为水平垫板和垂直垫板。水平垫板和垂直撑板配套,反之亦可。

支撑材料要坚实耐用,结构要稳固可靠,较深的沟槽要进行稳定性验算。在保证安全前提下,尽量节约用料,使支撑板尺寸标准化、通用化,以便重复利用。

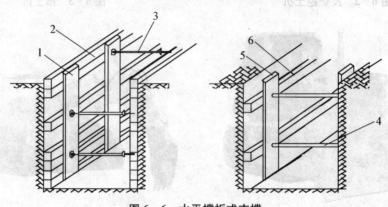

图 6-6　水平撑板式支撑

（a）混合式支撑　　　　　　（b）井字支撑

1—垂直垫板;2—水平撑板;3—横撑;4—横撑木;5—垂直垫板;6—水平撑板

（三）支撑的种类及其运用条件

按照土质、地下水状况、沟深、开挖方法、沟槽暴露时间、地面荷载等因素和安全经济原则,选用合适的支撑形式。沟槽的支撑应在管道两侧及管顶以上 0.5 m 回填完毕并压实后,在保证安全的情况下进行拆除,并应采用细砂填实缝隙。

常用的支撑有水平撑板式、垂直撑板式和板桩式。

1. 水平撑板式

用于土质较好,地下水对沟壁的威胁性较小的情况。撑板按水平排列,支撑设立比较容易。

水平式支撑又分为密撑、稀疏撑、混合式撑和井字撑,分别用于不同土质、不同深度的沟槽。混合式撑和井字撑如图 6-6 所示。

2. 垂直撑板式

垂直撑板式又称立板撑,也可分为密撑和稀疏撑,主要用于土质较差,地下水位较高的情况。

撑板按垂直排列,一般采用平口板。撑板应插入沟底约 300 mm 深。立板疏撑和立板密撑如图 6-7 所示。

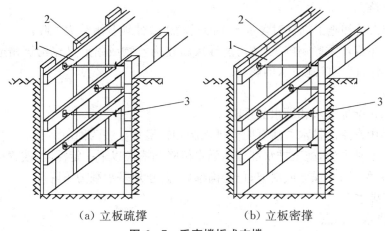

（a）立板疏撑　　　　　　　（b）立板密撑

图 6‑7　垂直撑板式支撑

3. 板桩式支撑

板桩式支撑主要用于地下水位很高或流沙现象严重的地区。按材料不同可分为木板桩和钢板桩两种。

木板桩支撑采用企口形板，下端呈尖角状，挖沟槽前应沿沟边线将板桩打入土内 0.3～1.0 m 深，然后边挖槽，边将桩打入更深的部位。

钢板桩多用于沟槽深度超过 4 m 且土质不好，或河边及水中作业的情况。

一般采用槽钢，在开挖前将钢板桩用打桩机打入土中，然后边挖土边加横撑稳固。槽钢之间采用搭接组合，按组合方式可分稀疏搭接及密搭接两种，而密搭接可有效地阻止流沙及塌方事故。

图 6‑8　钢板桩

（四）施工排水

1. 施工排水的必要性

（1）沟槽开挖后，饱和土壤中的水由于水力坡降将从管沟壁面和管沟底部流入沟槽，使槽内施工条件恶化。

（2）当开挖沟槽的土体为砂性土、粉土和粘性土时，由于地下水渗出而易产生流沙，可能会造成塌方、滑坡、沟槽底部隆起冒水、土体变松等现象。

（3）流沙将导致虚方开挖量，附近地层中空，槽底深度扰动；冒水和土体变松则会导致地基承载力下降。

（4）工作人员和施工机具对含水土层的扰动也会使地基承载力下降。

上述现象不仅严重影响施工，还可能导致新建构筑物或附近已建构筑物遭到破坏。因此，施工时必须及时消除地下水的影响。

2. 排水方法

施工排水包括地表水和雨水的排除。

燃气工程中常用的排水方法有明沟排水法和轻型井点法两种。

不管采用哪种方法，施工排水都应达到水位降到槽底以下一定深度，改善槽底的施工作业条件；稳定边坡，防止塌方或滑坡；稳定沟槽底，防止地基承载力下降。

（1）明沟排水

1）明沟排水的特点

明沟排水是将流入沟槽内的地下水或地表水（包括雨水）汇集到集水井，然后用水泵抽出槽外。

它具有施工方便，设备简单，并可以应用于各种施工场合和除细砂以外的各种土质情况，这是施工现场普遍应用的一种排水方法。

2）施工中注意的问题

沟槽开挖到接近地下水位时，就需要修建集水井并安装水泵，然后继续开挖沟槽到地下水位处。在沟槽底中线位置开挖排水沟，使水流向集水井。当挖深接近槽底时，将排水沟改设在槽底两侧。排水沟的断面尺寸应根据排水量而定，一般为 300×300 mm，沟底坡度坡向集水井。

集水井通常设在地下水来水方向的沟槽一侧。集水井与沟槽之间设置进水口，防止地下水对槽底和集水井的冲刷，进水口两侧用密撑或板撑加固。

土质为粉土、砂土、亚砂土或不稳定的亚粘土时，通常采用混凝土管集水井。混凝土管直径通常为 $1\,500$ mm，并且用沉井方法修建，也可用水射振动法下管，井底深度在槽底以下 $1.5 \sim 2.0$ mm 处。

混凝土管集水井一般应进行封底处理，以免造成井底管涌。井底为粘土层时一般采用干封底的方法，但封底粘土层应有足够厚度。当井底涌水量大或出现流沙现象时，则必须采用混凝土封底。

（2）轻型井点法

1）轻型井点法特点

轻型井点法排水是沿管沟槽一侧或两侧沉入深于槽底的多个针滤井点管，地上以总管连接抽水。

井点管处及其附近的地下水降落，而降落水位线形成了降落漏斗形。如果沟槽位于降落漏斗范围内，就基本上可以消除地下水对施工造成的不良影响。

2）轻型井点系统主要设备

轻型井点系统主要由井点管、连接管、集水总管以及抽水设备等组成。

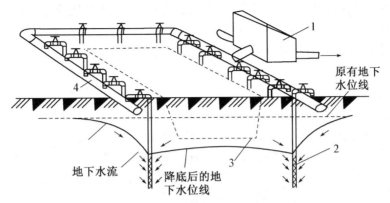

图 6-9　井点抽水现场布置图

1—泵房；2—滤管；3—沟底；4—连通管

井点管为直径约 50 mm 的镀锌钢管，长度一般为 5～7 m。井点管下端连接滤管，长度一般为 1.0～1.7 m，管壁上钻孔呈梅花形布置，孔口直径约 12～18 mm。管壁外面包裹两层滤网，内层为细滤网，采用黄铜丝布或生丝布；外层为粗滤网，采用铁丝布或尼龙丝布。

为了避免滤孔淤塞，在管壁与滤网间应用铁丝绕成螺旋形将其分隔开，滤网外再围一层粗铁丝保护网。滤网下端接一个锥形铸铁头。

连接管一般采用橡胶管、塑料管或钢管，直径与井点管相同。每根连接管上可根据需要安装阀门，以便于检修井点。

集水总管一般是用 DN150 的钢管分节连接，每节长 4～6 m，一般每隔 0.8～1.6 m 设一个连接井点管的接头。

轻型井点系统一般采用真空式或射流式抽水设备。

当水深度较小时也可采用自吸式抽水设备。自吸式抽水设备是用离心水泵与总管连接直接抽水，地下水位降落深度可达 2～4 m；真空式抽水设备为真空泵-离心泵联合机组，使用真空抽水设备可使地下水位降落深度为 5.5～6.5 m；射流式抽水设备可使地下水位降落深度达 9 m。

3）井点布置

布置井点系统时，应将所有需降低水位的范围都包括在围圈内。沟槽降水应根据沟槽宽度和地下水量采用单排或双排布置。一般情况下，槽宽小于 2.5 m、要求降水深度不大于 4.0 m 时，可采用单排井点并布置在地下水上游一侧。

井点管应布置在基坑或沟槽上口边缘外 1.0～1.5 m 处。若距离沟边过近，不但施工与运输不便，而且可能使井点与大气连通，破坏井点真空系统的正常工作。井点管间距一般为 0.8～1.6 m。

井点管入土深度应根据降水深度及地下水层所在位置等因素决定。但必须将滤管埋在地下水层以内，并且比所挖沟槽底深 0.9～1.2 m。

为了提高降水深度，总管埋设高度应尽量接近原地下水位。一般情况下，总管位于原地下水位以上 0.2～0.3 m。为此，总管和井点管通常是开挖小沟进行埋设，或敷设在基坑分层开挖的平台上。总管以 0.1%～0.2% 的坡度高向水泵。当环围井点采用数台抽水设备时，应在每台抽水设备的抽水半径分界处将总管断开，或设置阀门以便分组抽汲。

抽水设备常设在总管中部,水泵进水管轴线尽量与地下水位线接近,轴线一般高于总管 0.5 m,但需高出原地下水位 0.5~0.8 m。

为了观测水位降落情况,应在降水范围内设置若干个观察井。观察井位置和数量根据需要而定,间距亦可不等。

4) 井点管埋设

主要有三种方法,即射水法、冲(钻)孔法以及套管法。

① 射水式井点管:井点管上端连接可旋动管节、高压胶管和水泵等。埋设时,先在地面挖一小坑,将井点管插入后,利用高压水在井管下端冲刷土体,使井点管下沉。射水压力一般为 0.4~0.6 MPa。井点管沉至设计深度后取下胶管,再与集中总管连接。冲孔直径一般为 300 mm,井点管与孔壁之间要及时灌实粗砂。

冲(钻)孔法是利用冲水管或套管式高压水枪冲孔,或用机械设备、人工钻孔后再沉放井点管。

② 套管法是将直径 150~200 mm 的套管,用水冲法沉至设计深度后,在孔底填一层配砂石,再将井点管从中插入。套管与井点管之间分层填入粘土的同时,逐步拔出套管。

所有井点管在距地面以下 0.5~1.0 m 的深度内采用粘土填塞严密,防止抽水时漏气。

六、管道地基处理与土方回填

(一) 管道地基处理

1. 地基处理的必要性

燃气管道只要敷设在未被扰动的土层上,一般不需进行特殊的加固处理。

当管道通过旧河床、旧池塘或洼地等松软土层时,管道上面又要压盖一定厚度的覆土,必然会给松软的土层增加压力。若沟底土层不进行加固处理,往往使管道产生不均匀沉降而造成倒坡现象,严重时可能导致管道接口断裂。

当管底位于地下水位以下,施工中排水不利而发生流沙现象时,沟底土层的承载能力减弱,也要进行局部加固处理。

在施工过程中判别沟底土层是否扰动的简易办法:

用直径为 12~16 mm 的钢钎人力插入沟底土壤中。

当插入深度仅 100~200 mm 深,则说明沟底土层良好,未被扰动,不需做加固处理;

当沟底土层扰动时,从地下水上涌的泉眼内可插入深度达 1.0 m 以上,严重时可在任何部位插入较大深度,这时沟底土层应进行相应的加固处理。

2. 地基处理方法

沟底土层加固处理方法必须根据实际土层情况、土壤扰动程度、施工排水方法及管道结构形式等因素综合考虑。

通常采用砂垫层、天然级配砂石垫层、灰土垫层、混凝土或钢筋混凝土地基、换土夯实以及打桩等方法处理。

(1) 砂垫层和砂石垫层

当在坚硬的岩石或卵(碎)石上铺设燃气管道,应在地基表面垫上 0.10~0.15 m 厚的砂垫层,防止管道防腐绝缘层受重压而损伤。

承载能力较软弱地基,如杂填土或淤泥层等,将地基下一定厚度的软弱土层挖除,再用砂垫层或砂石垫层来进行加固,可使管道荷载通过垫层将基底压力分散,以降低对地基的压应力,减少管道下沉或挠曲。垫厚一般 0.15～0.20 m,垫层宽度一般与管径相同。

湿陷性黄土地基和饱和度较大的粘土地基,因其透水性差,管道沉降不能很快稳定,所以垫层应加厚。

（2）灰土地基

位于地下水位以上软弱土质采用灰土垫层加固地基,也可采用换土夯实办法对地基进行处理。

具体做法：

灰土的土料应采用有机质含量少的粘性土,不得采用表面耕植土或冻土。

土料使用前应先过筛,其粒径不得大于 15 mm。石灰需用使用前预先进行 4 小时浇水粉化处理的块灰,过筛后的粒径不得大于 5 mm,灰与土常用的体积比为 3∶7 或 2∶8。

使用时应拌匀,使含水量适当,分层铺垫并夯实,每层虚铺厚度约 0.2～0.25 m。夯打遍数根据设计要求的干密度由试验确定,一般不少于 4 遍。

夯打应及时,防止日晒雨淋,稍微受到浸湿的灰土,可晾干后补夯。

（3）混凝土或钢筋混凝土

在流沙或涌土现象严重的地段可采用混凝土或钢筋混凝土地基。

（4）打桩处理法

长桩可把管道的荷载传至未扰动的深层土中,短桩则是使扰动的土层挤密,恢复其承载力。桩的材料可用木桩、钢筋混凝土和砂桩。其布置的形式可分为密桩及疏桩两种。

长桩适用于扰动土层深度达 2.0 m 以上的情况,桩的长度可至 4.0 m 以上。每米管道上可根据管道直径及荷重情况,择用 2～4 根。长桩一般采用直径 0.2～0.3 m 的钢筋混凝土桩。

短桩适用于扰动土层深度 0.8～2.0 m 之间的情况,可用木桩或砂桩。桩的直径约 0.15 m,桩间相距 0.5～1.0 m,桩长度应满足桩打入深度比土层的扰动深度大 1.0 m 的要求,一般桩长为 1.5～3.0 m。桩和桩之间若土质松软可挤入块石卡严。

长、短桩均可采用打桩机的桩锤把桩打入土中,短桩也可用重锤人工击打。

砂桩的主要作用是挤密桩周围的软弱或松散土层,使土层与桩共同组成地基的持力层。施工时可采用振动式打桩机把底端加木桩塞的钢管打入土中,然后将中、粗砂灌入钢管,并进行捣实,灌砂时逐步拔出钢管,木桩塞留在砂桩底端。

采用打桩处理法加固地基时,一般应在管底作相应的混凝土或钢筋混凝土垫层,也可构筑管座。

在管基加固处理段和不作处理段的交接处以及地层变化地段,铸铁燃气管道应设置柔性接口,否则应将管道地基作延伸过渡处理。

（二）土方回填

管道安装完毕并经隐蔽工程验收后,沟槽应及时进行回填,同时夯实。但需留出未检验的安装接口。回填前,必须将槽底施工遗留的杂物清除干净。

对特殊地段,应经监理（建设）单位认可,并采取有效的技术措施,方可在管道焊接、防腐检验合格后全部回填。

1. 填方质量要求

土方回填质量主要是正确选择土料和控制填方密实度。

（1）土料选择

不得采用冻土、垃圾、木材及软性物质回填。管道两侧及管顶以 0.5 m 内的回填土，不得含有碎石、砖块等杂物，且不得采用灰土回填。距管顶 0.5 m 以上的回填土中的石块不得多于 10%、直径不得大于 0.1 m，且均匀分布，否则回填土不易夯实，而且大颗粒土块在夯实时容易损伤管道防腐绝缘层。

（2）回填土密实度要求

沟槽回填时，应先回填管底局部悬空部位，再回填管道两侧。土的压实或夯实程度用密实度 $D(\%)$ 来表示，即

$$D = \frac{\rho_d}{\rho_d^{\max}} \times 100\%$$

ρ_d——回填土夯（压）实后的干密度，kg/m^3；

$\rho_d^{\max}$——标准击实仪所测定的最大干密度，kg/m^3。

回填土应分层压实，每层虚铺厚度宜为 $0.2 \sim 0.3$ m，管道两侧及管顶以上 0.5 m 内的回填土必须采用人工压实，管顶 0.5 m 以上的回填土可采用小型机械压实，每层虚铺厚度宜为 $0.25 \sim 0.4$ m。

回填土压实后，应分层检查密实度，并做好回填记录。沟槽各部位其密实度 D 应符合下列要求：

对 Ⅰ、Ⅱ 区部位，密实度不应小于 90%；对（Ⅲ）区部位，密实度应符合相应地面对密实度的要求。在城区范围内沟槽密实度 D 为 95%；耕地密实度 D 为 90%。

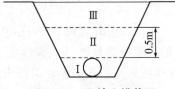

图 6-10　回填土横截面

2. 填土夯实

回填土时应将管道两侧回填土同时夯实，夯实方法可采用人工夯实和机械夯（压）实。

（1）人工夯实

人工夯实适用于缺乏电源动力或机械不能操作的部位，夯实工具可采用木夯，石夯或铁夯。

对于填土的 Ⅰ 和 Ⅱ 两部位一般均采用人工分层夯实，每层填土厚 $0.2 \sim 0.25$ m。打夯时沿一定方向进行，夯实过程中要防止管道中心线位移，或损坏钢管绝缘层。

（2）机械夯（压）实

只有 Ⅲ 部位才可使用机械夯（压）实。

夯实机械：蛙式打夯机、振动夯实机、内燃打夯机、电动立式打夯机。

压实机械：推土机、碾压机。

夯实法：现场大都采用蛙式打夯机，如必要采用人工打夯，一般采用加工的简单设备夯

实,厚度分别为 250 mm 和小于 200 mm。

图 6‐11 蛙式打夯机

振动压实法:主要应用于振实非粘性土效果较好。

振动压实机械:手扶平板式,主要用于小面积的地基夯实;振动压路机主要用于工程量大的大型土方工程。

3. 警示带敷设

(1)埋设燃气管道的沿线应连续敷设警示带。警示带敷设前应对敷设面压实,并平整地敷设在管道的正上方,距管顶的距离宜为 0.3~0.5 m,但不得敷设于路基和路面里。

(2)警示带平面布置可按表规定执行。

表 6‐1 警示带平面布置表

管道公称管径(DN)	≤400	>400
警示带条数	1	2
警示带间距(mm)	—	150

(3)警示带宜采用黄色聚乙烯等不易分解的材料,并印有明显、牢固的警示语,字体不宜小于 100 mm×100 mm。

4. 管道路面标志设置

(1)当燃气管道设计压力大于或等于 0.8 MPa 时,管道沿线宜设置路面标志。对混凝土和沥青路面,宜使用铸铁标志;对人行道和土路,宜使用混凝土方砖标志;对绿化带、荒地和耕地,宜使用钢筋混凝土桩标志。

(2)路面标志应设置在燃气管道的正上方,并能正确、明显地指示管道的走向和地下设施。设置位置应为管道转弯处、三通、四通处、管道末端等,直线管段路面标志的设置间隔不宜大于 200 m。

(3)路面上已有能标明燃气管线位置的阀门井、凝水缸部件时,可将该部件视为路面标志。

(4)路面标志上应标注"燃气"字样,可选择标注"管道标志"、"三通"及其他说明燃气设施的字样或符号和"不得移动、覆盖"等警示语。

(5)铸铁标志和混凝土方砖标志的强度和结构应考虑汽车的荷载,使用后不松动或脱落;钢筋混凝土桩标志的强度和结构应满足不被人力折断或拔出。标志上的字体应端正、清晰,并凹进表面。

(6) 铸铁标志和混凝土方砖标志埋入后应与路面平齐;钢筋混凝土桩标志埋入的深度,应使回填后不遮挡字体。混凝土方砖标志和钢筋混凝土桩标志埋入后,应采用红漆将字体描红。

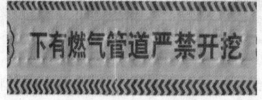

图 6－12　燃气管道警示带

管道走向示例

燃气管道警示地砖

管道沿线路面标志

图 6－13　管道路面标志

5. 土方工程不合格示例

图 6-14 地基有问题,下陷

图 6-15 管沟未按规定回填,造成地表下陷

模块五　PE管道施工技术

第七章　PE管道施工技术

聚乙烯管道是一种塑料制品,是高分子聚合物,简称为PE管。PE管又因为其原料密度不同,分为HDPE(高密度)、MDPE(中密度)、LDPE(低密度),其中HDPE和MDPE可以用作燃气管道。聚乙烯管道之所以可以用作输送燃气,就是因为其具有一些金属的力学性能,如强度、硬度、抗冲击性等,还具有一些金属管不具备的性能,如柔韧性、耐腐蚀性强等。

一、PE管道特性

(1) PE管具有良好的柔韧性。由于PE管的柔韧性,一般情况下,当管径＞63 mm时,可以做成3 m、6 m、9 m的管段供应;当管径＜63 mm时,可以做成50 m、100 m、150 m的盘管供应。因此减少了管接头,施工量小,安装迅速,而且可以蛇形敷设。

对于承受压力P＜0.01 MPa时,在带气作业时,采用球带阻气;当P＞0.01 MPa时,可以采用夹扁机具阻气。

PE管断裂伸长率也较高,弯曲半径可以小到管直径的20～25倍,还有优良的耐刮伤痕能力。因此铺设时很容易移动、弯曲和穿插。PE管对于管道基础的适应能力强。一方面铺设时对于管基的要求较低,可以节约费用;另一方面铺设后管基发生均匀沉降和错位时也不容易损坏。所以,PE管最适宜于有地震危险的地区。世界各地的实践证明聚乙烯管道是耐地震性最好的管道。

(2) PE管具有较好的耐腐蚀性,其寿命可达50年以上(钢管一般为18年),而且可以直埋,不需做防腐处理。

作为燃气用PE管材,首先要考虑其使用寿命。ISO9080标准为PE材料的分级已经确定了该材料在20 ℃、50年后的最小要求强度,在现行的运行压力下完全可靠。在工程中,高分子材料本身性能的原因,长时期使用中管材发生韧性破坏是难免的,但必须保证使用寿命;脆性破坏则应防止发生;而决不允许发生快速破裂的氧化破坏。

PE管材输出流体时的受力情况:当压力为P的流体流经外径为de,壁厚为e的PE管时,会在管壁产生环向应力。

对于PE管材来说,它受到损坏的情况不同于金属管。大量的试验表明可大致分为三种模式:韧性破坏、脆性破坏及氧化破坏。

影响管材寿命的因素有三方面:

① 材料因素:包括因树脂、添加剂不同及加工过程的差异引起的管材材料性能变化的各种因素。

② 环境因素:所输送流体的影响、管材受到氧化、微生物的影响。

③ 载荷因素:管材受温度、动负荷、静负荷、切口、划伤等作用的影响。

以上三种因素中,材料因素可以通过加工过程来控制。而环境和载荷因素,只能同材料本身的局限性面予以限制,通过正确的设计、施工的规范、提高人员的责任心来减少这些因素的影响,以提高管材寿命。

(3) PE管施工中具有独特的焊接技术,使其严密性优于金属管,而且焊接简便、迅速。

(4) PE管内壁光滑,且不随使用时间变化,摩擦阻力小,可以增大输气量,提高输送能力。

(5) 对温度和紫外线(UV)较敏感,所以只能用作地下-20℃～40℃的环境下使用。通过实验可以知道:当温度很低时,应力与应变成正比关系,应变很小(不到10%),在屈服之前就发生断裂,即脆性断裂;随着温度升高,会在较小的外力下发生较大的形变,在屈服点后断裂为韧性断裂。因此,使用PE材料时,必须要考虑温度条件的限制。而钢铁其熔点高达数千度,应用时的温度条件无须考虑的。

(6) PE管造价较一般金属管道便宜,密度较低、重量较轻,密度仅为钢管的八分之一。

(7) 施工过程中,质量受人为的影响较大。

此外,PE还有管道便于运输,安装方便,可配合非开挖技术敷设管道等优点。

二、PE管材、管件的规格和标志

(一)管材

颜色:燃气管材颜色一般为黄色或黑色加最少三条分布均匀的醒目黄色条纹,中压采用黄色。

管材标志内容:管材标志应为永久性标志,标志不应削弱管材强度、标志间距不可超过一米。

图7-1　管材标志

表7-1　管材标志内容

名称	名称和符号
内部流体	"燃气"或"GAS"
尺寸	de
SDR	SDR
材料和命名	如 PE80

(续表)

名称	名称和符号
混配料牌号	
与管件连接的管材的公称外径	例如："110"
材料和级别	如 PE80
制造商的信息	制造日期、产地等
本部分执行标准	GB15558.1

（二）管件

按照生产 PE 管件的方式不同，可以将管件分为注塑管件及焊接管件两大类。

按照施工方式的不同又分为：电熔管件、热熔对接管件、承插管件、钢塑转换接头。

1. 电熔管件

电熔管件是应用某种方法将电热丝布置于管件的内表面，施工时将管子与管件配合后用专用的加热控制电源将管件中的电热丝通电加热，使管件与管材的接触表面熔化结合，冷却后使管件与管材牢固、密封地结合在一起。

2. 热熔对接管件

热熔对接管件是指适用于热板对接焊的管件。

3. 热熔承插管件

这种管件是用于承插连接的管件，在燃气管道中基本不用。

4. 钢塑转换接头

钢塑转换是实现钢管向塑管，塑管向钢管转换的专用管件，在工厂加工成型，可用于燃气和给水系统。

按照工程上的习惯叫法，又分为：套筒、弯头、三通、鞍型三通、变径、端堵、法兰、钢塑转换接头等。

PE 球阀：此阀耐腐蚀，不需维护和维修，寿命 50 年，为整体式阀门，免除了泄漏的可能，与 PE 管连接时，无需设置阀门井，直埋施工。

三、PE 管焊接形式及原理

聚乙烯燃气管道连接应采用电熔连接（电熔承插连接、电熔鞍形连接）或热熔连接（热熔承插连接（一般燃气上不用）、热熔对接连接、热熔鞍形连接），不得采用螺纹和粘接。

焊接原理：聚乙烯管材与管件等材料可熔合的原理。该物料一般在 $190\sim260℃$ 的高温下融化，而冷却后又会凝固，恢复原来坚硬的特性。

1. 电熔焊接

焊接原理：在生产过程中，预埋于管件内径表面的电热丝，经通电后加热至管件内层及管材外层被熔化成为一体，待冷却后，融合部分恢复为固体，从而达到融合的目标。

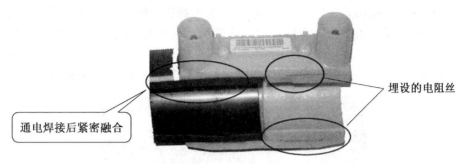

通电焊接后紧密融合

埋设的电阻丝

图7-2　电熔焊接

电熔连接管件包括：套筒、鞍形、变径、等径三通、异径三通和弯头。电熔连接可适用于不同类型的PE材料和不同融熔指数的材料连接。

（1）连接步骤

1）管材预热处理：刮去连接管材表面氧化层和污物。

2）固定管材和管件：将待连接的管材和管件用专用工具中的夹具固定以防移动，特别注意已清洁过的管材表面位置。

3）接通电流：将电熔焊机与电源连接。

4）冷却：冷却到一定时间和温度后，移开固定夹具。注意：冷却期间，不得对焊接管件随意加力。

（2）电熔焊接过程中需特别注意的问题

1）电熔管件的包装只有到使用时再打开。

2）焊接时，需使管材对正，上下左右分别在同一条水平线上。

3）采用套筒连接时，应将电熔套筒完全推入到需连接原两个管件上，并检查两个管材端部插入深度，并做好标记。

2.热熔焊接

焊接原理：将待焊接的管材（件）两个端面以一定压力靠在一个预热好温度的热板上维持一定时间；当卷边高度达标后，调低压力进行吸热；当吸热时间完成后，取出加热板，给待焊两端面施压，使两个焊接面紧密接触，直至冷却完成，最终两个端面粘接在一起。

完成对接热熔焊的六个步骤：

（1）固定住要连接的管件：将需要连接的管材或管件固定在焊机的夹具上，使之只能同夹具一起运动。

（2）切削管材端面：管材末端应被加工成洁净、平行的对接平面。用铣刀对端面进行切削，直到形成一个端面连续的切削物。

（3）校准管材的轮廓端面：要焊接在一起的管件或管材接触面必须是圆形，并且要将两面校准对中，尽量使管壁完全重合，符合CJJ63—2008《聚乙烯燃气管道工程技术规程》中规定，错边量不可超过壁厚的10%。

（4）熔化管材接触面：不同的PE生产厂家生产的PE管，其焊接温度，熔融温度等略有不同。热熔焊机中的热板加热后将热量传至管材接触面，形成一道"翻边"。但是，由于环境温度及风速等的影响，加热板的内外面温度会有一定的损失，所以有关国标中规定："在大风天气和寒冷环境施工，要采取保护措施，如对管材进行隔离、端帽或延长加热时间等"。

（5）将两个管材端面熔合在一起：当管材两端达到适当的温度和时间后，移走加热板，并施加一定的压力将熔融的端面对接一起，使端面熔化的材料相互混合形成一个均一的整体。

（6）在外力下保持一段时间：焊接接头应在压力下保持固定，直到充分冷却。

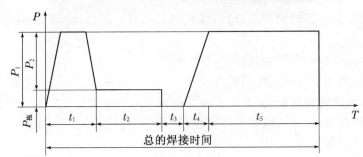

图 7-3　热溶对接焊工艺曲线图

表 7-2　热熔对接五阶段划分

P_1	总的焊接压力，$P_1 = P_2 + P_{拖}$（MPa）；
P_2	焊接规定的压力（MPa）；
$P_{拖}$	拖动压力（MPa）；
t_1	卷边达到规定高度的时间；（1～4 mm）
t_2	焊接所需要的吸热时间(s)＝管材壁厚$(e) \times 10(s)$；
t_3	切换所规定的时间(s)；移走加热板（4～9 sec）
t_4	调整压力到 P_1 所规定的时间(s)；增压时间
t_5	冷却时间（min）。

对接焊机压力：在对接焊机的压力计或压力显示装置上指示的压力，它表示施加到管材或管件端部的界面接触力。

这里指的 P_1、P_2、$P_{拖}$ 为所要求产生的压力值，不包括焊机的摩擦、压力损失和管道系统的拖动阻力。实际焊接时要测量出焊机的摩擦损失、拖动阻力等所有的额外阻力,并加到相应的要求压力上。

3. 鞍形焊接

同时加热管材的外表面和鞍形管件的外表面,直到聚乙烯达到熔化温度,将鞍形管件放在管材上,直到冷却。

类型包括:从侧面分支的鞍形和从管顶分支的鞍形,包括一个集成在一起的平管切刀。

步骤:

(1) 清理干净管材;

(2) 安装加热器的鞍形接头;

(3) 将鞍形焊机安放在管材上;

(4) 对管材管件表面进行预热处理;

(5) 校准需要熔焊的部分;

(6) 加热管件和鞍形管件;

(7) 将需要熔焊的部分压紧固定在一起;

(8) 冷却后移开焊机。

4. 承插焊接

燃气行业不用,所以不做介绍。

5. 焊接设备

(1) 电熔焊接设备

电熔焊接机采用计算机技术较多,每个管件生产厂商提供的焊接都可以方便的存入焊机的内部存储器中,只要焊机可以识别管件的特性,即可以按照规定的程序执行一个熔接命令,一般输入方式如下:

1) 手动输入方式(半自动焊机):人工利用焊机上的按键输入管件的焊接系数。

2) 条形码输入(全自动焊机):将管件的特性参数编制成条形码,焊机配置光区,可以读出条形码的内容。

管件的焊接参数包括:电压(电流)等级、管材或管件规格、SDR值环境温度。

3) 辅助设备:在电熔焊中,常用以下辅助设备:

旋转刮刀:一般用于刮除管材(管件)外表的氧化皮,刮除厚度为0.2mm左右。

固定夹具:用于电熔接工程中固定管材,使待焊的管材同心,在熔接和冷却工程中不产生移位,保证良好的气密性。

夹扁工具:用于紧急情况下的断气作业。

旋转切刀:用于快速地切断管材。

鞍形三通钥匙:用于鞍形三通钻孔。

标记笔:用于标记需刮除氧化皮的区域及焊后标记焊口序号。

平板尺:用于测量需刮除氧化皮区域的长度,确保接口处电熔管件中间的冷料区域。

(2) 热熔对接焊设备

目前热熔对接焊机有手动热熔焊、半自动对接焊、全自动热熔焊机。不同厂家的设备操作方式,各项技术参数、维护保养不同。具体使用时查阅说明书。

辅助工具:切管工具、刨边工具、辊轮支架、翻边卡尺。

1) 切管器:用于快速切断待焊管材,并使要割管材端面规矩平整,节省铣刀铣削时间,提高焊口质量。

2) 辊轮支架:支撑移动端管材,变滑动摩擦为滚动摩擦,减小拖动压力,降低拖动压力与熔接(焊接)所需压力的比值,提高熔接(焊接)质量;减少熔接(焊接)过程中管材因滑动造成的管材表面损伤。

3) 刨边工具:在不损伤管材的情况下,切除焊环内外部熔接(焊接)翻边的工具。

4) 翻边卡尺:用于测量、评价翻边的工具。

(3) 使用焊机时注意事项

为保持焊机处于安全高效状态,应每两个月对焊机进行一次检查、维修和保养,同时在进行熔接(焊接)操作和设备运输过程中,应注意以下事项:

1) 电源部分

电源应该具有至少 IP44 级防护能力且符合 IEC17 - 13/let17 - 13/4 标准。同时电源部分应装有接地漏电保护装置,该装置动作时间不应超过 0.4 s,以防止使用者直接或间接触电。另外,应对电源箱进行热和磁热处理,并使用特定的标志进行标注说明。

① 电源的连接

电源箱同热熔连接设备之间的电缆性能应符合相关标准,如需加长电缆,则加长部分也应符合相关标准。电源插头应具有最低的 IP67 水平的防护等级能力。

② 接地

整个设备只需一个接地点,接地电阻值需同接地漏电保护装置匹配,且须保证任何金属部件的带电电压不超过 25V。整个接地系统需由专业人员进行加装和检测。只有在接地系统安装完成后,整个设备才具有安全的防触电功能。

2) 焊机的使用和存储注意事项

为使危险性减到最少,请按照以下要求使用和保存焊机:

① 确保电源输入到连接部分符合标准;

② 避免同任何带电器件接触;

③ 避免拉拔插头切断电源;

④ 勿用电缆直接拖拉设备;

⑤ 请勿将重物、锋利或高温物压在焊机上;

⑥ 请勿在潮湿环境下使用焊机,工作时应确保手套、鞋和其他防护工作服装处于干燥状态;

⑦ 工作时应避免设备被溅污;

⑧ 定期检查设备绝缘状态;

⑨ 检查线揽绝缘状态,尤其是易受机械磨损的线揽;

⑩ 免在高温、潮湿、暴雨环境下使用焊机;

⑪ 如果焊机需在高温、潮湿的密闭环境下工作,应使用 48 V 输入电源或进行电气隔离;

⑫ 每月至少检查一次接地漏电保护装置工作状态;

⑬ 由专业人士检查焊机接地状态;

⑭ 对焊机进行清洁时,勿使用诸如砂纸或腐蚀性气体等易破坏设备绝缘的材料;

⑮ 电气部件应存储于干燥环境中；

⑯ 焊机工作时应远离爆炸性气体、蒸汽、烟雾等；

⑰ 焊机工作完成后应确保切断电源；

⑱ 在使用焊机前，应确保焊机处于良好状态。

请按照以上要求和相关安全标准(如 IEC64 - 8/7,17 - 13/1 或 17/- 13/4)进行操作。熔接(焊接)设备的操作人员必须经过专业人员的培训、考核合格后方可上岗操作。

注意：请勿使用机箱破裂或变形的工具设备，否则容易引起电击事故。

3) 接电前注意事项

焊机接电前，检查焊机开关是否处于"关"状态，以免对熔接(焊接)设备电路造成冲击。

4) 移动部件的检查

在焊机运输前，应确保其所有可移动部件固定牢靠，在熔接(焊接)管材时应确保管材夹装牢固。

5) 危险场合工作的注意事项

在挖掘现场熔接(焊接)时，应注意防止灰尘、泥土等进入焊机，并防止污水或其他液体对焊机的操作人员造成伤害。另外若熔接(焊接)工作场合较为狭小，在熔接(焊接)时应有第二人在外监护。熔接(焊接)时应远离易燃易爆物品。

在使用提升设备搬运焊机或部件时，应注意焊机各部件放置牢固，同时也应考虑提升设备可提升的最大重量是否适合，以免造成危险。

在潮湿环境下，建议使用低电压设备进行工作。

请勿熔接(焊接)有液体流通的管道，以免熔接(焊接)时产生有害气体，若必须对此类管道进行熔接(焊接)，须佩戴防毒面具。

6) 设备的维护和保养

干净和良好的设备保证了良好和安全的工作，所以应仔细阅读操作手册中涉及设备维护保养的有关章节，立即更换所有有缺陷的、断裂的或被损坏的部件。只有正确使用良好的工具才能保证操作人员和设备的安全。

7) 工作着装

不要穿肥大的服装或戴首饰，它有可能会被卷入机器对操作人员或设备造成危害。为此，操作人员必须做到：戴保护手套、穿工作鞋、戴防护眼镜(打磨工件时)、戴保护耳罩(铣削加工时)。

应避免口袋、鞋带、长头发或其他部位太靠近机器，以免其被卷入机器对操作人员或设备造成危害。

8) 保持工作场地干净和无障碍

脏乱和拥堵的工作场地不仅意味着没有效率，而且还会引起事故。因此保持工作场地的清洁和无障碍是非常重要的。

泥浆和油污可能会引起塌方，若砸在设备上则对操作人员造成伤害。要特别注意将设备放在一个稳定的空间，以保证对接质量及机器不会对操作人员或设备造成危害。

9) 隔离参观者

参观者与施工现场应保持一定的安全距离。参观者有可能会影响操作并对他们自己造成危险。

检查工地是否正确标示和保护以及预防给操作人员进入。检查安全防护栏保证进入工地的参观者有足够的距离,并确保留出无危险的通道。绝不允许未受培训的人员操作设备。

10) 焊机操作

焊机加压时,只允许专业人员和有证人员进行操作;非专业人员使用设备可能会对操作人员以及周围人员造成危险。

对焊机进行加压操作须由两位操作人员进行,一人控制液压系统,一人控制铣刀和加热板,控制液压系统的操作人员应密切注视另一操作者的操作过程,并相互配合进行全部熔接(焊接)过程。

四、焊接工艺参数、注意事项

1. 热熔对接加热板表面温度

该工艺推荐温度为 200～235 ℃,施工时根据施工环境和材料可适当进行调整。

SDR11 管材:PE80＝210±10 ℃

　　　　　　　PE100＝225±10 ℃

SDR17.6 管材:PE80＝210±10 ℃

　　　　　　　PE100＝225±10 ℃

标准尺寸比用 SDR 表示,它指的是管材外径与管壁厚之比,燃气用 SDR 值有两个系列,即 SDR11 和 SDR17.6,也可认为此值为壁厚值。

2. 热熔焊接注意事项

(1) 在预热阶段和吸热阶段应保持好加热板温度、时间控制。

(2) 管材或管件端面铣削后应保持清洁;熔接面必须是洁净的,不洁净的界面会影响熔接界面分子间相互滑移和缠结。铣削完毕后的界面保证不再被污染,如用布、手擦拭都可能造成污染。

(3) 加热板表面结构应完整且清洁,温度能均匀分布;检查加热板表面涂层是否完整并没有划伤,加热板上的残留物只应用木质刮刀切除。

(4) 机架应稳固。

(5) 半自动焊机应严格压力、温度、各阶段时间控制;控制好加热温度,温度过高过低都会影响接口质量,寒冷天气和大风天应注意保护措施。控制好焊接压力,压力过小,焊接界面间长链分子无法充分变形,而重新重叠及缠结;压力过大,粘流态的融质都被挤出熔接界面,使界面间的介质大都处于高弹态,其结果会同样引起接口质量下降。

(6) 严禁未完成焊接周期,断电、移动焊接设备等。

(7) 接触面要保持在同一轴线上,错边量不可超过 10％的壁厚。

(8) 移动管材或搬动焊接制备时,要小心,不要将管材或焊口划伤。

3. 热熔连接和电熔连接的比较

表 7 - 3　热熔焊接与电熔焊接的比较

名　称	要　求
热熔对接	专用的热熔对接工具。 一般适用于 de>90 mm 管。 适用与同种牌号、材质的管材与管材，管材与管件连接，性能相似，不同牌号、材质的管材与管材，管材与管件连接，需试验验证。 易受环境、人为因素影响。 不得使用明火。 在寒冷气候（−5℃以下）和大风环境下进行连接操作时，应采取保护措施，或调整连接工艺。
电热熔连接	专用的电熔连接工具。 适用于所有规格尺寸管。 适用于同种牌号，材质的管材与管材，管材与管件连接，适用于不同牌号，材质的管材与管材，管材与管件连接（如：中、高密度，不同熔流指数）。 不易受环境，人为因素影响。不得使用明火。 在寒冷气候（−5℃以下）和大风环境下进行连接操作时，应采取保护措施，或调整连接工艺。 设备投资低，维修费用低。连接操作简单易掌握。

全面考虑以上几种连接方式，以电熔连接最为牢固可靠，受人为因素影响最小。从燃气管道的经济性和安全性等方面比较，根据我国国内企业经济状况和燃气工程实际运用情况，建议：对与小口径 de110 以下采用电热熔连接，而较大口径则采用对接热熔连接。

4. PE 管材/管件兼容性

（1）电熔连接的兼容性

1）电熔管件可连接不同级别的 PE 管材和不同壁厚的 PE 管材；电熔管件的颜色对兼容性无影响。

2）如将 SDR11 和 SDR17.6 的 PE 管材连接起来，但须检查电熔管件适用的管材 SDR 范围。

（2）热熔对接的兼容性

1）热熔对接管件的 PE 级别及 SDR 应与管材的 PE 级别及 SDR 相同。

2）颜色对兼容性无影响。

3）不同 PE 级别、不同 SDR 的管材/管件不应使用热熔对接。

4）高密度 PE80 管材/管件与中密度 PE80 管材/管件不宜热熔对接。

（3）不同壁厚、不同 PE 级别、不同熔体流动速率的管材/管件，必须采用电熔连接，严禁使用对熔连接。

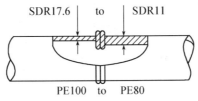

图 7 - 4　严禁热熔对接图例

5. PE 管密度及管材用材料分级

一般来说,PE100 采用高密度原料,市场上 PE80 也有采用高密度。

表 7-4 PE 管材的密度和强度

	高密度	中密度	PE100	PE80
密度 kg/m³	>950	940~950		
熔体流动速率 g/10 min	0.3~0.45			
强度 MPa			10	8

根据试验测定 σ_{LPL} 值,可获得 MRS(50 年、20 ℃)值,其值的 10 倍定义为材料的分级值,分别为 PE100,PE80,PE63,PE40,PE32 等。

五、PE 焊接质量检查

1. 电熔

符合质量要求内容:接口圆周各处均有明显刮削;熔合显示针升起;电熔管件处于定位线正中央;管件两端没有熔胶流出;检查焊接记录。

电熔焊接接口检验有电熔焊的非破坏性检验(进行外观检查)和电熔焊的破坏性检验(电熔管件剖面检验、拉伸剥离试验 GB/T19808—2005、挤压剥离试验 GB/T19806—2005、静液压强度试验、应符合现行国家标准 GB/T6111—2003 的要求)。

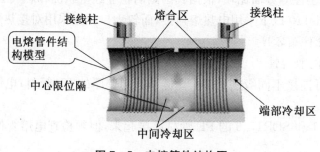

图 7-5 电熔管件结构图

2. 热熔对接

热熔对接接口检查有:非破坏性检查(外观检查、翻边也叫焊环切除检查)和破坏性检验(拉伸性能试验 GB/T19810—2005 和静液压强度试验 GB/T6111—2003)。

在不具备无损探伤技术时,应当做 100%焊缝刨边检查,焊口编号、保存。

为保证对接接口的质量,熔接完毕后,应对接口的质量进行检查。

到目前为止,尚没有一种方便、可靠的非破坏性检测手段用于实际工程的接口检验。在大多数情况下,要凭借对接时形成的焊环判断接口质量,因此,凭借焊环判断接口质量几乎成为检查接口质量最主要的方法,是操作与质检人员必须具备的技能之一。

焊接质量检查要点:

(1)切除翻边:使用合适的工具,在不损害管材的情况下切除外部的熔接翻边,然后进行翻边检验。

(2)翻边检验:在翻边的下侧进行目视观察,翻边应是实心和圆滑的,根部较宽,翻边底部焊接面是否夹杂污染物,翻边是否对称、均匀、圆滑,发现有杂质、小孔、偏移或损坏时,应拒收该接头。根部较窄且有卷曲现象的中空翻边可能是由于压力过大或没有吸热造成的。

（3）卷边是否在指定范围内:一般环的宽度 $B=0.35\sim0.45S$、环的高度 $H=0.2\sim0.25S$、环缝高度 $h=0.1\sim0.2S$ 可以保证接口的质量,对上述系数的选取应遵循"小管径,选较大值;大管径,选较小值"的原则。

（4）翻边后弯试验:将翻边每隔几厘米进行后弯试验,检查是否焊接不足、有无裂缝缺陷,裂缝缺陷表明在熔接界面处有微细的灰尘杂质,这可能是由于接触脏的加热板造成的;

（5）检查焊接记录。

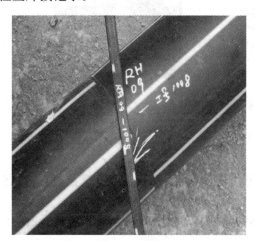 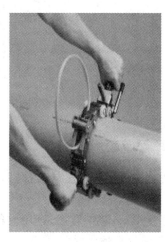

图 7-6　焊接卷边刨边及编号

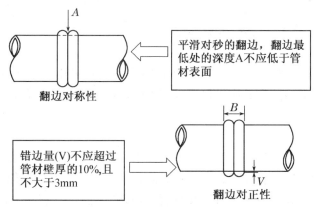

图 7-7　焊口的外观质量检测

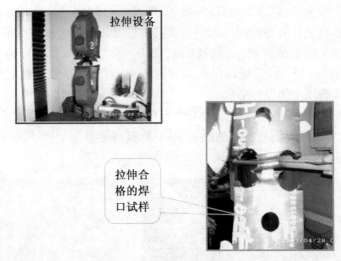

图 7-8 焊口的破坏性试验

六、PE 管道应用示例

某工程概况为：主干道中压管网，设计压力：0.4 MPa，设计管径：DN200；管道长度：1.6 km。

管道连接形式：热熔对接；选用设备形式：自动对熔焊机（≠全自动对熔焊机）。

1. 工程用聚乙烯管材

根据工艺特点，工程采用的是中密度 PE80、SDR11 黑色聚乙烯管材；定尺长度：12 米/根。

2. 聚乙烯管材、管件的包装、运输、贮存

（1）包装

管材断口应封堵，管材应用非金属绳捆扎牢固，直管也可用木架固定两头捆扎。没包装时，应附有质量检验部门的产品质量检验报告和生产厂的合格证。管材外包装中应有厂名、厂址和生产日期。

（2）运输

管材运输时，不得受到划伤、抛摔、剧烈的撞击、暴晒、雨淋及油污和化学品污染。

车辆运输管材时，应放置在平底车上；船运时，应放置在平坦的船舱内。运输时，直管全长应设有支撑，盘管应叠放整齐。直管和盘管均应捆扎、固定、避免相互碰撞。堆放处不应有可能损伤管材的尖凸物。

管件运输时，应按箱逐层叠放整齐，并固定牢靠。

管材管件运输途中，应有遮盖物，避免暴晒和雨淋。

（3）搬运

管材搬运时，必须用非金属绳吊装。

管材、管件搬运时，应小心轻放，排列整齐，不得抛摔和沿地拖拽。

寒冷天搬运管材、管件时，严禁剧烈撞击。

（4）存放

管材、管件应存放在通风良好，环境温度不超过40℃，远离热源以及油污和化学品污染地，地面平整的库房或简易棚内。

管材应水平堆放在平整的支撑物上或地面上。堆放高度不宜超过1.5 m，当管材捆扎成1 m×1 m的方捆，并且两侧加支撑保护时，堆放高度可适当提高，但不宜超过3 m。管件应逐层叠放整齐，应确保不倒塌，并宜便于拿取和管理。

管材管件在户外临时堆放时，应有遮盖物。

管材存放时，应将不同直径和不同壁厚的管材分别堆放，受条件限制不能实现时，应将较大的直径和较大壁厚的管材放在底部，并做好标志。

管件、管材从生产到使用之间的存放期不宜超过一年。

在运输和存放过程中，小管可以套在大管中。

发料时要坚持"先进先出"的原则。

3．选用的热熔、电熔管件

（1）管件依根据施工方法、用途不同分：电熔管件和热熔管件。

（2）热熔管件根据生产方式分：注塑管件和焊制管件（不推荐使用）。

（3）热熔管件有法兰、变径、弯头、等径三通、异径三通和端帽等。

（4）电熔管件有套筒、变径、弯头、三通、鞍型三通、鞍型端帽。

4．钢塑转换接头

（1）在聚乙烯管道系统中，当聚乙烯管道与金属管道系统连接时，常需使用钢塑过渡接头连接。

（2）常见的安装位置是聚乙烯管道出地面进户前与流量表、压力表、减压阀等的连接处。

（3）钢塑过渡接头一端为聚乙烯管材，另一端为钢管，两者靠丝扣锁紧，中间靠密封圈来密封，可保证结合处不泄漏。过路时采用塑转钢。钢管端与钢管焊接时，应采取降温措施。

5．聚乙烯管焊机选用

本工程采用自动对熔焊机。焊接时应做好防风、防尘工作。加热板、铣刀应保持清洁，抛削端面应保持清洁。

焊机参数控制：做好温度和压力控制。

6．聚乙烯管道系统示踪线

PE管道埋设示踪线原因：PE管未非金属绝缘体，无法被金属检测仪发现。示踪线为金属线（即电线），有的在警示带内夹放金属铝箔，将警示带与示踪线合二为一（又称可探警示带）。

7．聚乙烯管道系统警示带

为保护管道在日后运行中减少意外破坏，在管道的上方，距管顶不小于300 mm处敷设一条警示带，警示带上应有醒目的提示字样，颜色为金黄色。警示带应能抗击回填土的冲击、压迫及土壤中化学物质的腐蚀，寿命不低于50年。

8．聚乙烯管道系统保护板

保护板是用以保护埋地的中压聚乙烯燃气管道及直径大于250 mm的低压燃气管道，且上面刻有警示字样。常见的保护板材质为聚乙烯板、混凝土板。

图 7-9　聚乙烯管道系统保护板

9. 聚乙烯管道系统电子标识器

电子信息标识作用是准确记录了该管道电子标识器条形码、设施类别、管径、材质、覆土深度、埋设年月等信息。

其简易工作原理是通过反射探测仪器信号而被探测到。

材质由密封防水聚乙烯壳体及其内部的无源天线构成。

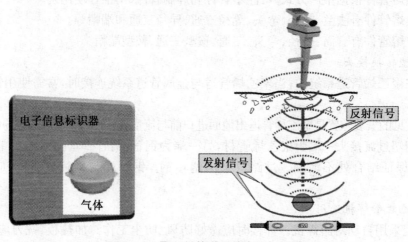

图 7-10　聚乙烯管道系统电子标识器

图 7-11　聚乙烯管道系统敷设顺序

10. 聚乙烯管道系统施工注意事项

管道周围及管顶之上 300 mm 内应采用河沙或优质原土回填。原土应先经筛网筛选,最大粒径不应超 10 mm。管顶 500 mm 以上的回填土内允许有少量直径不大于 0.1 m 的石块。为保证焊接质量,采用防风棚以防风、防尘。做好管材库存。做好焊口刨边、编号、收集。

表7-5 PE管道与供热管道之间安全水平间距

供热管种类	净距(m)	注
T<150 ℃直埋供热管道 供热管 回水管	3 2	燃气管埋深小于2米
T<150 ℃热水供热管沟 蒸汽供热管沟	1.5	
T<280 ℃蒸汽供热管沟	3.0	工作压力≤0.1 PMa 燃气管埋深小于2米

11. 地下燃气管道与建筑物、构筑物或相邻管道之间的水平净距、垂直净距

表7-6 地下燃气管道与建筑物、构筑物或相邻管道之间的水平净距　　　　　　　　(m)

项目		地下燃气管道				
		低压	中压		次高压	
			B	A	B	A
建筑物的	基础	0.7	1.0	1.5	—	—
	外墙面(出地面处)	—	—	—	4.5	6.5
给水管		0.5	0.5	0.5	1.0	1.5
污水、雨水排水管		1.0	1.2	1.2	1.5	2.0
电力电缆 (含电车电缆)	直埋	0.5	0.5	0.5	1.0	1.5
	在导管内	1.0	1.0	1.0	1.0	1.5
通信电缆	直埋	0.5	0.5	0.5	1.0	1.5
	在导管内	1.0	1.0	1.0	1.0	1.5
其他燃气管道	DN≤300 mm	0.4	0.4	0.4	0.4	0.4
	DN>300 mm	0.5	0.5	0.5	0.5	0.5
热力管	直埋	1.0	1.0	1.0	1.5	2.0
	在管沟内(至外壁)	1.0	1.5	1.5	2.0	4.0
电杆(塔) 的基础	≤35 kV	1.0	1.0	1.0	1.0	1.0
	>35 kV	2.0	2.0	2.0	5.0	5.0
通讯照明电杆(至电杆中心)		1.0	1.0	1.0	1.0	1.0
铁路路堤坡脚		5.0	5.0	5.0	5.0	5.0
有轨电车钢轨		2.0	2.0	2.0	2.0	2.0
街树(至树中心)		0.75	0.75	0.75	1.2	1.2

表 7 - 7　地下燃气管道与构筑物或相邻管道之间垂直净距　　　　（m）

项　目		地下燃气管道（当有套管时，以套管计）
给水管、排水管或其他燃气管道		0.15
热力管的管沟底（或顶）		0.15
电缆	直埋	0.50
	在导管内	0.15
铁路轨底		1.20
有轨电车轨底		1.00

七、PE 管道系统施工的一般要求

（1）管道施工之前，应有书面的连接程序，包括方法规范、焊接参数、焊接设备及工具、连接条件、操作者的水平技术及质量控制方法。

（2）操作者应有制作连续一致的高质量焊接接头所必需的技能和知识，并具备相应的资格。

（3）地下燃气管道的穿越

地下燃气管道不得从建筑物和大型结构物的下面穿越（不包括架空的建筑物和大型构筑物）。地下燃气管道不得在堆积易燃、易爆材料和具有腐蚀性液体的场地下面穿越，并不宜与其他管道或电缆同沟敷设。当需要同沟敷设时，必须采取防护措施。地下燃气管道穿过排水管、热力管沟、联合地沟、隧道及其他各种用途沟槽时应将燃气管道敷设于套管内。

燃气管道穿越铁路、高速公路、电车轨道和城镇主要干道时应符合下列要求：

1）穿越铁路和高速公路的燃气管道，其外应加套管；

注：当燃气管道采用定向钻穿越并取得铁路或高速公路部门同意时，可不加套管。

2）穿越铁路的燃气管道的套管，应符合下列要求：

① 套管埋设的深度：铁路轨底至套管顶不应小于 1.20 m，并应符合铁路管理部门的要求；

② 套管宜采用钢管或钢筋混凝土管；

③ 套管内径比燃气管道外径大 100 mm 以上；

④ 套管两端与燃气管的间隙应采用柔性的防腐、防水材料密封，其一端应装设检漏管；

⑤ 套管端部距路堤坡脚外距离不应小于 2.0 m。

3）燃气管道穿越电车轨道和城镇主要干道时宜敷设在套管或地沟内；穿越高速公路的燃气管道的套管、穿越电轨道和城镇主要干道的燃气管道的套管或地沟，并应符合下列要求：

① 套管内径应比燃气管道外径大 100 mm 以上，套管或地沟两端应密封，在重要地段的套管或地沟端部宜安装检漏管；

② 套管端部距电车道边轨不应小于 2.0 m；距道路边缘不应小于 1.0 m。

4）燃气管道宜垂直穿越铁路、高速公路、电车轨道和城镇主要干道。

燃气管道通过河流时，可采用穿越河底或采用管桥跨越的形式；当条件许可时，也可利用道路桥梁跨越河流，并应符合下列要求：

① 路桥梁跨越河流的燃气管道,其管道的输送压力不应大于 0.4 Mpa。

② 当燃气管道随桥梁敷设或采用管桥跨越河流时,必须采取安全防护措施。

③ 燃气管道随桥梁敷设,宜采取如下安全防护措施:

a. 敷设于桥梁上的燃气管道应采用加厚的无缝钢管或焊接钢管,尽量减少焊缝,对焊缝进行 100% 无损探伤;

b. 跨越通航河流的燃气管道底标高,应符合通航净空的要求,管架外侧应设置护桩;

c. 在确定管道位置时,与随桥敷设的其他管道的间距应符合现行国家标准 GB6222《工业企业煤气安全规程》支架敷管的有关规定;

d. 管道应设置必要的补偿和减震措施;

e. 对管道应作较高等级的防腐保护;

对于采用阴极保护的埋地钢管与随桥管道之间应设置绝缘装置;

f. 跨越河流的燃气管道的支座(架)应采用不燃烧材料制作。

燃气管道穿越河底时,应符合下列要求:

① 燃气管道宜采用钢管;

② 燃气管道至规划河底的覆土厚度,应根据水流冲刷条件确定,对不通航河流不应小于 0.5 m;对通航的河流不应小于 1.0 m,还应考虑疏浚和投锚深度;

③ 稳管措施应根据计算确定;

④ 在埋设燃气管道位置的河流两岸上、下游应设立标志;

穿越或跨越重要河流的燃气管道,在河流两岸均应设置阀门。

在次高压、中压燃气干管上,应设置分段阀门,并在阀门两侧设置放散管。在燃气支管的起点处,应设置阀门。

(4) PE 燃气管道的埋设应符合以下规定:埋设在车行道下时,不宜小于 0.9 米;埋设在非车行道下时,不宜小于 0.6 米;埋设在水田下时,不宜小于 0.8 米。但如果采取行之有效的措施后,上述规定可适当降低。

(5) 当 PE 燃气管道输送的介质含有冷凝液时,最小管顶敷土厚度至少应在土壤冰冻线以下。

(6) 管道敷设时允许的弯曲半径规定如下:

管段上无承插接头和其他附属设备时,应符合表 7-5 规定:

管段上有承插接头和其他附属设备时,管道的允许最小弯曲半径不应小于 125D。

(7) 燃气管道在安装完毕后,均应按照设计规定对其进行强度试验和气密性试验,以检验管道系统的机械性能和连接质量。试验前还应进行吹扫。

(8) 强度试验和气密性试验应由施工单位、燃气管理单位和监理单位共同进行验收。

表 7-8　管道敷设时允许的弯曲半径

管道公称外径(mm)	允许最小弯曲半径(mm)
D≤50	30D
50<D≤160	50D
160<D≤250	75D

（9）吹扫和试验介质应采用压缩空气，空气温度不超过 40 ℃，并不得含有对管道有害的杂质。

（10）分段吹扫和试压长度不宜超过 1.5 公里。

（11）试验用的弹簧压力表，其量程不得大于试验压力的 2 倍，精度不得低于 0.4 级，表盘直径不得小于 150 mm。

（12）试验时所发现的缺陷，应在试验压力降至大气压时进行修补，修复后应进行复试。

（13）穿越河流、铁路、公路和主要的城市道路时，下管前应进行强度试验。

八、管道吹扫

管道及其附件组装完成并在试压前，应按照设计要求进行气体吹扫或清管球清扫。每次吹扫管道长度不宜超过 500 m，管道超过 500 m 时宜分段吹扫。吹扫球应按照介质流动方向进行，以避免补偿器内套筒破坏。吹扫结果可用贴有纸或白漆的木靶板置于吹扫口检查，5min 内靶上无铁锈赃物则认为合格。吹扫后，将集存在阀室放三关内的赃物排出，清扫干净。

1. 吹扫目的

将每一根管内的泥土、垃圾清除干净，保证管内尽可能减少泥土与杂物，防止燃气管道运行后堵塞管道。

2. 吹扫方法

吹扫方法主要包括气体吹扫（吹扫车吹扫、爆破法吹扫）和清管球（器）吹扫。

对于球墨铸铁管道、聚乙烯管道、钢骨架聚乙烯复合管道和公称直径小于 100 mm 或长度小于 100 m 的钢质管道，可采用气体吹扫；对于公称直径大于或等于 100 mm 的钢质管道，宜采用清管球（器）进行清扫。

（1）吹扫车吹扫

根据管道内风速不小于 20 m/s 的要求，分别计算出待吹扫的各种管径管道的阻力，按其中最大管径所需要的流量及各种管径管道所需克服的阻力中的最大值选择合适流量的高压离心通风机或移动式空气压缩机。

（2）爆破吹扫

在缺少吹扫设备时使用爆破吹扫。

将待吹扫的两端阀门拆卸，在管段进气端装法兰堵板，并与空气压缩机用管道连通，空气压缩机出气管上安装阀门与压力表。吹扫口应设在开阔地段并加固管段排气端，装几层牛皮纸，再用法兰上紧。

启动空气压缩机，当管内空气压力达到小于 0.3 MPa 时，使牛皮纸突然爆破，管内空气突然卸压，体积膨胀，形成流速较高的气流，从排气口喷出并将泥土、铁锈与垃圾等带出。

一般进行 3～4 次，直到无尘土为止。

（3）清管球（器）清扫

清管器的类型：橡胶球清管器、皮碗清管器、塑料清管器。常采用聚氨酯皮碗清管器，清管器在管内的过盈量为 2%～5%，推球介质用压缩空气，通球扫线推球压力一般为 0.05～0.2 MPa。

根据清管器在管线中的应用可分为：扫线用清管器、隔离用清管器、置换用清管器、检测用清管器。

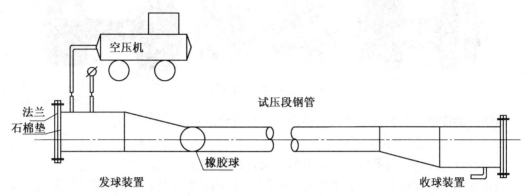

图 7-12　钢管通球装置示意图

1）橡胶球清管器

橡胶球清管器作为常规清管器的一种形式，具有经济、安全和极强通过能力的优势，广泛应用于管道清管工程中。橡胶球清管器分为实心、空心充气、空心注水的形式，适合于各种管径的管道清管。

清管球是用耐磨的橡胶制成的圆球，中空（DN>100 mm），壁厚为 30～50 mm，球上有一个可以密封的注水排气孔。

清管球的工作原理是利用气体压力将清管球从被清扫管道的始端推向末端。

由于清管球比管内径大 4%～5%，在管内处于卡紧密封状态，当压缩空气推动清管球在管道中前进时，便将管道内的各种杂物清扫出来。

2）皮碗清管器

皮碗清管器由一个刚性骨架和前后两节或多节皮碗构成。

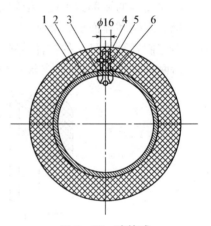

图 7-13　清管球

1—球体；2—球胆；3—嘴头；
4—嘴芯；5—嘴芯；6—胶芯

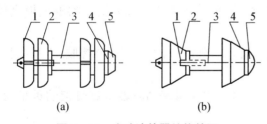

(a)　　　　　(b)

图 7-14　皮碗清管器结构简图

1—QXJ-1型清管器信号发射机；2—皮碗；3—骨架；4—压板；5—导向器

图 7-15　聚氨酯组合式清管器

图 7-16 直型清管器

清管器的皮碗形状是决定清管器性能的一个重要因素。

皮碗断面可分为主体和唇部。

主体部分起支持清管器体重和体形的作用,唇部起密封作用。

主体部分的直径可稍小于管道内径,唇部对管道内径的过盈量一般取 2%~5%。

皮碗的唇部有自动密封作用,即在清管器前后压力差的作用下,它能向四周张紧。这种作用即使在唇部磨损、过盈量变小之后仍可保持。

平面皮碗的端部为平面,清除固体杂物的能力最强,但变形较小、磨损较快。

锥面皮碗和球面皮碗能适应管道的变形和保持良好的密封。球面皮碗还可以通过变径管。但它们容易越过小的物体或被较大的物体垫起来而丧失密封。

后两种皮碗寿命较长,夹板直径小,也不易直接或间接地损坏管道。

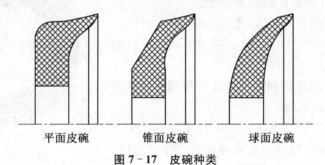

平面皮碗　　　　　锥面皮碗　　　　　球面皮碗

图 7-17 皮碗种类

清管器通过能力的一般技术条件有:管道弯曲的最小半径,三通与分支状况,管道的最大允许变形等。

清管器在皮碗不超过允许变形的状况下,应能够通过管道上曲率最小的弯管和最大的管道变形。为保证清管器通过大口径支管三通,前后两节皮碗的间隔应有一个最短的限度。

为满足上述条件,前后两节皮碗的间距 S 应不小于管道直径 D,清管器长度 T 可按皮碗节数多少和直径大小保持在 $1.5D$ 范围内。

清管器通过变形管的能力与皮碗夹板直径有关,清管用的平面皮碗清管器的夹板直径 G 应在 $0.75D$~$0.85D$ 范围。

按照介质性质(耐酸、耐油等要求)和强度需要,皮碗的材料可采用天然橡胶、丁腈橡胶、氯丁橡胶和聚氨酯类橡胶。

提高清管器工作能力的两个途径:皮碗材料一定,尽量减轻清管器金属骨架的重量,必要时增加皮碗节数。

3) 电子清管器及探测定位成套仪器

主要用途:检查新管线的圆度,检查施工质量。打除焊瘤,以保证投产后的管线能畅通

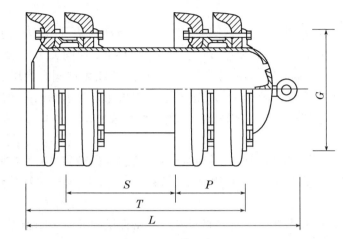

图 7-18 皮碗结构尺寸

无阻地通过各种清管器;管道投产前清除管内各种赃物;管道水压试验前除气和水压试验后除水;隔离不同种类的油品及多相(液体和气体混合)管道隔离;各种特殊用途,如流量计定位,新管道内壁涂层等。

4)泡沫塑料清管器

泡沫塑料清管器是表面涂有聚氨酯外壳的圆柱形塑料制品。壳体材料为丁酯橡胶、氯丁橡胶或聚氨酯橡胶,泡沫清管器腔内充满通孔型泡沫。它是一种比较经济的清管工具。

与刚性清管器比较,有很好的变形能力与弹性。在压力作用下,它可以与管壁形成良好的密封,能顺利通过各种弯头、阀门和管道变形。

泡沫清管器的长度宜为管道内径的两倍,泡沫清管器的外径为管道内径的 1.03～1.05 倍。

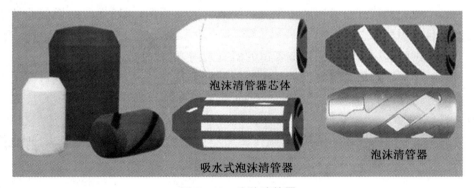

图 7-19 泡沫清管器

3. 气体吹扫案例

图 7-20 吹扫工艺示意图

吹扫方法:

进气口设在门站内 DN50 的放散阀处,将法兰盲板换为法兰,在法兰上焊接短管,空压机进气管通过橡胶软管与该短管相连,进气时,站内 DN400 球阀关闭。

排气口设在分输站端 DN400 的球阀处,进气时先关闭该球阀。当压力达到要求时,立即打开,管内积水杂物等随气流排至阀门前积水坑内再用泵将水抽到旁边的池塘里。

4. 吹扫相关要求(节选自 CJJ33—2005《城镇燃气输配工程施工及验收规范》)

12.1 一般规定

12.1.1 管道安装完毕后应依次进行管道吹扫、强度试验和严密性试验。

12.1.2 燃气管道穿(跨)越大中型河流、铁路、二级以上公路、高速公路时,应单独进行试压。

12.1.3 管道吹扫、强度试验及中高压管道严密性试验前应编制施工方案,制定安全措施,确保施工人员及附近民众与设施的安全。

12.1.4 试验时应设巡视人员,无关人员不得进入。在试验的连续升压过程中和强度试验的稳压结束前,所有人员不得靠近试验区。人员离试验管道的安全间距可按表 7-9 确定。

表 7-9 安全间距

管道设计压力(MPa)	安全间距(m)
>0.4	6
0.4~1.6	10
2.5~4.0	

12.1.5 管道上的所有堵头必须加固牢靠,试验时堵头端严禁人员靠近。

12.1.6 吹扫和待试验管道应与无关系统采取隔离措施,与已运行的燃气系统之间必须加装盲板且有明显标志。

12.1.7 试验前应按设计图检查管道的所有阀门,试验段必须全部开启。

12.1.8 在对聚乙烯管道或钢骨架聚乙烯复合管道吹扫及试验时,进气口应采取油水分离及冷却等措施,确保管道进气口气体干燥,且其温度不得高于 40℃;排气口应采取防静电措施。

12.1.9 试验时所发现的缺陷,必须待试验压力降至大气压后进行处理,处理合格后应重新试验。

12.2 管道吹扫

12.2.1 管道吹扫应按下列要求选择气体吹扫或清管球清扫:

1. 球墨铸铁管道、聚乙烯管道、钢骨架聚乙烯复合管道和公称直径小于 100 mm 或长度小于 100 m 的钢质管道,可采用气体吹扫。

2. 公称直径大于或等于 100 mm 的钢质管道,宜采用清管球进行清扫。

12.2.2 管道吹扫应符合下列要求:

1. 吹扫范围内的管道安装工程除补口、涂漆外,已按设计图纸全部完成。

2. 管道安装检验合格后,应由施工单位负责组织吹扫工作,并应在吹扫前编制吹扫方案。

3. 应按主管、支管、庭院管的顺序进行吹扫,吹扫出的脏物不得进入已合格的管道。

4. 吹扫管段内的调压器、阀门、孔板、过滤网、燃气表等设备不应参与吹扫,待吹扫合格后再安装复位。

5. 吹扫口应设在开阔地段并加固,吹扫时应设安全区域,吹扫出口前严禁站人。

6. 吹扫压力不得大于管道的设计压力,且不应大于 0.3 MPa。

7. 吹扫介质宜采用压缩空气,严禁采用氧气和可燃性气体。

8. 吹扫合格设备复位后,不得再进行影响管内清洁的其他作业。

12.2.3 气体吹扫应符合下列要求:

1. 吹扫气体流速不宜小于 20 m/s。

2. 吹扫口与地面的夹角应在 30°~45°之间,吹扫口管段与被吹扫管段必须采取平缓过渡对焊,吹扫口直径应符合表 12.2.3 的规定。

3. 每次吹扫管道的长度不宜超过 500 m;当管道长度超过 500 m 时,宜分段吹扫。

4. 当管道长度在 200 m 以上,且无其他管段或储气容器可利用时,应在适当部位安装吹扫阀,采取分段储气,轮换吹扫;当管道长度不足 200 m,可采用管道自身储气放散的方式吹扫,打压点与放散点应分别设在管道的两端。

5. 当目测排气无烟尘时,应在排气口设置白布或涂白漆木靶板检验,5 min 内靶上无铁锈、尘土等其他杂物为合格。

12.2.4 清管球清扫应符合下列要求:

1. 管道直径必须是同一规格,不同管径的管道应断开分别进行清扫。

2. 对影响清管球通过的管件、设施,在清管前应采取必要措施。

3. 清管球清扫完成后,应按本规范第 12.2.3 条第 5 款进行检验,如不合格可采用气体再清扫至合格。

九、管道试验

(一)强度试验

1. 强度试验前应具备下列条件:

(1)试验用的压力计及温度记录仪应在校验有效期内。

(2)试验方案已经批准,有可靠的通信系统和安全保障措施,已进行了技术交底。

(3)管道焊接检验、清扫合格。

(4)埋地管道回填土宜回填至管上方 0.5 m 以上,并留出焊接口。

2. 管道应分段进行压力试验,试验管道分段最大长度宜按表 7－10 执行。

表 7－10 试验管道分段最大长度

设计压力 PN(MPa)	试验管段最大长度(m)
$PN \leqslant 0.4$	1 000
$0.4 < PN \leqslant 1.6$	5 000
$1.6 < PN \leqslant 4.0$	10 000

3. 管道试验用压力计及温度记录仪表均不应少于两块,并应分别安装在试验管道的两端。试验用压力计的量程应为试验压力的 1.5～2 倍,其精度不得低于 1.5 级。

4. 强度试验压力和介质如下:

表 7-11　强度试验压力和介质

管道类型	设计压力 PN(MPa)	试验介质	试验压力(MPa)
钢管	$PN>0.8$	清洁水	$1.5PN$
	$PN\leqslant0.8$		$1.5PN$ 且 $\not<0.4$
球墨铸铁管	PN	压缩空气	$1.5PN$ 且 $\not<0.4$
钢骨架聚乙烯复合管	PN		$1.5PN$ 且 $\not<0.4$
聚乙烯管	PN(SDR11)		$1.5PN$ 且 $\not<0.4$
	PN(SDR17.6)		$1.5PN$ 且 $\not<0.4$

水压试验时,试验管段任何位置的管道环向应力不得大于管材标准屈服强度的 90%。架空管道采用水压试验前,应核算管道及其支撑结构的强度,必要时应临时加固。试压宜在环境温度 5 ℃ 以上进行,否则应采取防冻措施。

进行强度试验时,压力应逐步缓升,首先升至试验压力的 50%,应进行初检,如无泄漏、异常,继续升压至试验压力,然后宜稳压 1 h 后,观察压力计不应少于 30 min,无压力降为合格。

聚乙烯管道强度试验压力为管道设计压力的 1.5 倍。中压管道最低不得低于 0.30 MPa,低压管道最低不得低于 0.05 MPa。SDR11 的管材不得低于 0.40 MPa,SDR17.6 的管材最低不得低于 0.20 MPa。

强度试验时调压器不在试验范围之内,进出口阀应处于关闭状态。

强度试验结束后,应尽快冲洗去聚乙烯管道上的肥皂液。

经分段试压合格的管段相互连接的焊缝,经射线照相检验合格后,可不再进行强度试验。

(二)气密性试验

气密性试验应在强度试验合格、管线全线回填后进行。

当设计压力小于等于 5 kPa 时,气密性试验压力应为 20 kPa;当设计压力大于 5 kPa 时,气密性试验压力应为设计压力的 1.15 倍,但不小于 0.1 MPa。

试压时的升压速度不宜过快。对设计压力大于 0.8 MPa 的管道试压,压力缓慢上升至:30% 和 60% 试验压力时,应分别停止升压,稳压 30 min,并检查系统有无异常情况,如无异常情况继续升压。管内压力升至严密性试验压力后,待温度、压力稳定后开始记录。

严密性试验稳压的持续时间应为 24 h,每小时记录不应少于 1 次,当修正压力降小于 133 Pa 为合格。

修正压力降应按下式确定:

$$\Delta P'=(H_1+B_1)-(H_2+B_2)(273+t_1)/(273+t_2)$$

式中　$\Delta P'$——修正压力降(Pa);

H_1、H_2——试验开始和结束时的压力计读数(Pa);

B_1、B_2——试验开始和结束时的气压计读数(Pa);

t_1、t_2——试验开始和结束时的管内介质温度(℃)。

所有未参加严密性试验的设备、仪表、管件,应在严密性试验合格后进行复位,然后按设计压力对系统升压,应采用发泡剂检查设备、仪表、管件及其与管道的连接处,不漏为合格。

十、工程竣工验收

1. 工程竣工验收应以批准的设计文件、国家现行有关标准、施工承包合同、工程施工许可文件和CJJ33—2005为依据。

2. 工程竣工验收的基本条件应符合下列要求:

(1) 完成工程设计和合同约定的各项内容。

(2) 施工单位在工程完工后对工程质量自检合格,并提出《工程竣工报告》。

(3) 工程资料齐全。

(4) 有施工单位签署的工程质量保修书。

(5) 监理单位对施工单位的工程质量自检结果予以确认并提出《工程质量评估报告》。

(6) 工程施工中,工程质量检验合格,检验记录完整。

3. 竣工资料的收集、整理工作应与工程建设过程同步,工程完工后应及时做好整理和移交工作。整体工程竣工资料宜包括下列内容:

(1) 工程依据文件

1) 工程项目建议书、申请报告及审批文件、批准的设计任务书、初步设计、技术设计文件、施工图和其他建设文件;

2) 工程项目建设合同文件、招投标文件、设计变更通知单、工程量清单等;

3) 建设工程规划许可证、施工许可证、质量监督注册文件、报建审核书、报建图、竣工测量验收合格证、工程质量评估报告。

(2) 交工技术文件

1) 施工资质证书;

2) 图纸会审记录、技术交底记录、工程变更单(图)、施工组织设计等;

3) 开工报告、工程竣工报告、工程保修书等;

4) 重大质量事故分析、处理报告;

5) 材料、设备、仪表等的出厂的合格证明,材质书或检验报告;

6) 施工记录:隐蔽工程记录、焊接记录、管道吹扫记录、强度和严密性试验记录、阀门试验记录、电气仪表工程的安装调试记录等;

7) 竣工图纸:竣工图应反映隐蔽工程、实际安装定位、设计中未包含的项目、燃气管道与其他市政设施特殊处理的位置等。

(3) 检验合格记录

1) 测量记录;

2) 隐蔽工程验收记录;

3) 沟槽及回填合格记录;

4) 防腐绝缘合格记录;

5）焊接外观检查记录和无损探伤检查记录；

6）管道吹扫合格记录；

7）强度和严密性试验合格记录；

8）设备安装合格记录；

9）储配与调压各项工程的程序验收及整体验收合格记录；

10）电气、仪表安装测试合格记录；

11）在施工中受检的其他合格记录。

4. 工程竣工验收应由建设单位主持，可按下列程序进行：

（1）工程完工后，施工单位按本规范的要求完成验收准备工作后，向监理部门提出验收申请。

（2）监理部门对施工单位提交的《工程竣工报告》、竣工资料及其他材料进行初审，合格后提出《工程质量评估报告》，并向建设单位提出验收申请。

（3）建设单位组织勘察、设计、监理及施工单位对工程进行验收。

（4）验收合格后，各部门签署验收纪要。建设单位及时将竣工资料、文件归档，然后办理工程移交手续。

（5）验收不合格应提出书面意见和整改内容，签发整改通知限期完成。整改完成后重新验收。整改书面意见、整改内容和整改通知编入竣工资料文件中。

5. 工程验收应符合下列要求：

（1）审阅验收材料内容，应完整、准确、有效。

（2）按照设计、竣工图纸对工程进行现场检查。竣工图应真实、准确，路面标志符合要求。

（3）工程量符合合同的规定。

（4）设施和设备的安装符合设计的要求，无明显的外观质量缺陷，操作可靠，保养完善。

（5）对工程质量有争议、投诉和检验多次才合格的项目，应重点验收，必要时可开挖检验、复查。

模块六　防腐层的施工

第八章　防腐层的施工

一、防腐层涂料

涂料:是一种材料,可以用不同的施工工艺涂覆在物件表面,形成粘附牢固、具有一定强度、连续的固态薄膜。这样形成的膜通称涂膜,又称漆膜或涂层。涂膜早期大多以植物油为主要原料,故还被叫做"油漆",如熟桐油。

不论是传统的以天然物质为原料的涂料产品,还是现代发展中的以合成化工产品为原料的涂料产品,它们都属于有机化工高分子材料,所形成的涂膜属于高分子化合物类型。

（一）涂料的基本性能

涂料的基本性能应包括涂料本身的性能、涂料的施工性能和涂层的保护性能等三项内容。

1. 涂料本身的性能

涂料本身除应具要求的颜色、一定的粘度和细度,包装桶贮存中应无结皮现象外,还对一些性质有一定要求。

（1）触变性

触变性是指涂料在搅拌和振荡时呈流动状态,而静止后却成凝胶状的性质。

（2）挥发速度

涂料的各种稀释剂中所含的混合溶剂的挥发率应配比到适当的平衡点,才能结成良好的涂层。

（3）贮存稳定性

活化期:分装的双组分或多组分涂料,使用时按产品说明书的规定比例混合,在规定时间内使用完毕,这段时间称活化期。

2. 涂料的施工性能

（1）干燥时间:是指涂料从粘稠液体转化成固体时所需时间。

表干:手指轻触防腐层不粘手或虽发黏,但无漆粘在手指上。

实干:手指用力推防腐层不移动。

固化:手指甲用力刻防腐层不留痕迹。

（2）遮盖力:是指有色不透明的涂料均匀地涂在被涂物表面,遮盖被涂物表面底色的能力。

（3）重涂性：是指在规定时间内涂层与第二层之间结合力的好坏，重涂性好的涂层不会出现咬底、渗色或不干等缺陷。

（4）漆膜厚度：在施工涂刷时，要求控制涂层的适当厚度。例如，煤焦油环氧树脂涂料干膜的平均总厚度以 $100 \mu m$ 为好。

（5）附着力：指涂层与被涂物表面之间或涂层之间相互粘结的能力。

3. 涂层的保护性能

（1）耐候性：是指涂层能抵抗大气中各种破坏因素（太阳辐射、温度和湿度变化、水分和各种污染的侵蚀等）对其破坏的性能。

（2）防湿热性：耐潮气和饱和水蒸气对涂层的破坏作用。

（3）防盐雾性：涂层耐盐雾（氯化钠、氯化镁）腐蚀作用的性能称之为防盐雾性。

（4）防霉性：涂层耐霉菌破坏作用的性能称之为防霉性。

（5）化学稳定性：是指涂料保护钢铁金属不被腐蚀的性能。

（6）电绝缘性：防腐涂料应是绝缘体。

（二）涂料组成

成膜物质：涂刷后要求迅速形成固化膜层，一般为天然油脂、天然和合成树脂。

颜料：所用颜料除呈现颜色和产生遮盖力外，还可增强机械性质、耐久性和防蚀性等。

溶剂：主要用于降低涂料粘度，以符合施工工艺要求，又称作稀释剂。

助剂：用量较少，主要用于改善涂料储存性、施工性和漆膜的物理性质。

燃气管道和设备的防腐层在工艺上一般由底漆和面漆组成，底漆和面漆的组分含量各不相同。

底漆：是油漆系统的第一层，用于提高面漆的附着力、增加面漆的丰满度、提供抗碱性、提供防腐功能等，同时可以保证面漆的均匀吸收，使油漆系统发挥最佳效果。

面漆：是涂装的最终涂层，对所用材料有较高的要求，不仅要有很好的色度和亮度，更要求具有很好的耐污染，耐老化，防潮，防霉性好，还要有不污染环境、安全无毒、无火灾危险、施工方便、涂膜干燥快、保光保色好、透气性好等特点。

（三）涂料的分类

我国的涂料产品以成膜物质为基础进行分类，若主要成膜物质由两种以上的树脂混合组成，则按在成膜中起决定作用的一种树脂作为分类的依据，据此，我国目前涂料产品共有十八大类，其中燃气工程上常用的六大类。

表 8-1　常用涂料的名称和代号

成膜物质类别		底漆名称和型号		面漆名称和型号	
名　称	代　号	名　称	型　号	名　称	型　号
油　脂	Y	铁红油性防锈漆 红丹油性防锈漆	Y53-2 Y53-1	各色厚漆 各色油性调和漆	Y02-1 Y03-1

（续表）

成膜物质类别		底漆名称和型号		面漆名称和型号	
名　称	代　号	名　称	型　号	名　称	型　号
酚醛树脂	F	红丹酚醛防锈漆 铁红酚醛防锈漆	F53－1 F53－3	各色酚醛调和漆 各色酚醛磁漆	F03－1 F04－1
醇酸树脂	C	铁红醇酸底漆	C06－1	各色醇酸调和漆	C03－1
过氯乙烯树脂	G	锌黄、儿红过氯 乙镁底漆	G06－1	各色过氯乙烯 防腐漆	G52－1
环氧树脂	H	锌黄、铁红环氧 树脂底漆	H06－2	各色环氧 防腐漆	H52－3
沥　青	L			焦油沥青漆	L01－17

防锈漆是可保护金属表面免受大气、海水等的化学或电化学腐蚀的涂料，可分为物理性和化学性防锈漆两大类。前者靠颜料和漆料的适当配合，形成致密的漆膜以阻止腐蚀性物质的侵入，如铁红、铝粉、石墨防锈漆等；后者靠防锈颜料的化学抑锈作用，如红丹、锌黄防锈漆等用于桥梁、船舶、管道等金属的防锈。

1. 常用涂料类别

油脂涂料：油脂涂料是以聚合油、催干剂和颜料制成的涂料，可用于调制各色调和漆和防锈漆。油脂涂料干燥缓慢，涂层过厚易起皱。

酚醛树脂涂料：是涂料中使用较广泛的品种之一，又分为改性酚醛树脂涂料和纯酚醛树脂涂料。

醇酸树脂涂料：是以多元醇与多元酸和脂肪酸经酯化缩聚而成，并可与其他多种树脂拼制成多种多样的涂料品种，性能各异，具有良好的柔韧性、附着力和机械强度；耐久性和保光性也较好，且施工方便，价格便宜。

过氯乙烯树脂涂料：过氯乙烯树脂是聚氯乙烯进一步氯化而制得，可与多种涂料用树脂混溶而制成不同性能和使用要求的涂料。

环氧树脂涂料：涂料用的环氧树脂是由环氧氯丙烷和二酚基丙烷在碱作用下缩聚而成，是一种高分子化合物，又称双酚 A 型环氧树脂。呈粘稠状液体或坚硬固体，为线型结构，加入胺类、有机酸、酸酐或其他合成树脂后，经反应可交联固化成膜。

橡胶涂料：采用天然橡胶或合成橡胶及其衍生物制成的涂料，具有良好的防腐蚀特性。

沥青涂料：价格低，货源充足，具有良好的施工性能和保护性能。

（1）沥青的组分与结构

沥青是由多种极其复杂的碳氢化合物及其非金属（主要为氧、硫、氮）衍生物所组成的一种混合物。

油分、树脂和沥青质是沥青中的三大主要组分，还含有 2%～3% 的沥青碳和似碳物。

沥青一个重要性质是老化：沥青在热、阳光、空气和水等外界因素作用下，各个组分会不断递变。低分子化合物将逐步转变为高分子化合物，即油分和树脂逐渐减少，而沥青质逐渐增多，使流动性和塑性逐渐变小，硬脆性逐渐增大，直至脆裂。

（2）沥青的分类

目前常用石油沥青、煤沥青和改性煤沥青。

表 8-2 管道防腐石油沥青质量指标

项　目	质量指标	试验方法
针入度(25 ℃,100 g)/10^{-1} mm	5～20	GB/T 4509—1984
延度(25 ℃)/cm	≥1	GB/T 4508—1984
软化点(环球法)/℃	≥125	GB/T 4507—1984
溶解度(苯)/%	≥99	GB/T 11148—1989
闪点(开口)/℃	≥260	GB/T 267—1988
水分	痕迹	GB/T 260—1977
含蜡量/%	≤7	SY/T 0420—1977

二、钢材表面处理与涂料的施工

（一）防腐前钢材表面除锈质量等级标准

1. 钢材表面原始锈蚀等级

原始锈蚀程度决定了除锈所需的工作量、时间和费用。在做表面处理时,应考虑到钢表面上氧化皮、锈、孔蚀、旧涂层和污物的数量。根据钢材表面上氧化皮、锈和蚀坑的状态和数量不同划分不同的锈蚀等级。

目前我国 GBT8923.1—2011《涂覆涂料前钢材表面处理　表面清洁度的目视评定　第1部分:未涂覆过的钢材表面和全面清除原有涂层后的钢材表面的锈蚀等级和处理等级》将钢材表面原始锈蚀程度分成 A、B、C、D 四级。

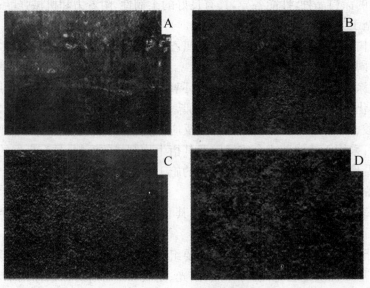

图 8-1 钢材表面原始锈蚀等级

A:大面积覆盖着氧化皮而几乎没有铁锈的钢材表面;

B:已发生锈蚀,并且氧化皮已经开始剥落的钢材表面;

C:氧化皮已经因锈蚀而剥落,或者可以刮除,并且在正常视力观察下可见轻微点蚀的钢材表面;

D:氧化皮已经因锈蚀而剥落,并且在正常视力观察下可见普遍发生点蚀的钢材表面。

2. 钢材表面除锈质量等级

(1) 喷射清理,Sa

对喷射清理的表面处理,用字母"Sa"表示。喷射清理等级描述见表8-3,喷射清理前,应铲除全部厚锈层(可见的油、脂和污物也应清除掉)。喷射清理后,应清除表面的浮灰和碎屑。

表8-3　喷射清理等级

Sa1　轻度的喷射清理	在不放大的情况下观察时,表面应无可见的油、脂和污物,并且没有附着不牢的氧化皮、铁锈、涂层和外来夹质(见《GB/T 8923.1—2011》3.1 中注 1)。见《GB/T 8923.1—2011》照片 BSa1,CSa1 和 DSa1
Sa2　彻底的喷射清理	在不放大的情况下观察时,表面应无可见的油、脂和污物,并且几乎没有氧化皮、铁锈、涂层和外来杂质。任何残留污染物应附着牢固(见《GB/T 8923.1—2011》3.1 中注 2)。见《GB/T 8923.1—2011》照片 BSa2,CSa2 和 DSa2
Sa2$\frac{1}{2}$　非常彻底的喷射清理	在不放大的情况下观察时,表面应无可见的油、脂和污物,并且没有氧化皮、铁锈、涂层和外来杂质。任何污染物的残留痕迹应仅呈现为点状或条纹状的轻微色斑。见《GB/T 8923.1—2011》照片 ASa2$\frac{1}{2}$、BSa2$\frac{1}{2}$、CSa2$\frac{1}{2}$和 DSa2$\frac{1}{2}$
Sa3　使钢材表观洁净的喷射清理	在不放大的情况下观察时,表面应无可见的油、脂和污物,并且应无氧化皮、铁锈、涂层和外层杂质。该表面应具有均匀的金属色泽。见《GB/T 8923.1—2011》照片 ASa3、BSa3、CSa3 和 DSa3

(2) 手工和动力工具清理,St

对手工和动力工具清理,例如刮、手工刷、机械刷和打磨等表面处理,用字母 St 表示。手工和动力工具清理等级描述见表8-4。

手工和动力工具清理前,应铲除全部厚锈层,可见的油、脂和污物也应清除掉。手工和动力工具清理后,应清除表面的浮灰和碎屑。

表8-4　手工和动力工具清理等级

St2　彻底的手工和动力工具清理	在不放大的情况下观察时,表面应无可见的油、脂和污物,并且没有附着不牢的氧化皮、铁锈、涂层和外来杂质(见《GB/T 8923.1—2011》3.1 中注 1)。见《GB/T 8923.1—2011》照片 BSt2、CSt2 和 DSt2
St3　非常彻底的手工和动力工具清理	同 St2,但表面处理应彻底得多,表面应具有金属底材的光泽。见《GB/T 8923.1—2011》照片 BSt3、CSt3 和 DSt3

(3) 火焰清理,F1

对火焰清理表面处理,用字母"Fl"表示。火焰清理描述:在不放大的情况下观察时,表面应无氧化皮、铁锈、涂层和外来杂质。任何残留的痕迹应仅为表面变色的阴影。

火焰清理前,应铲除全部厚锈层。火焰清理后,表面应用动力钢丝刷清理。

(二) 表面处理

为了获得优良的防腐工程质量,首先要使得涂层能坚固地粘附在被涂金属表面。这一方面取决于涂料本身的质量,另一方面取决于涂前的表面处理。

涂前清除被涂物表面上的所有污物,或用化学方法生成一层有利于提高涂层防腐蚀性的非金属转化膜的处理工艺统称为涂前表面处理。

各种因素对涂层寿命的影响:表面处理占 49.5%,其他因素占 26.5%,涂料本身的性能和质量仅占 24%。

1. 金属表面污物

金属表面污物主要有氧化皮、铁锈、焊渣、旧漆和油污,在涂刷防腐层以前一般要被清除。

(1) 氧化皮

氧化皮是在高温情况下金属发生化学氧化而产生的腐蚀产物,如果把涂料涂于带有氧化皮的铁件上,当受到机械作用或大气腐蚀作用后,漆膜早期凸裂破坏,氧化皮带漆一起剥落。

(2) 铁锈

铁锈的电位比铁高,会使铁进一步被腐蚀;由于铁锈的多孔性,吸水性并存在含水基因,铁锈与金属结合得不牢固,留在表面时能促使铁在膜下继续被腐蚀;腐蚀产物的体积大,膨胀引起漆膜开裂,进一步加速铁的腐蚀。

(3) 焊渣

焊渣是由金属的氧化物、无机盐类、氯化铵、氯化锌及松香等物质组成,能促使膜下的金属腐蚀,造成覆盖涂层的破坏。

(4) 油污

随着加工过程的不同,物体表面会沾上油污,在油库中更加明显,同时加工条件及环境的影响还会在物体上粘附灰尘。这污垢直接影响涂层的附着力、干燥性能及保护性能。

(5) 旧漆

影响涂层表面的防护性能。

2. 金属表面处理

为了满足涂料施工前的需要,确保防腐涂层的质量,必须在刷涂防腐层前除去金属表面的铁锈和其他污物。

表面处理目标是无锈斑、无粘附杂物、无酸碱残留物和水分,表面有一定的粗糙度。

(1) 手工除锈

一般使用刮刀、铲、锤、锉、钢丝刷、砂布或废砂轮片等简易手工工具在金属表面打磨(在易燃易爆的环境中除锈应使用铜质工具),直至露出金属光泽。

手工清除劳动强度大、效率低,质量差。

金属表面经手工除锈后,应用有机溶剂如汽油、丙酮、苯等将浮锈和油污洗净,方可涂刷防腐涂料。

(2) 机械清除

局部清除可采用风动或电动工具。

利用压缩空气或电力使除锈机械产生圆周或往复运动,当与被清除表面接触时,利用摩擦力或冲击力达到表面清除目的。例如风砂轮、风动钢丝刷、外壁除锈机和内壁除锈机等。

钢管和储气罐的大面积清除,大多采用喷(抛)射除锈。此法能使管子表面变得粗糙而均匀,增强防腐层对金属表面的附着力,能将钢管表面凹处的锈污除净,除锈速度快。此法在实际施工中应用广泛。

该法与表面化学处理相比,具有表面光洁度和粗糙度质量容易控制,无化学污染,可满足任意涂层要求等优点。

常用方法:敞开式干喷射、封闭式循环喷射、封闭式循环抛射。

① 敞开式干喷射:

用压缩空气通过喷嘴喷射清洁干燥的金属或非金属磨料。

方法:用压缩空气把干燥的石英砂通过喷枪嘴喷射到管子表面,靠砂子对钢管表面的撞击和摩擦去掉锈污。

喷砂用的压缩空气的压力为 $0.35\sim0.5\,\mathrm{MPa}$,采用 $1\sim4\,\mathrm{mm}$ 的石英砂或 $1.2\sim1.5\,\mathrm{mm}$ 的铁砂。

敞开式干喷射污染环境,劳动强度大,效率不高,故不多用。常用于钢板除锈。

图 8-2　金属储罐外壁喷砂除锈

② 封闭式循环喷射

采用封闭式循环磨料系统,用压缩空气通过喷嘴喷射金属或非金属磨料。

将几个喷嘴套在钢管上,外套封闭罩,钢管由机械带动管子自转并在喷嘴中缓慢移动。开动压缩空气机喷砂,钢管一边前进,一边除锈。如除锈不净,可倒车再除。用此法除锈效率较高,应用广泛,多为自制设备。

③ 封闭式循环抛射

用离心式叶轮抛射金属磨料与非金属磨料。

④ 喷(抛)射除锈用磨料

金属磨料常用的金属磨料有铸钢丸、铸铁丸、铸钢砂、铸铁砂和钢丝段等。

非金属磨料分为天然矿物磨料(如石英砂、燧石等)和人造矿物磨料(如溶渣、炉渣等)。天然矿物磨料使用前必须净化,清除其中的盐类和杂质,人造矿物磨料必须清洁干净,不含夹渣、砂子、碎石、有机物和其他杂质。

（3）化学清除

表面锈层可用酸洗方法清除。

将管子完全或不完全浸入盛有酸溶液的槽中，钢管表面的铁锈便和酸溶液发生化学反应，生成溶于水的盐类。然后，将管子取出，置于碱性溶液中中和。再用水把管子表面洗刷干净，并烘干，立即涂底漆。

（4）漆前磷化处理

磷化处理是将钢铁放入含有磷酸和可溶性磷酸盐的稀溶液中进行适当处理，在其表面生成一层非金属的、不可溶的、不导电的、附着性良好的多孔磷化膜。

涂料可以渗入到磷化膜孔隙中，从而显著提高涂层附着力。由于磷化膜为不良导体，从而抑制了金属表面微电池的形成，可以成倍地提高涂层的耐蚀性和耐水性。

磷化膜是公认最好的基底。

（三）涂料施工

1. 涂料选择原则

根据使用环境、被涂物材料性质、涂料的正确配套以及涂刷经济效益等选择涂料。

2. 涂漆方法

刷涂、喷涂、电泳。

三、埋地钢管防腐绝缘层的施工

由于腐蚀相对较轻，地面管道和管沟管道多采用涂料防腐蚀的方法。由于所处环境恶劣，腐蚀比较严重，埋地管道必须采用防腐绝缘层的方法。

埋地管道外腐蚀发生场合：

（1）地层构造不均匀的地带，如砂土、黏土、细沙、岩石和亚粘土等混合处；

（2）土壤电阻率较小的地带；

（3）盐、碱含量较高的地带；

（4）管道外防腐层破坏而又潮湿的地带。

国内外埋地管道防腐绝缘层的种类：石油沥青涂层、PE 涂层（二层 PE 和三层 PE）、聚乙烯防腐胶粘带、环氧煤沥青涂层、熔结环氧粉末涂层、煤焦油瓷漆防腐层。

（一）防腐等级与绝缘层的质量要求

防腐绝缘层质量的优劣主要取决于它的粘结力和耐老化性。要得到性能良好的覆盖层，除选用合适的材料外，还需选用先进的施工工艺。

1. 防腐层的质量要求

（1）有良好的电绝缘性：覆盖层的表面电阻不小于 $10\,000\ \Omega\cdot m^2$；耐击穿电压强度不得低于电火花检测仪检测的电压标准，即耐击穿电压不低于下式计算的数值。

当覆盖层厚度 $\delta > 1\ mm$ 时，

$$\mu = 7\,843\sqrt{\delta}$$

当覆盖层厚度 $\delta < 1\ mm$ 时，

$$\mu = 3\,294\sqrt{\delta}$$

式中　μ——覆盖层的耐击穿电压，V；

δ——覆盖层厚度,mm。

(2)强度和电阻率

覆盖层应具有一定的耐阴极剥离强度的能力,并能长期保持恒定的电阻率。

(3)足够的机械强度

有一定的抗冲击强度,防止搬运和土壤压力而造成损伤;有良好的抗弯曲性,以确保管道施工时受弯曲而不致损坏;有较好的耐磨性,以防止由于土壤摩擦而损伤;针入度达到足够的指标,以确保涂层可抵抗较集中的负荷;与管道有良好的粘结性。

(4)有良好的稳定性

耐空气老化性能好;化学稳定性好;耐水性好,吸水率小;有足够的耐热性,确保其在使用温度下不变形、不流淌、不加快老化速度;耐低温性能好,确保其在堆放、拉运和施工时不龟裂、不脱落。

(5)覆盖层的破损要易于修补

选择覆盖层类型时,既要考虑覆盖层本身的性质,也要考虑使用的环境与投资的效益回报。

例如选择某种覆盖层时,不仅要考虑被涂物的使用条件与选用的覆盖层适应范围的一致性,考虑被涂物表面的材料性质与施工条件的可能性,还要考虑选择该覆盖层的经济效果与覆盖层产品的正确配套。

(6)抗微生物性能好

2. 防腐等级与绝缘层的质量要求

埋地管道防腐层的种类主要有石油沥青、单(双)层环氧粉末涂层、3层PE以及聚乙烯胶粘带等。

埋地管道的外防腐绝缘层分为普通、加强和特加强三级,应根据土壤的腐蚀性和环境因素确定。

在确定涂层种类和等级时,应考虑阴极保护的因素。

站场内埋地管道以及穿越铁路、公路、江河、湖泊的管道均应采用特加强级防腐。

(二)石油沥青防腐层

1. 材料

(1)石油沥青

可采用5♯(10♯)及4♯(30♯甲)建筑石油沥青,其质量指标应符合现行国家标准《建筑石油沥青》的有关规定。石油沥青不应夹有泥土、杂草、碎石及其他杂物。

(2)沥青底漆

沥青底漆配合比为:沥青:汽油=1:2.5~3.5

沥青底漆相对密度(25℃)为0.82~0.77。

配制底漆应使用与防腐涂层相同牌号的沥青,汽油为工业汽油。

(3)中碱玻璃布性能及规格应符合表8-5的要求

表 8-5　中碱玻璃布性能及规格

项目	含碱量(%)	原纱号数×股数(公制支数/股数)		单纤维公称直径(mm)		厚度(mm)	密度(根/cm)		布边	长度(m)	组织
		经纱	纬纱	经纱	纬纱		经纱	纬纱			
性能规格	不大于12	22×8(45.4/8)	22×2(45.4/2)	7.5	7.5	0.100±0.010	8±1(9±1)	8±1(12±1)	两边均为独边	200~250(带轴芯φ40×3 mm)	网状平纹布

（4）外保护层

可用牛皮纸或聚氯乙烯工业膜。

聚氯乙烯工业膜不得有局部断裂、起皱和破洞，边缘应整齐，幅宽宜与玻璃布相同。其性能指标应符合表 8-6 的规定。

表 8-6　聚氯乙烯工业膜性能指标

项　目	性能指标	试验方法
拉伸强度(纵、横)	≥14.7 MPa	GB 1040—70
断裂伸长率(纵、横)	≥200%	GB 1040—70
耐寒性	−30 ℃	SYJ 8—84 附录 8
耐热性	70 ℃	SYJ 8—84 附录 7
厚度	0.2±0.03 mm	千分尺
长度	200~250 m	
	(带试轴,φ40×3)	

注:耐热试验要求　101±1 ℃,7 d 伸长率保留 75%

2. 石油沥青涂层施工要求

（1）涂层等级及结构应符合表 8-7 的要求

表 8-7　石油沥青涂层等级及结构

等　级	结　构	每层沥青厚度(mm)	总厚度(mm)
普通防腐	沥青底漆—沥青—玻璃布—沥青—玻璃布—沥青—外保护层　聚乙烯工业膜	≈1.5 三油三布	≥4.0
加油防腐	沥青底漆—沥青—玻璃布—沥青—玻璃布—沥青—玻璃布—沥青—外保护层	≈1.5 四油四布	≥5.5
特加强防腐	沥青底漆—沥青—玻璃布—沥青—玻璃布—沥青—玻璃布—沥青—玻璃布—沥青—外保护层	≈1.5 五油五布	≥7.0

（2）埋地钢质管道石油沥青防腐层技术标准 Y/T 0420—1997 相关要求如下

4.0.1　钢管在防腐前表面预处理应符合下列要求：

1　清除钢管表面的焊渣、毛刺、油脂和污垢等附着物；

2　预热钢管，预热温度为 40～60 ℃；

3　采用喷（抛）射或机械除锈，其质量应达到《涂装前钢材表面锈蚀等级和除锈等级》GB/T 8923 中规定的 Sa2 级或 St3 级的要求；

4　表面预处理后，对钢管表面显露出来的缺陷应进行处理，附着在钢管表面的灰尘、磨料清除干净，并防止涂敷前钢管表面受潮、生锈或二次污染。

4.0.2　熬制沥青应符合下列要求：

1　熬制前，宜将沥青破碎成粒径为 100～200 mm 的块状，并清除纸屑、泥土及其他杂物。

2　石油沥青的熬制可采用沥青锅熔化沥青或采用导热油间接熔化沥青两种方法。熬制开始时应缓慢加温，熬制温度宜控制在 230 ℃左右，最高加热温度不得超过 250 ℃，熬制中应经常搅拌，并清除石油沥青表面上的漂浮物。石油沥青的熬制时间宜控制在 4～5 h，确保脱水完全。

3　熬制好的石油沥青应逐锅（连续熬制石油沥青时应按班批）进行针入度、延度、软化点三项指标的检验，检验结果应符合本标准的规定。

4.0.3　涂刷底漆应符合下列要求：

1　底漆用的石油沥青应与面漆用的石油沥青标号相同，严禁用含铅汽油调制底漆，调制底漆用的汽油应沉淀脱水，底漆配制时石油沥青与汽油的体积比（汽油相对密度为 0.80～0.82）应为 1∶（2～3）；

2　涂刷底漆前钢管表面应干燥无尘；

3　底漆应涂刷均匀，不得漏涂，不得有凝块和流痕等缺陷，厚度应为 0.1～0.2 mm。

4.0.4　浇涂石油沥青和包覆玻璃布应符合下列要求：

1　常温下涂刷底漆与浇涂石油沥青的时间间隔不应超过 24 h；

2　浇涂石油沥青温度以 200～230 ℃为宜。

3　浇涂石油沥青后，应立即缠绕玻璃布。玻璃布必须干燥、清洁。缠绕时应紧密无褶皱，压边应均匀，压边宽度应为 20～30 mm，玻璃布接头的搭接长度应为 100～150 mm。玻璃布的石油沥青浸透率应达到 95％以上，严禁出现大于 50 mm×50 mm 的空白。管子两端应按管径大小预留出一段不涂石油沥青，管端预留段的长度应为 150～200 mm，钢管两端防腐层应做成缓坡型接茬。

4.0.5　所选用的聚氯乙烯工业膜应适应缠绕时的管体温度，并经现场试包扎合格后方可使用；外保护层包扎应松紧适宜，无破损，无皱褶、脱壳。压边应均匀，压边宽度应为 20～30 mm，搭接长度应为 100～150 mm。

4.0.6　除采取特别措施外，严禁在雨、雪、雾及大风天气下进行露天防腐作业。

4.0.7　当环境温度低于－15 ℃或相对湿度大于 85％时，在未采取可靠措施的情况下，不得进行钢管的防腐作业。

4.0.8　当环境温度低于 5 ℃时，应按《石油沥青脆点测定法》GB/T 4510 的规定测定石油沥青的脆化温度。当环境温度接近脆化温度时，不得进行防腐管的吊装、搬运作业。

3. 防腐绝缘层的质量检查

(1) 外观

用目视逐根逐层检查,表面应平整,无气泡、麻面、皱纹、瘤子、破损、裂纹、剥离等缺陷。

(2) 厚度

按设计防腐等级要求,总厚度应符合规定。

检查时,每 20 根抽查 1 根,每根测 3 个截面,每个截面应测上、下、左、右 4 点,并以薄点为准。若不合格,再抽查 2 根,其中 1 根仍不合格时,判定全部为不合格。

(3) 粘附力

采用剥离法,在测量截面圆周上取一点进行测量。

在防腐层上切一夹角为 45°～60° 的切口,从角尖端撕开涂层,撕开面积为 30～50 cm^2。涂层应不易撕开,撕开后粘附在钢管表面上的第一层沥青占撕开面积的 100%,为合格。

按上述方法每 20 根抽查 1 根,每根测 1 点。若不合格,再抽查 2 根,其中 1 根还不合格时,判定全部为不合格。

(4) 连续完整性

用电火花检漏仪进行检测,以不打火花为合格。

防腐钢管运至现场,在下沟前应进行全方位检查。

回填土前,对施工好的管道防腐层再进行一次检查。

4. 防腐管的储存与搬运

(1) 储存

经检查合格的防腐管应按不同的防腐等级分别码放整齐,堆放层数以防腐层不被压坏为准。防腐管底部应垫上软物,以免损坏防腐层。

(2) 装车与运送

装车时,使用宽尼龙带或其他专用吊具,保护防腐层结构及管口。严禁摔、碰、撬等有损于防腐层的操作方法。

每层钢管间及钢管与车厢之间应垫放软垫。捆绑时,应用外套胶管的钢丝绳,钢丝绳与防腐管间应垫软垫。

(3) 卸管

采用专用吊具,轻吊轻放,禁止碰撞。应沿管沟摆开,避免二次搬运。严禁用损坏防腐层的撬杠撬动及滚滑的方法卸车。

5. 补口与补伤

管道对接焊缝经外观检查、无损检测合格后,应进行补口。

补口前应将补口处的泥土、油污、冰霜以及焊缝处的焊渣、毛刺等清除干净,除锈质量应达到 GB/T 8923 规定的 Sa2 或 St3 级。

应使用与管本体相同的防腐材料及防腐等级、结构进行补口。当相邻两管为不同防腐等级时,以最高防腐等级为准,但设计对补口有特殊要求者除外。

补伤所用材料及补伤处的防腐等级、结构与管本体防腐等级、结构应相同。

补伤时,应先将补伤处的泥土、污物、冰霜等对补伤质量有影响的附着物清除干净,用喷灯将伤口周围加热,使沥青熔化,分层涂石油沥青和贴玻璃布,最后贴外保护层,玻璃布之间、外包保护层之间的搭接宽度应大于 50 mm。当损伤面积小于 100 mm^2 时,可直接用石油沥青修补。

石油沥青涂层在我国埋地管道应用最早,20 世纪 90 年代以前国内建设的管线几乎均采用石油沥青涂层,由于因其较为经济,目前仍在部分长输管道和城市燃气管道上应用。它有一定的防腐性能,取材容易,价格较低,施工简单。

石油沥青涂层具有吸水率高、易老化、抗土壤应力能力低、耐热性差、易遭抗细菌破坏与植物根系穿透等缺点。

(三) 聚乙烯(PE)防腐层

1. 单层熔结环氧粉末

(1) 性能

熔结环氧粉末防腐涂层最早于 1961 年由美国开发成功并应用于管道防腐工程,之后在许多国家得到进一步的开发和应用。由于熔结环氧粉末防腐涂层与钢管表面粘结力强、耐化学介质侵蚀性能、耐温性能等都比较好,抗腐蚀性、耐阴极剥离性、耐老化性、耐土壤应力等性能也很好,使用温度范围宽(普通熔结环氧粉末为 $-30\sim100\ ℃$,成为国内外管道内外防腐涂层技术的主要体系之一。但由于涂层较薄($0.3\sim0.5\ mm$),抗尖锐物冲击力较差,易被冲击损坏,不适合于石方段,适合于大部分土壤环境和定向钻穿越的黏质土壤。

(2) 结构

熔结环氧粉末涂层简称 FBE,其外涂层为一次成膜的结构。

(3) 涂敷

涂敷时钢管外表面喷(抛)射除锈等级应达到 GB/T 8923 中规定的 Sa2 $\frac{1}{2}$ 级,钢管表面的锚纹深度应在 $40\sim100\ \mu m$ 范围内,并应监测环氧粉末涂敷之前瞬间的钢管外表面的温度,并把温度控制在粉末生产商的推荐范围内,但最高不得超过 275 ℃。

(4) 修补

在 FBE 管道上发现缺陷时,应先清除掉缺陷部位的所有锈斑、鳞屑、裂纹、污垢和其他杂质及松脱的涂层,将缺陷部位打磨成粗糙面,用干燥的布或刷子将灰尘清除干净,用双组分液体环氧树脂涂料进行局部修补。

2. 三层 PE 防腐层

结构:第一层(底层):粉末层;第二层(中间层):粘胶层;第三层(防护层):聚乙烯层。

第一层(底层):粉末层——熔结环氧(FBE)

以粉末形态进行喷涂并熔融成膜。厚度一般为 $60\sim100\ \mu m$。这种热固性粉末涂料无溶剂污染,固化迅速,具有极好的粘结性能。

第二层(中间层):粘胶层——聚烯烃共聚物

胶粘剂的作用是连接底层与外防护层,厚度为 $200\sim400\ \mu m$。三层 PE 中的胶粘剂具有粘结性强、吸水率高、抗阴极剥离的优点。

第三层(防护层):聚乙烯层

低密度聚乙烯、高/中密度聚乙烯。一般厚度为 $1.8\sim3.7\ mm$,或视工程的特殊要求增加厚度。

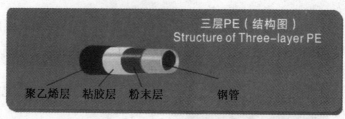

图 8-3 三层 PE 防腐层

三层 PE 第一层为环氧涂料,第二层为胶粘剂,第三层为挤出聚乙烯,各层之间相互紧密粘接,形成一种复合结构。它利用环氧粉末与钢管表面很强的粘结力而提高粘结性;利用挤出聚乙烯优良的机械强度、化学稳定性、绝缘性、抗植物根茎穿透性、抗水浸透性等来提高其整体性能,使得三层 PE 防腐涂层的整体性能表现更为突出,更为全面,适用于对覆盖层机械性能、耐土壤应力及阻水性能要求较高的苛刻环境,如碎石土壤、石方段、土壤含水量高、植物根系发达地区。

两层 PE 防腐层:管道二层 PE 防腐结构,第一层胶粘剂,第二层聚乙烯(PE),二种材料融为一体,各层厚度与三层 PE 相同。

3. PE 防腐层加工工艺流程

钢管表面的预处理→加热钢管→静电熔结环氧层→涂敷粘结剂→包覆聚乙烯层→循环水冷淋→管端处理及保护

(1)钢管表面的预处理

清除钢管表面油污和杂质,然后采用喷(抛)进行表面除锈处理。除锈处理时先预热管子至 $40\ ℃\sim60\ ℃$,除锈质量达 Sa2 $\frac{1}{2}$ 级。预处理后要检查管子表面有无缺陷并清理焊渣与毛刺等,将表面清扫干净。

为防止在涂敷前生锈及二次污染,预处理过的管子要在 4h 内涂敷。

(2)加热钢管

用无污染热源(如感应加热)对钢管加热至合适的涂敷温度。

(3)采用静电熔结环氧层

(4)涂敷粘结剂

胶粘剂的涂敷必须在环氧粉末胶化过程中进行。

(5)包覆聚乙烯层

采用纵向挤出或侧向缠绕工艺,直径大于 500 mm 的管子用侧向缠绕法。在侧向缠绕时采用耐热硅橡胶辊碾压搭接部分的聚乙烯及焊缝两侧的聚乙烯,以保证粘结密实。

采用纵向挤出工艺时,焊缝两侧不应出现空洞。

（6）用循环水冷淋

PE层包覆后用水冷却,使钢管温度不高于60℃。注意从涂敷环氧粉末开始至防腐层开始冷却这段时间内,应确保熔结环氧粉末固化完全。

（7）管端处理及保护

防腐层涂敷完毕,应除去管端部的PE层,管端预留长度100～150 mm,且聚乙烯端面应形成小于或等于30°的倒角。对裸露段的钢管表面涂刷防锈可焊涂料。

4. PE防腐层的质量检验

做外观检查时,聚乙烯层表面应平滑,无暗泡、无麻点、无皱折、无裂纹,色泽应均匀。

电绝缘性检查时,采用电火花检漏仪检查,检漏电压为25 kV,无漏点为合格。单管有两个或两个以下漏点时,可进行修补;单管有两个以上漏点或单个漏点沿轴向尺寸大于300 mm时,该管为不合格。

检查内容还应包括厚度检查、粘接力检查、一次阴极剥离性能检验、拉伸强度和断裂伸长度。

表8-8　聚乙烯防腐层的厚度

钢管直径 DN mm	环氧涂料涂层 μm	胶粘剂层,μm 三层	防腐层最小厚度,mm 普通型	加强型
DN≤100	60～80	170～250	1.8	2.5
100＜DN≤250			2.0	2.7
250＜DN＜500			2.2	2.9
500≤DN＜800			2.5	3.2
DN≥800			3.0	3.7

要求防腐层机械强度高的地区规定使用加强级,一般情况用普通级。

5. PE防腐层的补口和补伤

在管子对口焊接后,经外观检查、无损探伤和试漏合格后应进行补口和补伤作业（补伤:施工过程中防腐层出现的疤痕、裂缝、瑕疵和针孔需要进行修补）,所用的补口和补伤材料及施工方法应符合标准SY/T 4013—2002的规定。

热收缩套（带）、环氧树脂/辐射交联聚乙烯热收缩套（带）复合结构、聚乙烯冷缠胶带等都是较理想的补口和补伤材料。

在3PE管道上发现缺陷时,对小于或等于30 mm的损伤,宜采用辐射交联聚乙烯补伤片修补。修补时,先除去损伤部位的污物,并将该处的聚乙烯层打毛,然后将损伤部位的聚乙烯层修切成圆形,边缘应倒成钝角,在孔内填满与补伤片配套的胶粘剂,然后贴上补伤片,补伤片的大小应保证其边缘距聚乙烯层的孔洞边缘不小于100 mm。贴补时,应边加热边用辊子滚压或戴耐热手套用手挤压,排出空气,直至补伤片四周胶粘剂均匀溢出。

对大于30 mm的损伤,先除去损伤部位的污物,将该处的聚乙烯层打毛,并将损伤处的聚乙烯层修切成圆形,边缘应倒成钝角,在孔洞部位填满与补伤片配套的胶粘剂,贴上补伤片。最后,在修补处包覆一条热收缩带,包覆宽度应比补伤片的两边至少各大 50 mm。

补伤时也可以先清理表面,然后用双组分液态环氧涂料防腐,干膜厚度与主体管道相同,然后贴上补伤片或再加热收缩带。

6. 热收缩套(带)

全称:辐射交联聚乙烯热收缩带(套)

聚乙烯片材(管材)经辐射交联及与热熔胶热合等处理工艺后,在一定温度下(一般为 55~60 ℃)能够产生定向收缩(周向收缩率可达 50% 以上)的防腐绝缘材料。

(1) 热收缩套(带)常用种类

热收缩套(圆套)

热收缩套(活套)

热收缩套(圆套)

热收缩带

图 8‐4 热收缩套(带)

(2) 热收缩套(带)防腐原理

热收缩套(带)在加热安装时,聚乙烯基材在径向收缩的同时,内部复合胶层熔化,紧紧地包覆在补口处,与基材一起在管道外表面形成一个牢固的防腐体,具有优异的耐磨损、耐腐蚀、抗冲击及良好的抗紫外线和光老化性能。

(3) 热收缩套(带)用途

热收缩套(带)用于埋地或架空钢质管道的补口、补伤,管道大小头、法兰连接部位、弯头、三通等不规则部位的缠绕防腐及保温管道的防腐保温补口。

(4) 钢制管道防腐补口热缩圆套施工流程

准备施工用具:配有专用喷嘴的丙烷喷枪或液化石油气喷枪、铲刀、剪刀、钢丝刷或研磨机,棉纱等。

装入热缩圆套:在钢管焊接前先将与钢管尺寸相适应型号的热缩圆套套入钢管一侧,推至对焊接作业没有妨碍处为止(通常离焊缝一米左右),必须注意先不要取下用于包装的塑料膜、防粘纸,以防污染物进入热缩圆套内。

钢管表面处理:用钢丝刷或研磨机将焊缝的凸出部分、焊渣等打磨光滑,除去待防腐段锈层,用棉纱擦拭干净,做到表面无水、无油污等残留杂质。

预热钢管和涂环氧底漆：使用配有专用喷嘴的丙烷喷枪或液化石油气喷枪将钢管待防腐段预热至 60±5 ℃，用棉纱擦去表面烟尘。

将预先按配比称量好的无溶剂环氧组分 A 与 B 搅拌均匀，用刷子在钢管表面快速均匀的涂刷 180 μm 厚的漆膜，以火焰迅速烤一遍消除可能有的气泡，大约 15 分钟后漆膜表面基本固化。

（5）热缩圆套加热施工流程

除去热缩圆套上的塑料保护薄膜，将其移至焊口位置，两端与钢管防腐层的搭接应不小于 100 mm，并用木楔等物支撑热缩圆套，使其与管道位于同心位置。

从中间开始，沿热缩圆套中部圆周用喷枪均匀加热，确保不要局部过热。

用喷枪向一端逐步均匀的加热，使其收缩平展、排除空气、接合严密、防止出现气泡和褶皱。一端收缩完毕，再向另一端加热。

热缩圆套收缩大体完成后，再用微火全面、均匀的加热。施工完毕后热缩套表面平整，端部有热熔胶溢出。

（6）热缩活套补口施工流程

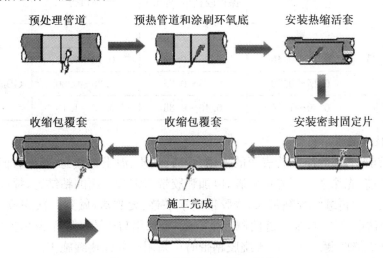

图 8-5　热缩活套补口施工流程

（7）热缩带

在施工时，首先将管道预热，用机械或手工缠绕在处理过的管道上，保证搭接宽度不小

图 8-6　热缩带

于 25 mm,热收缩带与聚乙烯层搭接宽度应不小于 100 mm,采用固定片固定,周向搭接宽度应不小于 80 mm。均匀加热带材,带材在径向方向均匀收缩,同时热熔胶熔化,填充和包覆在管道上,形成牢固连续的管道外防腐层。

7. 聚乙烯防腐层的特点

PE 防腐层既具有环氧树脂与钢管表面的强粘结性和极好的耐阴极剥离性能,又具有 PE 的优良机械性能与抗冲击性。此外,该防腐层还具有高的绝缘电阻值(大于 $108\ \Omega\cdot m^2$)。

但对管道表面的处理要求很高,通常需要进行喷丸处理,表面处理不彻底会影响涂层的抗阴极剥离及防水渗透的能力,同时在钢管焊缝尤其是螺旋焊缝凸起部位,涂层包覆厚度通常不够(特别是采用纵向挤出工艺生产的 PE 防腐层)。

(四)聚乙烯胶粘带防腐绝缘层

聚乙烯胶粘带按用途可分为防腐胶粘带(内带)、保护胶粘带(外带)和补口带三种。

表 8-9　聚乙烯胶粘带性能

项目名称		防腐胶粘带 (内带)	保护胶粘带(外带)	补口带	测试方法
颜　色		黑	—	—	目　测
厚度① (mm)	基　麟	0.15～0.40	0.25～0.60	0.10～0.30	GB/T 6672—1986
	胶　层	0.15～0.70	0.15～0.25	0.20～0.80	
	胶带	0.30～1.10	0.40～0.85	0.30～1.10	

1. 施工技术要求

涂刷底胶前,必须除净钢管表面的铁锈、焊渣、油质、泥土等杂物,确保管面干净、干燥。

缠绕胶带前,先涂上一层专用底胶,以加强胶带与钢管表面的粘结力,提高防腐效果。

待底漆表干后再缠绕胶粘带,缠绕胶带要求平整、无皱褶,做到一次完成。搭边宽度为 25 mm。在胶粘带缠绕时,如焊缝两侧产生空隙,可采用与底漆及胶粘带相容性较好的填料带或腻子填充焊缝两侧。在工厂缠绕胶粘带时可采用冷缠或热缠施工。

为了防止施工过程中损伤胶带绝缘层,可外包一层保护层,材料可用聚氯乙烯胶带、牛皮纸胶带等。

2. SYT0414—2007 相关要求

5　防腐层的施工

5.1　防腐层施工环境

5.1.1　防腐层施工应在胶粘带制造商提供的说明书推荐的环境条件下进行,施工时的温度应高于露点温度 3 ℃以上。在风沙较大、雨雪天气时,没有可靠的防护措施,不应进行现场施工。

5.2　钢管表面预处理

5.2.1　钢管表面除锈前,应清除钢管表面的焊渣、毛刺,并用适当的方法将附着在钢管外表面的油、油脂及任何其他杂质清除干净。

5.2.2　钢管表面除锈宜采用喷(抛)射除锈方式。受现场施工条件限制时,经设计选定,可采用动力工具除锈方法。采用喷(抛)射除锈时,除锈等级应达到《涂装前钢材表面锈蚀等级和除锈等级》GB/T8923 规定的 Sa2.5 级;采用电动工具除锈方法时,除锈等级达到 St3 级。

5.2.3 除锈后,对可能刺伤防腐层的尖锐部分应进行打磨。并将附着在金属表面的磨料和灰尘清除干净。

5.2.4 钢管表面预处理后至涂底漆前的时间间隔宜控制在 4 h 内,期间应防止钢管表面受潮和污染。涂底漆前,如出现返锈或表面污染时,必须重新进行表面预处理。

5.3 底漆涂敷

5.3.1 使用前,底漆应充分搅拌均匀。

5.3.2 按照制造商提供的底漆说明书的要求涂刷底漆。底漆应涂刷均匀,不得有漏涂、凝块和流挂等缺陷。

5.3.3 待底漆表干后再缠绕胶粘带,期间应防止表面污染。

5.4 胶粘带缠绕

5.4.1 胶粘带的解卷温度应满足胶粘带制造商规定的温度。宜使用专用缠绕机或手动缠绕机进行缠绕施工。在缠绕胶粘带时,如焊缝两侧可能产生空隙,应采用胶粘带制造商配套供应的填充材料填充焊缝两侧。螺旋焊缝管缠绕胶粘带时,胶粘带缠绕方向应与焊缝方向一致。

5.4.2 按照预先选定的工艺,在涂好底漆的钢管上按照搭接要求缠绕胶粘带,胶粘带始末端搭接长度应不小于 1/4 管子周长,且不少于 100 mm。两次缠绕搭接缝应相互错开。搭接宽度遵照设计规定,但不应低于 25 mm。缠绕时胶粘带搭接缝应平行,不得扭曲皱褶,带端应压贴,使其不翘起。

6 补伤及补口

6.1 修补时先修整损伤部位,并清理干净,涂上底漆。

6.2 使用与管体相同的胶粘带修补时,宜采用缠绕法;也可使用专用胶粘带采用贴补法修补。缠绕和贴补宽度应超出损伤边缘至少 50 mm。

6.3 使用与管体相同的胶粘带进行补伤时,防腐层结构、等级应与管体相同;采用专用补伤带时,其防腐层性能应不低于管体防腐层。

6.4 补口施工应根据设计选定的防腐层结构,按照本标准第 5 章的规定进行施工。补口带与原防腐层搭接宽度应不小于 100 mm。补口处防腐等级应不低于管体防腐层。

3. 质量检查

(1)外观检查、厚度检查同 PE 防腐层。

(2)电绝缘性检查

当 $T_c < 1$ mm 时:

$$V = 3\,294\,\sqrt{T_c}$$

当 $T_c \geqslant 1$ mm 时:

$$V = 7\,843\,\sqrt{T_c}$$

式中:V——检漏电压(V);

T_c——防腐层厚度(mm)。

(3)粘接力检查同 PE 防腐层。

4. 补口补伤

(1) 补口

补口时,应除去管端防腐层的松散部分,除去焊缝区的焊瘤、毛刺和其他污物,补口处应保持干燥。表面预处理质量应达到 GB/T8923—1988 中规定的 St3 级。

补口时应使用补口带,补口层与原防腐层搭接宽度应不小于 100 mm。

补口胶粘带的宽度宜采用下表规定的规格。

表 8‐10 管径与补口胶粘带宽度配合表

公称管径(mm)	补口胶粘带宽度(mm)	公称管径(mm)	补口胶粘带宽度(mm)
20~40	50	250~950	200
50~100	100	1 000~1 500	230
150~200	150		

(2) 补伤

修补时应修整损伤部位,清理干净,涂上底漆。

使用与管本体相同的胶粘带或补口带时,应采用缠绕法修补。缠绕和贴补宽度应超出损伤边缘 50 mm 以上。

使用与管本体相同胶粘带进行补伤时,补伤处的防腐层等级、结构与管本体相同。使用补口带或专用胶粘带补伤时,补伤处的防腐层性能应不低于管本体。

PE 胶带有很高的电阻值及抗杂散电流的能力,具有较好的绝缘防腐性能、施工方便、无污染、价格较低等优点。但 PE 胶带施工要求高,抗冲击性差,抗土壤挤压应力的能力低,粘合剂层易硬化,并可能完全失去与金属的粘结力。

我国有部分集气管道和部分城市的燃气管道采用了该类涂层,从检测结果分析,效果并不十分理想。

四、案例——埋地燃气钢管的腐蚀现状及原因分析

(一) 腐蚀现状调查

案例 1——环氧煤沥青:

某市燃气总公司于 2000 年 3 月起对市中心区 1986 年敷设的埋地燃气管道腐蚀和土壤腐蚀情况进行选点,拆换旧管道取样分析发现:

① 施工防腐蚀除锈未达到 St3 手工级要求,在近年来已发生漏气的管道中,因除锈不严格而造成腐蚀穿孔漏气的占 27.1%。最为典型的是集水井底部未经处理就直接在上面包缠煤沥青、玻璃布。

② 防腐层厚度不够,未达到石油沥青防腐蚀绝缘涂层厚度普通级≥4.0 mm、加强级≥5.5 mm、特加强级≥7.0 mm 的要求。调查发现防腐层厚度未达到要求,占管道腐蚀漏气的17.2%。

③ 焊口防腐蚀处理不严格,焊渣未清理、未等焊口冷却就直接在焊口上涂环氧煤沥青漆防腐蚀,未达到管道焊口防腐蚀的目的。分析发现焊口腐蚀漏气占腐蚀漏气的 52.76%。

④ 管沟回填未按设计要求进行施工,设计要求换土的未按要求换土,直接用原腐殖土、

建筑垃圾、坚石回填,有的甚至埋设在生活垃圾土内,造成此类腐蚀漏气占调查分析总数的29.6%。

⑤ 管道内壁腐蚀,通过取样36组腐蚀漏气进行分析发现,管道内壁坑蚀,主要集中在三通、弯头、集水井以及管件镶接部位。发生在管壁坑蚀漏气的7起,占取样数的19.4%;焊口19起,占取样数的52.8%;管件、集水井坑蚀漏气10起,占取样数的27.8%。

案例2——防腐胶粘带:

某市1999年抽样调查共选取45个点,其中开挖探坑38个,取土样32个,主要分布在市区以南的沿海或填海区域(腐蚀事故多发区)和市区以北的发展中区域,所开挖探坑中已埋管的30个,规划中将要埋管的8个。通过开挖探察,管道防腐存在的问题主要有以下几类:

(1) 管道表面除锈不彻底,未达到St3级手工除锈要求。有7个点出现此类问题,占已埋管探坑的23.33%,典型的是未做任何处理,钢管和凝液缸表面泥沙及铁锈还在,就在其上包缠了防腐胶带。

(2) 防腐层总厚度小于1 mm,未达到SY4014标准中聚乙烯胶带加强级防腐层厚度要求(普通级0.7 mm,加强级1 mm,特加强级1.4 mm)。有8个点存在此类问题,占已埋管探坑的26.67%。

(3) 防腐胶带层间粘结不牢,出现起泡、分层、渗水等现象。共有8个点存在此类问题,占已埋管探坑的26.67%。

(4) 防腐胶带与管道表面(主要在焊口、弯头、三通、法兰、凝液缸等处)附着差,达不到SY4014标准中8 N/cm的附着力要求。有7个点存在此类问题,其中两点基本不附着,占探坑的23.33%。

(5) 管沟未按要求先用干河砂回填,而直接用原土及建筑垃圾回填。共有16点存在此类问题,占已埋管探坑53.33%。

(6) 牛油胶布外层防腐胶带严重老化变脆,无任何韧性,强度很低。有2个点出现此类问题,占该类材料探坑(共3个)的66.67%。

(7) 胶带底漆严重老化成粉,几乎无任何粘结力。有3个点存在此问题,占已埋管探坑的10%。

(8) 已安装牺牲阳极的管道,其保护电位大部分未达到SY/T0019—97《埋地钢质管道牺牲阳极阴极保护设计规范》要求的-0.85 V,共测试了5个区域12个点,其中3个区域共9个点未达到要求。

(二)原因分析

1. 直接原因

(1) 防腐材料的原因

与以前使用的二油两布相比,目前大量使用的冷缠胶带材料具有施工速度快、工艺简单和无现场湿作业等优点。但也有其明显的缺点,即带基材料较硬和胶层较薄且不固化,现场缠好后放置时间稍长易有卷边现象,胶带不易平伏,附着差,层与层之间易产生缝隙,遇有腐蚀性地下水浸泡时,水分沿层间缝隙渗入到钢管表面,从而产生腐蚀现象。

(2) 施工过程的原因

① 除锈不彻底。第一,除锈管道施工进行手工除锈未达到St3级标准,严重出现在表

面凹凸不平处、管道煨制出现的褶皱、焊口、法兰等管件安装位置;第二,管道表面的浮锈未擦干净,致使底漆与管壁结合不牢以致分层;第三,除锈与涂刷底漆分工工序不明确,除锈后间隔时间很长才开始刷底漆,造成管道再次生锈。

② 底漆质量问题。防腐蚀底漆质量的好坏将直接影响管道的防腐蚀质量,使用底漆品种、型号及生产厂家的不同,质量差异较大,加上现场施工环境的限制,施工使用底漆未能与管道结合,特别是在雨季表现得更为明显。

(3)防腐层施工问题

① 本体:防腐蚀施工厚度无论使用石油沥青防腐蚀,还是使用胶带,未达到要求的厚度和包缠时的搭接宽度,缠好的管道长时间的暴晒,防腐层鼓起、卷边、干裂,均影响防腐蚀效果;

② 补口:焊口防腐蚀处理不严格,焊渣未清理、未等焊口冷却就直接在焊口上涂环氧煤沥清漆防腐蚀,未达到管道焊口防腐蚀的目的。

(4)管道下沟及回填问题。施工下管未采取保护措施,管道施工下管时缺乏有效的保护措施,造成防腐蚀层破坏,对造成破坏的部位也不采取补救,回填土方未按要求先使用细土回填,尖石、建筑垃圾直接回填损坏防腐层,在破坏部位直接形成电化学腐蚀。

(5)管道周围土壤腐蚀性严重,地下水位高及杂散电流的作用。

(6)阴极保护不规范。

2. 间接原因

(1)缺乏行业规范。国内还没有专门针对燃气地下管道的防腐标准,一般是参考石油部的标准进行防腐设计。这些标准不能完全满足城市地下管道防腐的需要。

(2)防腐设计不够科学。管道防腐设计是一个系统工程,腐蚀泄漏事故大多数发生在土壤腐蚀性严重、杂散电流干扰比较强的特殊区段。设计单位对地下管道的防腐设计,存在着对管道外部环境的腐蚀性了解不多、不透和考虑不周的弱点,往往使用于不同腐蚀环境的管道防腐过于统一,不能因地制宜科学设计,且检测点设计不合理。

(3)质量管理水平和检测手段有待提高。影响管道防腐质量控制因素主要表现在:一是缺乏必要的防腐检测手段和仪器设备;二是执行防腐规范不够严格;三是质量管理不到位。

(4)缺乏必要的日常维护工作。地下管道一旦施工完毕,通过验收后,很少有计划地检测管道涂层和自身的腐蚀状况,只有在发生腐蚀泄漏时才匆忙进行修补,以维持管道安全运行。

(5)缺乏专业化防腐技术队伍。管道防腐工程从设计、施工到运行管理是环环相扣、紧密连接的工作,只有通过专门的防腐质量管理机构来严格执行防腐规范和防腐管理规程才能取得较好的效果。

模块七 管道阴极保护

第九章 管道阴极保护

一、腐蚀的定义

从广义上讲,腐蚀是材料和环境相互作用而导致的失效。这个定义包含了所有的天然和人造材料,例如塑料、陶瓷和金属。我们通常所研究的腐蚀是金属的腐蚀,金属腐蚀是金属与周围介质发生化学或电化学作用所引起的金属损失的现象和过程。

二、腐蚀的分类

腐蚀按材料的类型可分为金属腐蚀和非金属腐蚀;就腐蚀破坏的形态分类,可分为全面腐蚀和局部腐蚀(全面腐蚀是一种常见的腐蚀形态,包括均匀的全面和不均匀全面腐蚀);按腐蚀的机理可分为化学腐蚀和电化学腐蚀。

金属管道常见的腐蚀为化学腐蚀和电化学腐蚀两种。

1. 化学腐蚀

化学腐蚀指金属表面与非电解质直接发生纯化学作用而引起的破坏。化学腐蚀是在一定条件下,非电解质中的氧化剂直接与金属表面的原子相互作用,即氧化还原反应是在反应粒子相互作用的瞬间于碰撞的那一个反应点上完成的。在化学腐蚀过程中,电子的传递是在金属与氧化剂间直接进行,因而没有电流产生。

2. 电化学腐蚀

电化学腐蚀指金属与电解质因发生电化学反应而产生的破坏。

特点:在腐蚀过程中有电流产生。

三、腐蚀的基本原理

腐蚀的基本原理是腐蚀原电池理论。由于不同金属本身的电偶序(即电位)存在着差别,当两种金属处于同一电解质中,并由导体连接这两种金属时,腐蚀电池就形成了。电流通过导体和电解质形成电流回路,此时两种金属之间的电位差越大,则电路产生的电压越大。腐蚀电池一旦形成,阳极金属表面因不断地失去电子,发生氧化反应,使金属原子转化为正离子,形成以氢氧化物为主的化合物,也就是说阳极遭到了腐蚀;而阴极金属则相反,它不断地从阳极处得到电子,其表面因富集了电子,金属表面发生还原反应,没有腐蚀现象发生。

腐蚀过程可表示如下：

氧化反应：$Fe \longrightarrow Fe^{2+} + 2e^-$

还原反应：$O_2 + 2H_2O + 4e^- \longrightarrow 4OH^-$

$$2H_2O + 2e^- \longrightarrow H_2 + 2OH^-$$

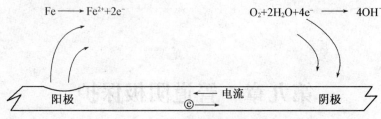

图 9-1　金属管道腐蚀原理图

腐蚀电池形成的充分必要条件：

（1）必须有阴极和阳极；

（2）阴极和阳极之间必须有电位差；

（3）阴极和阳极之间必须有金属的电流通道；

（4）阴极和阳极必须浸在同一电解质中，该电解质中有流动的自由离子。

四、管道的腐蚀控制

管道腐蚀的控制方法应根据腐蚀机理的不同和所处环境条件的不同，采用相应的腐蚀控制方法，在油气管道保护过程中应用最为广泛的控制金属腐蚀的方法为以下五类：

（1）选择耐腐蚀材料

（2）控制腐蚀环境

（3）选择有效的防腐层

（4）阴极保护

（5）添加缓蚀剂

五、阴极保护

（一）腐蚀电位或自然电位

每种金属浸在一定的介质中都有一定的电位，称之为该金属的腐蚀电位（自然电位），腐蚀电位可表示金属失去电子的相对难易。腐蚀电位愈负愈容易失去电子，我们称失去电子的部位为阳极区，得到电子的部位为阴极区。阳极区由于失去电子（如铁原子失去电子而变成铁离子溶入土壤）受到腐蚀，而阴极区得到电子受到保护。

表9-1　相对于饱和硫酸铜参比电极(CSE),不同金属的在土壤中的腐蚀电位(V)

金属	高纯镁	镁合金(6％Al,3％Zn,0.15％Mn)	锌	铝合金(5％Zn)	纯铝	低碳钢(表面光亮)	低碳钢(表面锈蚀)	铸铁	混凝土中的低碳钢	铜
电位(CSE)	−1.75	−1.60	−1.10	−1.05	−0.80	−0.50 ～ −0.80	−0.20 ～ −0.50	−0.50	−0.20	−0.20

在同一电解质中,不同的金属具有不同的腐蚀电位,如轮船船体是钢,推进器是青铜制成的,铜的电位比钢高,所以电子从船体流向青铜推进器,船体受到腐蚀,青铜器得到保护。钢管的本体金属和焊缝金属由于成分不一样,两者的腐蚀电位差有时可达0.275 V,埋入地下后,电位低的部位遭受腐蚀。新旧管道连接后,由于新管道腐蚀电位低,旧管道电位高,电子从新管道流向旧管道,新管道首先腐蚀。同一种金属接触不同的电解质溶液(如土壤),或电解质的浓度、温度、气体压力、流速等条件不同,也会造成金属表面各点电位的不同。

(二) 参比电极

为了对各种金属的电极电位进行比较,必须有一个公共的参比电极。饱和硫酸铜参比电极,其电极电位具有良好的重复性和稳定性,构造简单,在阴极保护领域中得到广泛采用。不同参比电极之间的电位比较:

表9-2　土壤中或浸水钢铁结构最小阴极保护电位(V)

被保护结构	相对于不同参比电极的电位			
	饱和硫酸铜	氯化银	锌	饱和甘汞
钢铁(土壤或水中)	−0.85	−0.75	0.25	−0.778
钢铁(硫酸盐还原菌)	−0.95	−0.85	0.15	−0.878

(三) 阴极保护的原理

阴极保护的原理是给金属补充大量的电子,使被保护金属整体处于电子过剩的状态,使金属表面各点达到同一负电位。有两种办法可以实现这一目的,即牺牲阳极阴极保护和外加电流阴极保护。

1. 牺牲阳极法

牺牲阳极阴极保护是将电位更负的金属与被保护金属连接,并处于同一电解质中,使该金属上的电子转移到被保护金属上去,使整个被保护金属处于一个较负的相同的电位下。

在这一系统中,被保护金属体为阴极,阳极被腐蚀消耗,故此称之为"牺牲"阳极。

牺牲阳极材料有高纯镁,其电位为−1.75 V;高钝锌,其电位为−1.1 V;工业纯铝,其电位为−0.8 V(相对于饱和硫酸铜参比电极)。

该方式简便易行,不需要外加电源,维护管理经济、简单,对邻近地下金属构筑物干扰影响小,很少产生腐蚀干扰,广泛应用于保护小型(电流一般小于1安培)或处于低土壤电阻率环境下(土壤电阻率小于100欧姆·米)的金属结构,适用于短距离、小口径、分散的管道,如城市管网、小型储罐等。根据国内有关资料的报道,对于牺牲阳极的使用有很多失败的教训,认为牺牲阳极的使用寿命一般不会超过 3 年,最多 5 年。

牺牲阳极阴极保护失败的主要原因是阳极表面生成一层不导电的硬壳,限制了阳极的电流输出。产生该问题的主要原因可能是阳极成分达不到规范要求,其次是阳极所处位置土壤电阻率太高。因此,设计牺牲阳极阴极保护系统时,除了严格控制阳极成分外,一定要选择土壤电阻率低的阳极床位置。

2. 强制电流法(外加电流法)

外加电流阴极保护是通过外加直流电源以及辅助阳极,迫使电流从土壤中流向被保护金属,使被保护金属结构电位低于周围环境。将被保护金属与外加电源负极相连,辅助阳极接到电源正极,由外部电源提供保护电流,以降低腐蚀速率的方法。该方式主要用于保护大型或处于高土壤电阻率土壤中的金属结构。强制电流阴极保护驱动电压高,输出电流大,有效保护范围广,适用于被保护面积大的长距离、大口径管道。如:长输埋地管道,大型罐群等。其方式有恒电位、恒电流等,如图 9-2 所示。

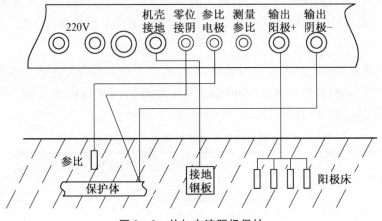

图 9-2　外加电流阴极保护

外部电源通过埋地的辅助阳极将保护电流引入地下,通过土壤提供给被保护金属,被保护金属在大地中仍为阴极,其表面只发生还原反应,不会再发生金属离子化的氧化反应,使腐蚀受到抑制。而辅助阳极表面则发生丢电子氧化反应,因此,辅助阳极本身存在消耗。

阴极保护的上述两种方法,都是通过一个阴极保护电流源向受到腐蚀或存在腐蚀需要保护的金属体提供足够的与原腐蚀电流方向相反的保护电流,使之恰好抵消金属内原本存在的腐蚀电流。两种方法的差别只在于产生保护电流的方式和"源"不同。一种是利用电位更负的金属或合金,另一种则利用直流电源。

(四)阴极保护的基本参数

1. 最小保护电流密度

使金属腐蚀下降到最低程度或停止时所需要的保护电流密度,称作最小保护电流密度。新建沥青管道最小保护电流密度为 $30\sim50\ \mu A/m^2$,环氧粉末的管道一般为 $10\sim30\ \mu A/m^2$,新建储罐罐底板最小保护电流密度为 $1\sim5\ mA/m^2$ 表示,老罐为 $5\sim10\ mA/m^2$。

2. 最小保护电位

为使腐蚀过程停止,金属经阴极极化后所必须达到的绝对值最小的负电位值,称之为最小保护电位。

最小保护电位也与金属的种类、腐蚀介质的组成、温度、浓度等有关。最小保护电位值常常是用来判断阴极保护是否充分的基准。因此该电位值是监控阴极保护的重要参数。

实验测定在土壤中的最小保护电位为-0.85 V(相对饱和硫酸铜参比电极)。

3. 最大保护电位

在阴极保护中,所允许施加的阴极极化的绝对值最大的负电位值,在此电位下管道的防腐层不受到破坏。此电位值就是最大保护电位。

阴极保护电位越大,防腐程度越高,单站保护距离也越长,但是过大的电位将使被保护管道的防腐绝缘层与管道金属表面的粘接力受到破坏,产生阴极剥离,严重时可以出现金属"氢破裂"。同时,太大的电位将消耗过多的保护电流,形成能量浪费。

(五)牺牲阳极阴极保护

1. 常见的牺牲阳极材料

(1)镁合金阳极

根据形状以及电极电位的不同,镁合金阳极可用于电阻率在 $20\ \Omega \cdot m$ 到 $100\ \Omega \cdot m$ 的土壤或淡水环境。高电位镁合金阳极的电位为-1.75 V(CSE);低电位镁阳极的电位为-1.55 V(CSE)。

镁阳极消耗量计算:

$$W = 8\ 760It/ZUQ$$

$I=$阳极电流输出(A)

$t=$设计寿命(years)

$U=$电流效率(0.5)

$Z=$理论电容量(2 200 Ah/kg)

$Q=$阳极使用率 85%

$W=$阳极重量(kg)

(2)锌合金阳极

锌合金阳极多用于土壤电阻率小于 $15\ \Omega \cdot m$ 的土壤环境或海水环境。电极电位为-1.1 V(CSE)。温度高于 $40\ ℃$ 时,锌阳极的驱动电位下降,并发生晶间腐蚀。高于 $60\ ℃$ 时,它与钢铁的极性发生逆转,变成阴极受到保护,而钢铁变成阳极受到腐蚀。所以,锌阳极仅能用于温度低于 $40\ ℃$ 的环境。

锌阳极消耗量计算

$$W = 8\ 760It/ZUQ$$

$I=$阳极电流输出(A)

$t=$设计寿命(years)

$U=$电流效率(0.90)

$Z=$理论电容量(827 Ah/kg)

$Q=$阳极使用率(85%)

$W=$阳极重量(kg)

(3)铝牺牲阳极

大多用于海水环境金属结构或原油储罐内底板的阴极保护。其电极电位为

1.05 VCSE。电容量随温度递减,可参考公式:

$$Z=2\ 000-27(T-20),(T\ 阳极工作温度℃)$$

铝阳极用量计算:

$$W=8\ 760It/ZUQ$$

$I=$阳极电流输出(A)

$t=$设计寿命(years)

$U=$电流效率(0.95)

$Z=$理论电容量(2 000 Ah/kg)

$Q=$阳极利用率(85%)

$W=$阳极重量(kg)

(4)带状阳极

为了减小阳极接地电阻,有时会采用带状镁阳极或锌阳极。阳极带沿被保护结构铺设,使电流分布更加均匀。当阳极带沿管道铺设时,每隔一段距离就应该与管道连接一次。间距不应太大,因为随着阳极的消耗,截面积不断减小,阳极带电阻会逐步增大。为了减少沿阳极带的电压降,连接间隔一般不大于 305 米。如果将带状阳极直接埋到土壤或回填砂中,阳极可能会发生自身腐蚀,使用寿命缩短。带状阳极的一般规格为 19 mm×9.5 mm×305 m每卷。

2. 回填料

当使用填料时,阳极的电流输出效率提高。如果将阳极直接埋入土壤,由于土壤的成分不均匀,会造成阳极自身腐蚀,从而降低阳极效率。采用填料,一是保持水分,降低阳极的接地电阻;二是使阳极表面均匀腐蚀,提高阳极利用效率。

表 9-3　牺牲阳极填包料的配方

阳极类型	填包料配方(%)				适用条件
	石膏粉 (CaSO₄·2H₂O)	工业 硫酸钠	工业 硫酸镁	膨润土	
镁 阳 极	50	—	—	50	≤20 Ω·m
	25	—	25	50	≤20 Ω·m
	75	5	—	20	>20 Ω·m
	15	15	20	50	>20 Ω·m
	15	—	35	50	>20 Ω·m
锌 阳 极	50	5	—	45	—
	75	5	—	20	—

3. 牺牲阳极接地电阻以及发电量计算

(1)阳极接地电阻

$$Ra=\rho\ln(L/r)/2\pi L$$

$Ra=$阳极接地电阻(ohms)

$\rho=$土壤电阻率(ohmm)

L＝阳极长度(m)

r＝阳极半径(m)

需要指出的是,由于填料电阻率很低,阳极的长度和半径是根据填料袋尺寸来确定。

(2)阳极驱动电位

假设被保护结构的极化电位为-1.0 V,则驱动电压 $\Delta V=V+1.0$。

V＝阳极电位:高电位镁阳极-1.75 V,低电位镁阳极-1.55 V,锌阳极电位-1.10 V。

(3)阳极发电量计算

阳极实际发电量 $I=\Delta V/Ra$

(4)应用举例

某埋地管道,长度为 13 km,直径 159 mm,环氧粉末防腐层,处于土壤电阻率30 ohmm环境中,牺牲阳极设计寿命 15 年。计算阳极的用量。

由于土壤电阻率较高,设计采用高电位镁阳极阴极保护系统。

① 被保护面积:$A=\pi\times D\times L$

D＝管道直径,159 mm

L＝管道长度,13×10^3 m

$A=3.14\times0.159\times13\,000=6\,490$ m^2

② 所需阴极保护电流:$I=A\times Cd\times(1-E)$

I＝阴极保护电流

Cd＝保护电流密度,取 10 mA/m^2

E＝涂层效率,98%

$I=6\,490\times10\times2\%=1\,298$ mA

③ 根据设计寿命以及阳极电容量计算阳极用量

$$W=8\,760It/ZUQ$$

I＝阳极电流输出(Amps)

t＝设计寿命(a)

U＝电流效率(0.5)

Z＝理论电容量(2 200 Ah/kg)

Q＝阳极使用率(85%)

W＝阳极重量(kg)

$W=8\,760\times1.298\times15/(2\,200\times0.5\times0.85)=183$ kg

选用 7.7 公斤镁阳极,需要 24 支。

④ 根据阳极实际发电量计算阳极用量

$$Ra=\rho\ln(L/r)/2\pi L$$

Ra＝阳极接地电阻(ohms)

ρ＝土壤电阻率(ohmm)

L＝阳极长度(m)

r＝阳极半径(m)

7.7 kg 阳极填包后尺寸:长＝762 mm,直径＝152 mm

$$Ra=30\times\ln(2\times0.762/0.152)/(2\times3.14\times0.762)=16.9\ \Omega$$

假设管道的自然电位为-0.55 V,极化电位-1.0 V,保护电流1 298 mA,则管道的接地电阻为=0.35 Ω,加上导线电阻,则电路电阻共计17.5 Ω。

假设管道的极化电位为-1.0 V,镁阳极的驱动电位为-1.75 V,则镁阳极的驱动电压为0.75 V。

单支阳极的输出电流为:0.75/17.5=43 mA,输出1 298 mA电流需要阳极为1 298/43=30.1支,取30支。

由于根据接地电阻计算的阳极用量大于根据电流量计算的阳极用量,所以取30支阳极。

将30支阳极沿管道每隔433米埋设一支,然后与管道连接。

⑤ 牺牲阳极系统实际寿命验算:

$$t=WZUQ/8\ 760I=30\times7.7\times2\ 200\times0.5\times0.85\div(8\ 760\times1.298)=19$$

$$t=19a$$

牺牲阳极系统的实际寿命为19年。

4. 牺牲阳极的埋设方式

(1) 牺牲阳极埋设有立式和卧式,埋设位置分轴向和径向。

(2) 牺牲阳极在管道的分布宜采用单支或集中成组两种方式。

(3) 阳极与管道的距离,一般情况下阳极埋设位置应距管道3～5 m,最小不宜小于0.3 m,成组埋设时,阳极间距以2～3 m为宜。

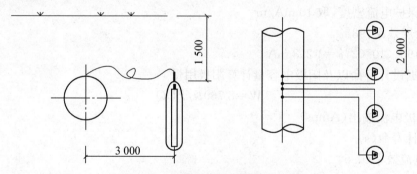

图 9-3　牺牲阳极埋设在管道一侧

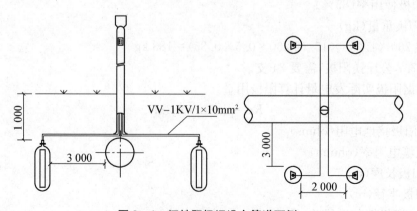

图 9-4　牺牲阳极埋设在管道两侧

（六）外加电流阴极保护系统的主要设施

外加电流阴极保护系统主要由四部分组成：直流电源、辅助阳极、被保护管道、附属设施。

1. 电源设备（恒电位仪）

强制电流系统要求电源设备能够不断地向被保护金属构筑物提供阴极保护电流，要求电源设备安全可靠；电源电压连续可调；能够适应当地的工作环境（温度、湿度、日照、风沙）；功率与被保护构筑物相匹配；操作维护简单。

目前常用的阴极保护电源设备有太阳能电池、整流器、恒电位仪，国内多用恒电位仪，都能国产化，恒电位仪不仅能够恒电位输出，还能恒电流输出。用户可以根据需要调节。

2. 阳极地床

辅助阳极是外加电流阴极保护系统中，将保护电流从电源引入土壤中的导电体。通过辅助阳极把保护电流送入土壤，经土壤流入被保护的管道，使管道表面进行阴极极化（防止电化学腐蚀），电流再由管道流入电源负极形成一个回路，这一回路形成了一个电解池，管道在回路中为负极处于还原环境中，防止腐蚀，而辅助阳极进行氧化反应遭受腐蚀。常用的阳极材料有：高硅铸铁、石墨、钢铁、柔性阳极。

阳极地床的设计遵循以下几方面要求：

（1）对阳极的性能要求

地下结构物外加电流阴极保护用阳极通常并不直接埋在土壤中，而是在阳极周围填充碳质回填料而构成阳极地床。碳质回填料通常包括冶金焦碳、石油焦碳和石墨颗粒等。回填料的作用是降低阳极地床的接地电阻，延长阳极的使用寿命。

针对阳极的工作环境，结合实际工程的要求，理想的埋地用辅助阳极应当具有如下性能：

① 良好的导电性能，工作电流密度大，极化小；

② 在苛刻的环境中，有良好的化学和电化学稳定性，消耗率低，寿命长；

③ 机械性能好，不易损坏，便于加工制造、运输和安装；

④ 综合保护费用低。

（2）各类阳极的性能特点

① 废钢铁阳极

废钢铁是早期外加电流阴极保护常用阳极材料，其来源广泛，价格低廉。由于是溶解性阳极，表面很少析出气体，因而地床中不存在气阻问题。其缺点是消耗速率大，在土壤中为 $8.4\,kg/A.a$，使用寿命较短，多用于临时性保护或高电阻率土壤中。

② 石墨阳极

石墨是由碳素在高温加热后形成的晶体材料，通常用石蜡、亚麻油或树脂进行浸渍处理，以减少电解质的渗入，增加机械强度。经浸渍处理后，石墨阳极的消耗率将明显减小。石墨阳极在地床中的允许电流密度为 $5\sim10\,A/m^2$。

石墨阳极价格较低，并易于加工，但软而脆，不适于易产生冲刷和冲击作用的环境，在运输和安装时易损坏，随着新的阳极材料出现，其在地床中的应用逐渐减少。

③ 高硅铸铁阳极

高硅铸铁几乎可适用于各种环境介质如海水、淡水、咸水、土壤中。当阳极电流通过时，在其表面会发生氧化,形成一层薄的 SiO_2 多孔保护膜,极耐酸,可阻止基体材料的腐蚀,降低阳极的溶解速率。但该膜不耐碱和卤素离子的作用。当土壤或水中氯离子含量大于 $200\times10^{-4}\%$ 时,须采用加 $4.0\%\sim4.5\%Cr$ 的含铬高硅铸铁。高硅铸铁阳极在干燥和含有较高硫酸盐的环境中性能不佳,因为表面的保护膜不易形成或易受到损坏。

高硅铸铁阳极具有良好的导电性能,高硅铸铁阳极的允许电流密度为 $5\sim80$ A/m^2,消耗率小于 0.5 kg/A.a。除用于焦碳地床中以外,高硅铸铁阳极有时也可直接埋在低电阻率土壤中。

高硅铸铁硬度很高,耐磨蚀和冲刷作用,但不易机械加工,只能铸造成型,另外脆性大,搬运和安装时易损坏。为提高阳极利用率,减少"尖端效应",可采用中间连接的圆筒形阳极。

④ 铂阳极

铂阳极是在钛、铌、钽等阀金属基体上被覆一薄层铂而构成的复合阳极。铂层复合的方法很多,如水溶液电镀、熔盐镀、离子镀、点焊包覆、爆炸焊接包覆、冶金拉拔或轧制、热分解沉积等。铂阳极的特点是工作电流密度大,消耗速率小、重量轻,已在海水、淡水阴极保护中得到广泛使用。

钛和铌是应用最多的阳极基体,钽用得较少,这是因为其价格高,而铌和钛通常又能满足使用性能要求。在含有氯离子介质中,钛的击穿电位为 $12\sim14$ V,而铌的击穿电位为 $40\sim50$ V。因此在地下水中含有较高氯离子的深井地床中采用铂铌阳极更为可靠。

由于铂阳极价格较昂贵,不可能大面积采用;在地床中消耗速率大;而且地床接地电阻随时间延长逐渐增大,所以铂阳极在地床中远不如高硅铸铁和石墨阳极用得广泛,并且有人不推荐在地床中使用铂阳极。

⑤ 聚合物阳极

聚合物阳极是在铜芯上包覆导电聚合物而构成的连续性阳极,也称柔性阳极或缆形阳极。铜芯起导电的作用,而导电聚合物则参与电化学反应。由于铜芯具有优良的电导性,因此可以在数千米长的阳极上设一汇流点,聚合物阳极在土壤中使用时,需在其周围填充焦碳粉末而构成阳极地床,其在地床中最大允许工作电流为 82 mA/m,尽管与其他阳极相比,其工作电流密度很低,但由于可靠近被保护结构物铺设连续地床,因此可提供均匀、有效的保护。

聚合物阳极安装简便,特别适于裸管或涂层严重破坏的管道、受屏蔽的复杂管网区的保护以及高电阻率的土壤中。但应注意不能过度弯曲。

⑥ 混合金属氧化物阳极

混合金属氧化物阳极是在钛基体上被覆一层具有电催化活性的混合金属氧化物而构成,最早应用于氯碱工业,后推广应用于其他工业,包括阴极保护领域。由于采用钛为基体,因而易于加工成各种所需的形状,并且重量轻,这为搬运和安装带来了方便。由于电极表面为高催化活性的氧化物层所覆盖,在表面的一些缺陷处露出的钛基体的电位通常不会超过 2 伏,因此钛基体不会产生表面钝化膜击穿破坏(在土壤中使用时,外加电压一般控制在 60 伏以下)。混合金属氧化物阳极还具有极优异的物理、化学和电化学性能。其涂层的电阻率为 10^{-7} $\Omega\cdot$m,极耐酸性环境的作用,极化小并且消耗率极低。通过调整氧化物层的成分,可以使其适于不同的环境,如海水、淡水、土壤中。

混合金属氧化物阳极在地床中于 100 A/m² ,工作电流密度下使用寿命可达 20 年,其消耗速率约 2 mg/A. a,由于混合金属氧化物阳极具有其他阳极所不具备的优点,它已成为目前最为理想和最有前途的辅助阳极材料。

（3）阳极种类的选择

① 在一般土壤中可采用高硅铸铁阳极、石墨阳极、钢铁阳极;

② 在盐渍土、海滨土或酸性和含硫酸根离子较高的环境中,宜采用含铬高硅铸铁阳极;

③ 高电阻率的地方宜使用钢铁阳极;

④ 覆盖层质量较差的管道及位于复杂管网或多地下金属构筑物区域内的管道可采用柔性阳极,但不宜在含油污水和盐水中使用。

（4）辅助阳极埋设位置的选择

辅助阳极与管道距离愈远电流分布愈均匀,但过远会增加引线上的电压降和投资,因此辅助阳极的距离和埋设方式应根据现场情况选定。选择阳极安装位置的原则是:

① 地下水位较高或潮湿低洼处;

② 土层厚、无块石、便于施工;

③ 土壤电阻率一般应小于 50 Ω·m,特殊地区也应小于 100 Ω·m;

④ 对邻近的地下金属构筑物干扰小,阳极地床与被保护管道之间不得有其他金属管道;

⑤ 考虑阳极附近地域近期发展规划及管道发展规划以避免建后可能出现的搬迁;

⑥ 阳极位置与管道的垂直距离不宜小于 50 m;

⑦ 地面金属构筑物较多,用地狭窄时,可采用深井阳极,以减小对其他金属构物的干扰又节约用地。

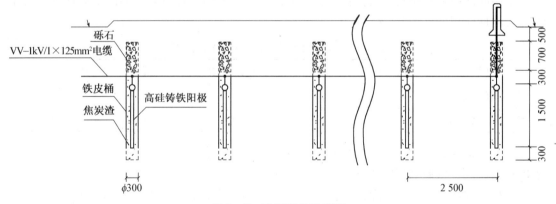

图 9－5　浅埋阳极示意图

（5）辅助阳极的结构

① 浅埋式地床结构

将电极埋入距地表 1～5 米的土层中,这是管道阴极保护一般选用的阳极埋设形式。浅埋式阳极又可分为立式,水平式两种,对于钢铁阳极可能两种联合称为联合式阳极。

a. 立式阳极:由一根或多根垂直埋入地中的阳极排列构成。电极间用电缆联接。其优点有:全年接地电阻变化不大;当阳极尺寸相同时,立式地床的接地电阻较水平式小。

b. 水平式阳极：将阳极以水平方向埋入一定深度的地层中，其优点有：安装土石方量较小，易于施工；容易检查地床各部分的工作情况。

c. 联合式阳极：指采用钢铁材料制成地床，它由上端联接着水平干线的一排立式阳极所组成。

② 深埋式阳极（深井式）

当阳极地床周围存在干扰、屏蔽、地床位置受到限制，或者在地下管网密集区进行区域性阴极保护时，使用深埋式阳极，可获得浅埋式阳极所不能得到的保护效果。深埋式地床根据埋设深度不同可分为浅深井（20～40 米）、中深井（50～100 米）和深井（>100 米）三种。

深埋式阳极地床的特点是接地电阻小，对周围干扰小，消耗功率低，电流分布比较理想。它的缺点是施工复杂技术要求高，单井造价贵。尤其是深度超过 100 米的深阳极，施工需要大钻机，这就限制了它的应用。

3. 阳极地床填料的应用

石墨阳极无论采用浅埋或深埋都必须添加回填料。高硅铁阳极一般需要添加回填料，但在特殊地质可能不使用回填料，如沼泽、流沙层地区等。

（1）阳极地床填料的功能

① 增大阳极与土壤的接触，从而降低地床接地电阻；

② 将阳极电极反应转移到填料与土壤之间进行，延长阳极的使用寿命；

③ 填料可以消除气体堵塞。

（2）对填料的要求

① 填料颗粒必须是导电体，以保证阳极与土壤之间良好的导电性。

② 填料应成本低，来源广，具有较连续的接触表面。

常用的回填料是焦炭粒，也可采用石墨加上石灰充填，以保持阳极周围呈碱性。通常用的焦炭粒性能规格见表 9-4。

表 9-4 阳极地床回填用焦炭粒性能规格

种类	粒径(mm)	比重 kg/m³	电阻率 Ω·cm	灰分％	消耗率 kg/A.a
煤焦油焦炭粒	6～15	641～301	10～50	<10	<0.9
煅烧石油焦炭粒	6～15	72～1 121	10～50	<10	<0.9

确保阳极与回填料良好的电接触，填料必须在阳极周围夯实。否则会使一部分电流从阳极直接流向土壤而缩短阳极使用寿命。

在粘土地区，若阳极地床通过电流太大，可采用电极带孔的硬塑料管，由填料层直接通地面，及时地将阳极周围产生的气体排出地面。对于较干燥地区可向地床注水降低接地电阻。

（3）回填料的重量

可用下述简单方法估计填料的容积：阳极地床孔径为阳极直径的三倍。且在电极上下各填 300 mm 填料。对粒径为 15 mm，比重为 0.6 t/m³ 的焦炭粒来说，每支 φ100×1 500 阳极的参考用量为 200 kg。

4. 阳极数量与接地电阻

阳极数量与接地电阻成反比关系。在一定范围内增加阳极支数会起到降低接地电阻的作用。但是由于阳极间的屏蔽效应，往往增加较多支的阳极，而降低电阻却很少。所以对于阳极数量的选择是一个经济效益问题。在确定阳极数量时需要考虑主要因素为：

（1）要使阳极输出的电流在阳极材料允许的电流额度内，以保证阳极地床的使用寿命。

（2）在经济合理的前提下，阳极接地电阻应尽量做到最小，以降低电能耗量。即对接地电阻规定一个合适的数值。目前接地电阻一般不大于 1 欧左右，在特殊地区可根据现场情况选定。

5. 阴极保护的附属设施

（1）埋地型参比电极

为了对各种金属的电极电位进行比较，必须有一个公共的对比电极，其电极电位具有良好的稳定性，构造简单，通常有饱和硫酸铜参比电极、锌电极等。其作用是与恒电位仪组成信号源。

参比电极埋设的位置应尽量靠近管道，以减少土壤介质中的 IR 降影响。

埋地型参比电极的类型：

① 液体硫酸铜参比电极

主要用于测量管地电位，用于埋地使用时，由于密封处理不好，经常会造成渗漏过度，经常添加硫酸铜溶液，且一到冬季又容易冻结，影响恒电位仪的正常工作，目前已很少埋地使用。

② 长效埋地型硫酸铜参比电极

电极结构：电极由素烧陶瓷罐、管状或弹簧状铜电极和硫酸铜晶体所构成。使用前应在水中浸泡 24 小时，形成饱和硫酸铜溶液。

电极地床结构：在参比电极周围填充 5～10 cm 厚的填包料。填包料的主要成分为石膏粉、硫酸钠、膨润土，其体积比为 75：5：20。

（2）测试桩

为了定期检测管道阴极保护参数。

（3）电绝缘装置

作用：安装绝缘法兰或绝缘接头可以将进行阴极保护的管道和不进行阴极保护的管道绝缘。

（4）检查片

检查片是为了定量测量阴极保护效果，在管道沿线典型地段埋设与被保护管道相同的钢制试片。

（5）均压线

为避免干扰腐蚀，用电缆将同沟敷设、近距离平行或交叉的管道连接起来，以消除管道之间的电位差，此电缆称为均压线。

（6）导线

阴极保护系统中导线有：阳极线、阴极线、零位接阴线、参比电极引线、测试桩引线。

（七）管道实施阴极保护的基本条件

（1）管道必须处于有电解质的环境中，以便能建立起连续的电路，如土壤、海水、河流等介质中都可以进行阴极保护。

（2）管道必须电绝缘。首先，管道必须要采用良好的防腐层尽可能将管道与电解质绝缘,否则会需要较大的保护电流密度。其次,要将管道与非保护金属构筑物电绝缘,否则电流将流失到其他金属构筑物上,造成其他金属构筑物的腐蚀以及管道阴极保护效果的降低。

(3) 管道必须保持纵向电连续性。

(八) 阴极保护投入运行的调试

1. 阴极保护投入前对被保护管道的检查

管道对地绝缘的检查:从阴极保护的原理得知没有绝缘就没有保护。为了确保阴极保护的正常运行,在施加阴极保护电流前,必须确保管道的各项绝缘措施正确无误。应检查管道的绝缘接头的绝缘性能是否正常;管道沿线的阀门应与土壤有良好的绝缘;管道与固定墩、跨越塔架、穿越套管处也应有正确有效的绝缘处理措施,管道在地下不应与其他金属构筑物有"短接"等故障;管道表面防腐层应无漏敷点,所有施工时期引起的缺陷与损伤均应在施工验收时使用埋地检漏仪检测,修补后回填。

2. 对阴极保护施工质量的验收

(1) 对阴极保护间内所有电气设备的安装是否符合《电气设备安装规程》的要求,各种接地设施是否完成,并符合图纸设计要求。

(2) 对阴极保护的站外设施的选材、施工是否与设计一致。对通电点、测试桩、阳极地床、阳极引线的施工与连接应严格符合规范要求,尤其是阳极引线接正极,管道汇流点接负极,严禁电极接反。

(3) 图纸、设计资料齐全完备。

3. 阴极保护投入运行的调试

(1) 组织人员测定全线管道自然电位、土壤电阻率、阳极地床接地电阻,同时对管道环境有一个比较详尽的了解,这些资料均需分别记录整理,存档备用。

(2) 阴极保护站投入运行

按照恒电位仪的操作程序开启,给定电位保持在−1.20 伏左右,待管道阴极极化一段时间(4 小时以上)开始记录直流电源输出电流、电压,测试通电点电位、管道沿线保护电位、保护距离等。然后根据所测保护电位,调整通电点电位至规定值,继续给管道送电使其完全极化(通常在 24 小时以上)。再重复第一次测试工作,并做好记录。若最远端保护电位过低,则需再适当调节通电点电位。

(3) 保护电位的控制

各站通电点电位的控制数值,应能保证相邻两站间的管段保护电位达到−0.85 伏以上,同时各站通电点最负电位不允许超过规定数值。调节通电点电位时,管道上相邻阴极保护站间加强联系,保证各站通电点电位均衡。

(4) 当管道全线达到最小阴极保护电位指标后,投运操作完毕,各阴极保护站进入正常连续工作阶段。

(九) 阴极保护站的日常维护管理

1. 阴极保护设施的日常维护

电气设备定期技术检查。电气设备的检查每周不得少于一次,有下列内容:

(1) 检查各电气设备电路接触的牢固性、安装的正确性,个别元件是否有机械障碍。检查接阴极保护站的电源导线,以及接至阳极地床、通电点的导线是否完好,接头是否牢固。

（2）检查配电盘上熔断器的保险丝是否按规定接好，当交流回路中的熔断器保险丝被烧毁时，应查明原因及时恢复供电。

（3）观察电气仪表，在专用的表格上记录输出电压、电流、通电点电位数值，与前次记录（或值班记录）对照是否有变化，若不相同，应查找原因，采取相应措施，使管道全线达到阴极保护。

（4）应定期检查工作接地和避雷器接地，并保证其接地电阻不大于 10 欧姆，在雷雨季节要注意防雷。

（5）搞好站内设备的清洁卫生，注意保持室内干燥，通电良好，防止仪器过热。

2. **恒电位仪的维护**

（1）阴极保护恒电位仪一般都配置两台，互为备用，因此应按管理要求定时切换使用。改用备用的仪器时，应即时进行一次观测和维修。仪器维修过程中不得带电插、拔各接插件、印刷电路板等。

（2）观察全部零件是否正常，元件有无腐蚀、脱焊、虚焊、损坏，各连接点是否可靠，电路有无故障，各紧固件是否松动，熔断器是否完好，如有熔断，需查清原因再更换。

（3）清洁内部，除去外来物。

（4）发现仪器故障应及时检修，并投入备用仪器，保证供电。每年要计算开机率。

开机率＝（全年小时数－全年停机小时数)/全年小时数

3. **硫酸铜电极的维护**

（1）使用定型产品或自制硫酸铜电极，其底部均要求做到渗而不漏，忌污染。使用后应保持清洁，防止溶液大量漏失。

（2）作为恒定电位仪信号源的埋地硫酸铜参比电极，在使用过程中需每周查看一次，及时添加饱和硫酸铜溶液。严防冻结和干涸，影响仪器正常工作。

（3）电极中的紫铜棒使用一段时间后，表面会粘附一层蓝色污物，应定期擦洗干净，露出铜的本色。配制饱和硫酸铜溶液必须使用纯净的硫酸铜和蒸馏水。

4. **阳极地床的维护**

（1）阳极架空线：每月检查一次线路是否完好，如电杆有无倾斜，瓷瓶、导线是否松动，阳极导线与地床的连接是否牢固，地床埋设标志是否完好等。发现问题时应及时整改。

（2）阳极地床接地电阻每半年测试一次，接地电阻增大至影响恒电位仪不能提供管道所需保护电流时，应该更换阳极地床或进行维修，以减小接地电阻。

5. **测试桩的维护**

（1）检查接线柱与大地绝缘情况，电阻值应大于 100 千欧，用万用表测量，若小于此值应检查接线柱与外套钢管有无接地，若有，则需更换或维修。

（2）测试桩应每年定期刷漆和编号。

（3）防止测试桩的破坏丢失，对沿线城乡居民及儿童作好爱护国家财产的宣传教育工作。

6. **绝缘法兰的维护**

（1）定期检测绝缘法兰两侧管地电位，若与原始记录有差异时，应对其性能好坏作鉴别。如有漏电情况应采取相应措施。

（2）对有附属设备的绝缘法兰（如限流电阻、过压保护二极管、防雨护罩等）均应加强维护管理工作,保证完好。

(3) 保持绝缘法兰清洁、干燥,定期刷漆。

7. 阴极保护管理

(1) 每条阴极保护管道,都应制订符合本管道实际情况的《阴极保护运行管理规定》,使阴极保护的日常测试、控制、调整、维修等方面的工作均按此进行。

(2) 加强阴极保护的组织、领导。保持室内设备整洁,达到无故障、无缺陷、无锈蚀、无外来物。实现三图上墙,即线路走向图、保护电位曲线图、岗位责任制。

(3) 阴极保护站投产后,电气设备接线不得擅自改动,需要改变的应由主管部门作出方案,经批准后方能执行。

(4) 每日检查测量通电点电位,填写好运行日志,向生产调度部门汇报阴极保护站运行情况。

(5) 阴极保护站向管道输送电不得中断。停运一天以上须报主管部门备案。利用管道停电方法调整仪器,一次不得超过 2 小时,全年不超过 30 小时。保证全年 98% 以上时间给管道送电。

(6) 保持通电点电位在规定值,沿管道测定阴极保护电位,此种测量在阴极保护站运行初期每周一次,以后每两周或一月测量一次。并将保护电位测量记录造表、绘图上报主管部门。

(7) 每年在规定时间内测量管道沿线自然电位和土壤电阻率各一次。

(8) 检查和消除管道接地故障,使全线达到完全的阴极保护。

(十) 阴极保护系统常见故障的分析

1. 保护管道绝缘不良,漏电故障的危害

在阴极保护站投入运行,或牺牲阳极保护投产一段时间后,出现了在规定的通电点电位下,输出电流增大,管道保护距离却缩短的现象,或者在牺牲阳极系统中,牺牲阳极组的输出电流量增大,其值已超过管道的保护电流需要,但保护电位仍达不到规定指标的现象。发生上述情况的原因,主要是被保护金属管道与未被保护的金属结构物"短路",这种现象称之为阴极保护管道漏电,或者叫做"接地故障"。

接地故障,使得被保护管道的阴极保护电流流入非保护金属体,在两管道的"短接"处形成"漏电点",这就会造成阴极保护电流的增大;阴极保护电源的过负荷和阴极保护引起的干扰。

另外,阳极地床断路、阴极开路、零位接阴断路都会导致阴极保护不能投保。例如:某站,1993 年由于阳极电缆断路,造成阴极保护体系不能正常工作。判断阳极地床连接电缆断路时,可采用:

(1) 测输出电流,将恒电位仪开启,在恒电位仪阳极输出端串上一电流表,如果电流为零,则说明有断路现象。

(2) 将恒电位仪机后阳极输出线断开,接入临时地床或其他接地装置,若有输出电压、电流,则可断定阳极地床连接线断路。在阳极电缆与地床阳极接线处应设置接线用水泥井或标志。

2. 造成管道漏电的原因

(1) 由于施工不当,交叉管道间距不合规范,即当两条管道,一条为阴极保护的管道,另

一条为未保护的管道交叉时,施工要求应保持管道间的垂直净距不小于 0.3 m,并在交叉点前后一定长度内将管道作特别绝缘,如果施工时不严格按照上述规定去做,那么在管道埋设一段时间后,在土壤应力的作用下,管道相互可能搭接在一起,会造成绝缘层破损,金属与金属的相连,形成漏电点。

(2) 由于绝缘法兰失效或漏电,绝缘法兰质量欠佳,在使用一段时间后绝缘零件受损或变质,使法兰不再绝缘,从而使得两法兰盘侧不再具有绝缘性能,阴极保护电流也就不再有限制;或者是输送介质中有一些电解质杂质使绝缘法兰导通,不再具有绝缘性能。从上述原因看,漏电点只可能发生在保护管道与非保护管道的交叉点,或保护管道的绝缘法兰处,因此查找漏电点就带有上述局限性。但如果地下管网复杂,被保护管道与多条线有交叉穿越,则使得漏电点的查找出现复杂现象。常常要根据现场实际情况,反复测量、多方位检查并综合判断才能找到真正的漏电故障点。

3. 漏电点的查找

(1) 利用查找管道绝缘层破损点,从而确定管道的漏电点或短接点的方法

此方法首先将脉冲信号送到被测管道上,如果管道防腐绝缘层良好,流入管道的电流很弱,仪表没有显示。如果管道防腐层有破损,电流将从土壤中通过破损处漏入管道,电流的流动会在周围土壤中将产生明显的电位梯度。当探测人员手持两个参比电极在管道正上方探测行走时,伏特计将明显的抖动,当伏特计指针停止抖动时,两个参比电极的中间既为防腐层漏点位置,该方法简便易行,定位准确,是目前国际上公认的检漏方法(DCVG)。

(2) 可利用测定管内电流大小的方法寻找漏电点

因为无分支的阴极保护管道,管内电流是从远端流向通电点。当非保护管道接入后就会形成分支电路,使保护电流经过漏电点会变小。因此,可利此法来寻找漏电点的位置。利用此法测定时,在有怀疑的管段上可依次选点,用 IR 压降法或者补偿法(详见有关说明)测定管内电流。再通过比较各点电流的大小来确定漏电点的电位。

(3) 绝缘法兰漏电的测定

当绝缘法兰漏电而导致阴极保护系统故障时,则可通过在绝缘法兰两侧管段上,分别测量管地电位,若保护侧为保护电位,非保护侧为自然电位,则绝缘法兰正常。否则,有问题存在。也可在非保护侧测法兰端部的对地电位,如此电位比非保护管道或其他金属构筑物的电位要负,则此绝缘法兰漏电。

测定流过绝缘法兰的电流,也可用来判定绝缘法兰的性能。若绝缘法兰非保护端一侧,能测出电流,则法兰漏电;若测不出电流,绝缘法兰不漏电。

(4) 近间距电位测量法 CIPS

在测试桩上测量保护电位只能反映管道的整体保护水平,不能说明管道各点都得到了保护。采用近间距测量方式,是沿管道每隔 1~2 米测量一次管地电位,可以准确地检测出没有得到保护的管段。

4. 阳极接地故障

阴极保护另一常见故障是由阳极接地引起的。阳极接地电阻与阳极地床的设计与施工质量密切相关。"冻土"会使阳极地床电阻增加几倍至十几倍,"气阻"也会使阳极地床电阻增加。当阳极使用一段时间后,也会由于腐蚀严重,表面溶解不均匀造成电流障碍。因此,在阴极保护的仪器上会出现电位升高,而保护电流下降的现象。此时,应通过测量,更换或检修阳极地

床,来使阴极保护正常运行。另一薄弱环节,是阳极电缆线与阳极接头处的密封与绝缘,若施工不妥则会造成接头处的腐蚀与断路。使阴极保护电流断路而无法输入给管道。

六、油气管道的杂散电流腐蚀与防护

随着我国能源和交通事业的发展,在油气管道与电力线路、电气化铁路的设计和建设过程中不可避免地出现了并行敷设的情况。由于杂散电流对油气管道会产生强烈腐蚀作用。因此,油气管道安全运行受到巨大的危害。杂散电流的认识和防治就显得尤为重要。

(一)杂散电流(迷流)腐蚀概念

杂散电流是指在规定电路或意图电路之外流动的电流,又称迷走电流。杂散电流主要分为直流电流、交流电流和大地中自然存在的地电流 3 种。

直流杂散电流主要来源于直流电解设备、电焊机、直流输电线路。

交流杂散电流主要来源于交流电气化铁路、输配电线路系统,通过阻性、感性和容性耦合在相邻的管道或金属体中产生交流杂散电流,但交流杂散电流对铁腐蚀较轻微,一般为直流腐蚀量的 1%。

由于地磁场的变化感应出来的地杂散电流,一般情况下只有约 $2\,\mu A/m^2$,从腐蚀角度看并不重要。

造成油气管道杂散电流腐蚀的主要原因是以电气化铁路车辆直流供电牵引系统产生的直流杂散电流。

以走行轨为回流通路的直流牵引供电系统,由于走行轨不可能完全绝缘于道床结构,钢轨不可避免地向道床及其他结构泄漏电流,产生杂散电流。

杂散电流对土建结构钢筋、设备金属外壳及其他地下金属管线产生的电化学腐蚀,即杂散电流腐蚀,也叫做迷流腐蚀。

在电气化铁路车辆直流供电牵引系统中,牵引变电所通过架空电缆向列车提供列车所需的电流经行走轨回流至牵引变电所。理想情况下行走轨电阻为 0,行走轨对大地的泄漏电阻无穷大,此时经行走轨回流的电流等于牵引电流,即所有的电流都经行走轨回流至牵引变电所。但实际上行走轨的电阻不为 0,当有电流通过时就形成了电位差,并且行走轨对大地的泄漏电阻也不会为无穷大,这就不可避免地造成了部分电流不经行走轨回流,而是流入大地,然后通过大地回流至牵引变电所。若铁路附近有导电性能较好的埋地金属管道(燃气管道、输油管道、供水管道等),则部分电流会选择电阻率较低的埋地金属管道作为电流回流路径,从牵引变电所附近的管道中流出流回牵引变电所。杂散电流形成原理如图 9-6 所示,杂散电流形成原理等效电路如图 9-7 所示。

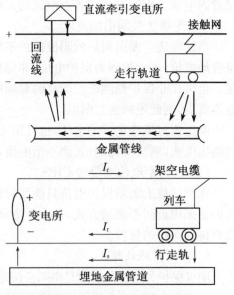

图 9-6 杂散电流形成原理

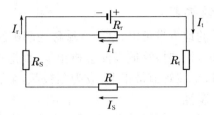

图 9-7 杂散电流形成原理等效电路

由图 9-7 可知：

$$I_s = I_t R_r / (R_r + R_t + R_s + R) \tag{1}$$

$$R = \rho l / A \tag{2}$$

式中 I_s——杂散电流，A

         I_t——牵引电流，A

         R_r——行走轨电阻，Ω

         R_t——负荷端与大地之间的泄漏电阻，Ω

         R_s——变电所与大地之间的泄漏电阻，Ω

         R——土壤的横向电阻，Ω

         ρ——土壤电阻率，$\Omega \cdot m$

         l——负荷端与变电所之间的距离，m

         A——土壤的横向面积，m^2

由于 A 趋向无穷大，因此 R 趋向于零。

则式(1)可以简化为：

$$I_s = I_t R_r / (R_r + R_t + R_s) \tag{3}$$

由式(3)可知，在牵引电流一定的情况下，杂散电流随着行走轨电阻的增大而增大，随着泄漏电阻的增大而减小。

杂散电流流入土壤以后就会产生地电场，土壤中不同位置电位之间便有电流流动，两个不同区域之间电位差越大，电流就越大。当土壤全部都是均匀的介质时，电流分布也相对均匀。如果土壤中埋置有油气管道时，管道中的杂散电流密度与土壤中的杂散电流密度之比见式(4)：

$$j_0 / j = 4\delta\rho / D\rho_0$$

式中 j_0——管道中的杂散电流密度，mA/m^2

         j——土壤中的杂散电流密度，mA/m^2

         δ——管壁厚度，mm

         D——管道内径，mm

         ρ_0——管道电阻率，$\Omega \cdot m$

因为 $\rho \gg \rho_0$，所以杂散电流基本上沿油气管道流动，不再流经土壤。

（二）杂散电流的腐蚀机理

杂散电流进入金属管道的地方带负电，这一区域称为阴极区，处于阴极区的管道一般不会受影响，若阴极区的电位值过大时，管道表面会析出氢，而造成防腐层脱落。当杂散电流经金属管道回流至变电所时，金属管道带正电，成为阳极区，金属以离子的形式溶于周围介质中而造成金属体的电化学腐蚀。

因此杂散电流的危害主要是对金属管道、混凝土管道的结构钢筋、电缆等产生电化学腐蚀，其电化学腐蚀过程发生如下反应：

当金属铁（Fe）周围的介质是酸性电解质，发生的氧化还原反应是析氢腐蚀；

$$阳极：2Fe \rightleftharpoons 2Fe^+ + 4e^-$$

$$阴极：4H^+ + 4e^- \rightleftharpoons 2H_2 \uparrow$$

$$4H_2O + 4e^- \rightleftharpoons 4OH^- + 2H_2 \uparrow$$

当金属铁（Fe）周围的介质是碱性电解质时，发生的氧化还原反应为吸氧腐蚀。

$$阳极：2Fe \rightleftharpoons 2Fe^+ + 4e^-$$

$$阴极：O_2 + 2H_2O + 4e^- \rightleftharpoons 4OH^-$$

$$腐蚀反应 \begin{cases} Fe(OH)_2 \rightarrow Fe_2O_3 \cdot 2xH_2O \quad （红锈） \\ Fe(OH)_3 \rightarrow Fe_3O_4 \quad （黑锈） \end{cases}$$

当油气管道受到杂散电流电化学腐蚀时，金属腐蚀量和电量之间符合法拉第定律：

$$m = KIt \tag{5}$$

式中　　m——金属腐蚀量，g

　　　　K——金属的电化学当量，$g/(A \cdot h)$，铁取 $1.047\ g/(A \cdot h)$

　　　　I——杂散电流，A

　　　　t——时间，h

利用式（5）可以对杂散电流的危害作出大概的估计。经计算，1 A 的杂散电流可以在 1 年内腐蚀掉 9.13 kg 的钢铁。

杂散电流腐蚀具有局部集中特征，当杂散电流通过油气管道防腐层的缺陷点或漏铁点流出时，在该部位管道将产生激烈的电化学腐蚀，短期内就可以造成油气管道的穿孔事故。防腐层的缺陷点或漏铁点愈小，相应的电流密度愈大，杂散电流的局部集中效应愈突出，腐蚀速度愈快。

（三）杂散电流的分布规律

1. 基本假设

（1）三种电阻均布：轨道对地的过渡电阻、走行轨的电阻、地下的金属构件纵向电阻。

（2）两种干扰忽略不计：金属构件向大地的漏电、其他杂散电流源。

（3）双边供电时，两侧电源特性相同。

2. 单边供电杂散电流分布

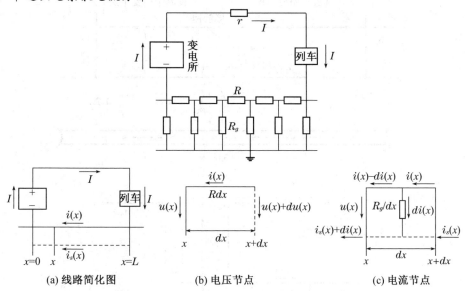

图 9-8　单边供电杂散电流分布

r——牵引网阻抗(Ω)

R——走行轨单位阻抗(Ω/km)

R_g——走行轨对地电阻率(Ω·km)

I——牵引电流(A)

3. 双边供电杂散电流分布

牵引变电所负极附近的轨道电位为负的最大值,此处杂散电流从埋地金属结构流出,埋地金属结构为阳极,受杂散电流腐蚀最严重。列车下部的走行轨为正的最大值,杂散电流从走行轨流出,走行轨为阳极,埋地金属为阴极,此处走行轨受杂散电流腐蚀最严重。

牵引电流的大小对走行轨电位有影响,牵引电流越大,走行轨对地电位越高,杂散电流也越大。

牵引变电所之间的距离增加,在牵引电流不变的情况下,走行轨对地电位和杂散电流也随之增加。

轨地过渡电阻对杂散电流的分布影响很大,过渡电阻越小,杂散电流强度越大,过渡电阻越大,杂散电流强度越小。

走行轨纵向电阻对走行轨电位影响较大,走行轨纵向电阻增加,走行轨纵向电位成比例增加,走行轨对地电位增加,杂散电流也增加。

埋地金属结构的纵向电阻对走行轨电位和杂散电流的影响较小。

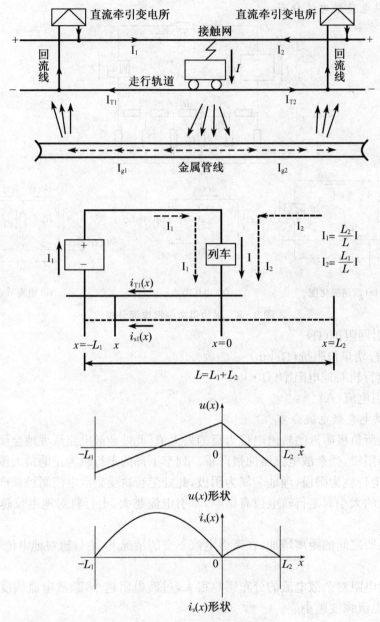

图 9-9　双边供电杂散电流分布

（四）杂散电流的防护措施

1. 杂散电流经验估算公式

单边供电：

$$i_g = I \times \frac{R}{R_g} \times \frac{L^2}{8}$$

单边供电（变电所附近走行轨接地）：

$$i_g = I \times \frac{R}{R_g} \times \frac{L^2}{2}$$

I——列车牵引电流（A）

R——走行轨纵向电阻（Ω/km）

R_g——走行对地过渡电阻（Ω·km）

L——牵引所与开车之间距离（km）

双边供电：

$$i_g = I \times \frac{R}{R_g} \times \frac{L^2}{16}$$

I——列车牵引电流（A）

R——走行轨纵向电阻（Ω/km）

R_g——走行对地过渡电阻（Ω·km）

L——牵引所与开车之间距离（km）

2. 杂散电流防护方法

（1）源头控制法

① 合理设置牵引变电所

杂散电流与列车到牵引变电所距离的平方成正比，牵引变电所之间的距离越长，杂散电流越大。在满足供电负荷、供电质量等前提下，可以适当调整牵引变电所的数量和位置，尽量使牵引变电所均匀布置。

② 牵引网采用双边供电

在牵引网制式、牵引变电所间距以及走轨电阻值等条件相同的情况下，采用双边供电比采用单边供电的牵引电流值减小近一倍，杂散电流值仅为单边供电的1/4。

③ 加强走行轨对地绝缘

走行轨对地绝缘水平越好，则杂散电流的值越小。城市轨道交通运营中，轨地过渡电阻值的降低是产生杂散电流的最主要原因。《地铁杂散电流腐蚀防护技术规程》中规定：新建线路的走行轨与区间主体结构之间的过渡电阻值不应小于15 Ω·km，对于运行线路不应小于3 Ω·km。

走行轨下设置绝缘垫。单块绝缘垫电阻不小于10^8 Ω。

走行轨对地保持一定间隙。道床面至走行轨底面的间隙不小于30 mm。

道床排水沟设置。

表9-5　电阻率参考值

类别	名称	电阻率参考值（Ω·m）
混凝土	水中	40～55
	湿土中	100～200
	干土中	500～1 300
	干燥的大气中	12 000～18 000

宜将道床排水沟设在道床两侧，并保证排水通畅。

④ 道床混凝土的设置。

为有效防止杂散电流对主体结构钢筋进行腐蚀，杂散电流道床收集网钢筋与走行轨之间需要进行绝缘处理,混凝土层需要一定的厚度。

⑤ 保持牵引回流通路顺畅。

⑥ 重视日常运营维护。

必须定期清扫线路,清除粉尘、油污、脏物、沙土等,保持走行轨绝缘水平良好。

及时消除道床积水,保持道床处于清洁干燥状态。

根据杂散电流监测系统的报警信息,及时处理线路异常现象。

(2)排流法

① 排流法概念

只有当杂散电流从走行轨或钢筋等金属管线流出时才会对其产生腐蚀,而杂散电流流出的区域集中在牵引变电所附近。若在牵引变电所处将结构钢筋或其他可能受到杂散电流腐蚀的金属与走行轨或牵引变电所负母排相连,由于杂散电流总是走电阻最小的通路,这样杂散电流就直接流回至牵引变电所,大大减少了杂散电流从钢筋再扩散至混凝土的可能,减少了杂散电流流出钢筋的电化学反应。

排流法存在不足,只能作为一种应急手段。当牵引变电所负母排通过排流柜与道床收集网钢筋电气连通后,原来负母排的负电位因钳制作用而接近零电位,使得两座牵引变电间的走行轨对地电位成倍增加,两牵引变电所间几乎全成为阳极区,除牵引变电所附近钢筋腐蚀减少外,其他区域钢筋以及走行轨腐蚀将更严重。

排流法可分为:直接排流法、极性排流法和强制排流法。目前以极性排流法为主。

a. 直接排流法。把油气管道与电气化铁路的负极或行走轨用导线直接连接起来。这种方法不需要排流设备,简单,造价低,排流效果好。但当管道的对地电位低于行走轨对地电位时,行走轨电流将流入管道内而产生逆流。因此这种排流方法只适合管地电位永远高于轨地电位、不会产生逆流的场所,而这种机会不多,限制了该方法的应用。

b. 极性排流法。由于负荷的变动,变电所负荷分配的变化等,管地电位低于轨地电位而产生逆流的现象比较普遍。为防止逆流,使杂散电流只能由管道流入行走轨,必须在排流线路中设置单向导通的二极管整流器、逆电压继电器等装置,这种装置称为排流器,这种防止逆流的排流法称为极性排流法。极性排流法安装方便,应用广泛。

c. 强制排流法。就是在油气管道和行走轨的电气接线中加入直流电流,促进排流的方法。在管地电位正负极性交变,电位差小,且环境腐蚀性较强时,可以采用此防护措施。通过强制排流器将管道和行走轨连通,杂散电流通过强制排流器的整流环排放到行走轨上,当无杂散电流时,强制排流器给管道提供一个阴极保护电流,使管道处于阴极保护状态。强制排流法防护范围大,铁路停运时可对油气管道提供阴极保护,但对行走轨的电位分布有影响,需要外加电源。

d. 接地排流法。此法与前3种排流方法不尽相同。管道上的排流电缆并不是直接连接到行走轨上,而是连接到一个埋地辅助阳极上,将杂散电流从管道上排出至辅助阳极上,经过土壤再返回到行走轨上。接地排流法使用方便,但效果不显著,需要辅助阳极,还要定期更换辅助阳极。

② 收集网的设置

收集由走轨泄漏出的杂散电流,并通过收集网将杂散电流引导至牵引变电所的负极,防止杂散电流过多地流向主体结构钢筋和其他金属导体。

在整体道床内铺设钢筋网并进行电气连接,以便杂散电流由道床流回牵引变电所提供一个良好的电气回路,可利用道床本身的钢筋作为杂散电流收集网。

③ 排流柜

设置:当采取排流法进行杂散电流腐蚀防护时,一般在正线牵引变电所内设置杂散电流排流柜,排流柜的一端通过电缆与牵引变电所负极柜相连,另一端与收集网的排流端子相连接。

功能:

单向极性排流。

自动调节排流电流值。

自动监测记录收集网的排流电流值。

具有与电力监控系统的数据通信功能。

排流柜的工作原理:

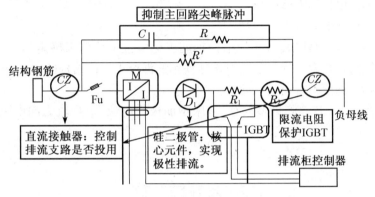

图 9-10　排流柜的工作原理

投运:

排流柜在线路开通时应安装到位,但并不一定投运。

只有当监测到道床收集网钢筋极化电位值超过设定值时,才投运,作为一种应急手段。

若监测到钢筋极化电位严重超标,则需断开排流通道,加强轨道维护,提高走行轨对地过渡电阻,减少对收集网及结构金属的腐蚀。

(五) 杂散电流的监测手段

1. 杂散电流监测相关原理

杂散电流的腐蚀程度是由结构钢筋表面向周围泄露的电流密度来确定的。一般无法直接对杂散电流进行测量,通常采用间接方法(结构钢筋极化电位偏移值)来反映杂散电流对结构钢筋的腐蚀情况。

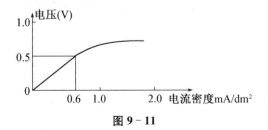

图 9-11

（1）参比电极

在地下或隧道壁上装设参比电极，作为测量其他电位参数的依据。

选型：电位长期稳定，不易极化，寿命长，并有一定的机械强度。目前，城轨工程中多选用氧化钼参比电极。

设置：一般设置在以下地点

地下车站两端进出站信号机附近的道床和隧道处。

牵引变电的上、下行轨道负回流点附近。

对于特殊地段，如越江段、大区间，需增设参比电极。

一般为站台至区间方向 200 m 处。

参比电极的电位本身会发生漂移，需要及时修正，以保证结构钢筋极化电位的测量精确性。修正的方法为：列车停运时，在没有杂散电流干扰情况下，测量出的结构钢筋对参比电极的电位作为参比电极的本体电位。

（2）结构钢筋极化电位

杂散电流腐蚀程度是以其引起的结构钢筋极化电位偏移值来确定的。《CJJ49—92 地铁杂散电流腐蚀防护技术规程》规定：对于地铁钢筋混凝土主体结构的钢筋，极化电位 30 分钟内的正向偏移平均值不得超过 0.5 V。

测量原理图见 9-12。测量参数有：道床钢筋极代电位、走行轨纵向电阻、走行轨对地电位。

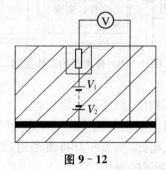

图 9-12

2. **杂散电流监测方式**

（1）利用排流柜进行监测

排流柜安装在牵引变电所内，所采集的数据是回流点处的数据。但存在以下缺点：

判据不合理：回流点钢筋极化电位小于 0.5 V，并不能确保两牵引变电所间所有结构钢筋极化电位均小于 0.5 V。

功能单一：只能反映回流点的杂散电流情况，不能反映全线路的杂散电流分布情况及危害程度。

（2）分散式杂散电流监测

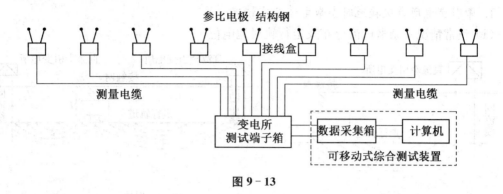

图 9 – 13

（3）集中式杂散电流监测

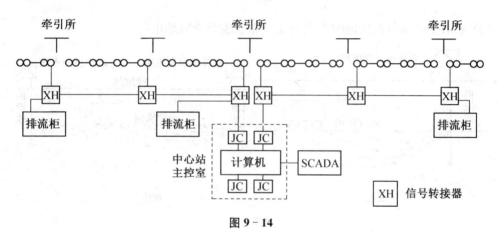

图 9 – 14

（4）分布式杂散电流监测

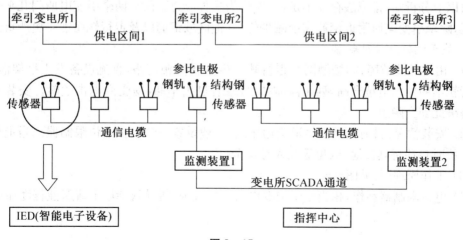

图 9 – 15

（六）相关问题说明

1. 牵引变电所负极接地时杂散电流分布情况

（1）正常情况下杂散电流分布及走行轨对地电位

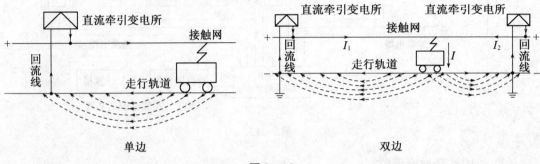

图 9 - 16

（2）牵引变电所负极接地时杂散电流分布及走行轨对地电位

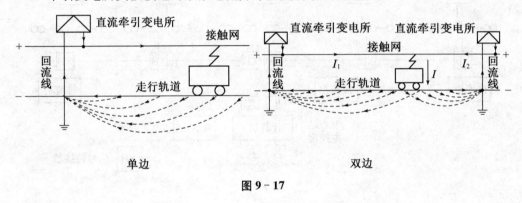

图 9 - 17

2. 关于排流法

由以上分析知,排流法存在不足,只能作为一种应急手段。两牵引变电所间几乎全成为阳极区,除牵引变电所附近钢筋腐蚀减少外,其他区域钢筋以及走行轨腐蚀将更严重。

3. 关于钢轨电位限制器

（1）由于某些故障,如接触网与走行轨发生金属接触短路,直流设备发生框架泄露等,或走行轨不明原因电位升高,列车停靠站台,乘客进出车厢,易受到电击危险。安装电位限制器解决此安全隐患。

（2）安装情况:目前在城市轨道交通车站,一般设置一台钢轨电位限制器。当走行轨出现高电位时自动将其接地,以免危及人身安全。

（3）工作原理图:见图 9 - 18。

（4）电位限制器动作,相当于牵引变电所负极接地,将导致杂散电流腐蚀程度加重。

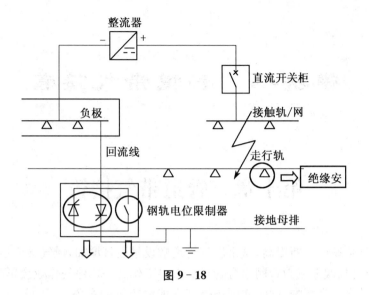

图 9 - 18

（5）动作条件：走行轨电位升高；车站站台有停靠车辆。

（6）电位越限器安装存在一些争议。治标不治本（以钢轨限制器解决走行轨不明原因的电位升高，保障人身安全问题）；经常误动作；将牵引变电所负极直接接地，充当排流柜；经常出现烧毁现象（加限流电阻后钢轨电位降不下来）。

模块八 管道带气接管

第十章 管道带气接管

随着城市气化率的不断提高,城市燃气管道敷设量逐日增加,燃气管道运行管理显得日益重要。管道抢修、改造成为管网运行管理的重要工作之一。停气作业会影响生产生活,造成经济损失和社会不良影响,同时亦削弱燃气在能源市场的竞争力,因此,不影响供气的带气操作,将会更广泛地使用。除了一些小管径的庭院管较常用鞍型三通外,使用面较广的气袋堵管设备,在带气连接中,最为普及。

一、带气堵管设备

一般堵管工具主要可分为三部分:

(1) 钻孔机:不同设计的开孔机及钻子,可用于不同的管材上,如 PE 管、钢管、铸铁管等。

常见钻孔机有手动、气动、电动、液压等钻孔机。

手动:钻孔方法简单,以手来回摇动棘轮扳手带动钻轴,使钻子向下推进并开孔及攻丝,一般用在小孔径上(12～50 mm)。

气动:以压缩空气驱动气压马达,使钻轴快速旋转推进,一般用在孔径 300 mm 以下。

电动:以电动机连接钻轴进行开孔攻丝,但由于可靠性较差,操作时会产生火花,较少使用。

液压:以液压推动马达使钻孔机完成开孔作业。液压输出动力强大,且易于调节,适用范围较广。

(2) 旁通管:连接于堵管器的上下游,在封堵管道前安装及通气,令封堵段的上下游用户,不受停气影响。

除连通堵管段上下游的气体外,亦可用作监察压力之用,以保证上下游压力在安全供气范围内,若降压严重,须停止堵管,考虑加大旁通管径或增加多些旁通管。

管材选用时,如有人看管,可用强化胶管,否则须用钢管、镀锌管等坚固管材,但所有管材必须符合压力要求。一般容易被压扁的软管,不可用作旁通管,避免人为失误,造成降压,甚至停气的意外。

(3) 堵管器:堵管器有多种设计,各有优缺点,应根据不同的管径、压力、材质和管内壁情况而选择,以求达到最佳效果。

常见的有三类：

直接封堵式：堵管器通过主轴将整个橡胶柱插进管内，转动轴杆，令柱体变形膨胀，达到堵管目的。

皮膜式堵管器：以小钢缆拉皮膜外圈，令条状皮膜变成圆形，有效地封堵管道，但只封堵设定之内径，使用范围较窄。

气袋式堵管器：开孔后，将高分子材料制成的气袋插入管内，用打气筒将气袋充涨，与管壁紧贴，堵塞气源。这种工具比较轻巧，适用于较低之压力（约 $0.6\ kgf/cm^2$）。由于气袋的特性，对管内清洁要求较高，管道要经过清洁后，气密性能才理想。

二、带气接管方法

降压法：关闭燃气阀门，将两阀门之间剩气放散并稳定到正压 $500\sim700\ Pa$ 后，切割、焊接，将新建管道与原有燃气管道连接。

不降压法：低压燃气管道压力不降低，用气钻机在其上钻一孔，与新建管道连接。

（一）带气连接准备工作

1. 接管验收

对已竣工准备接管的管道，要有验收手续，证明施工质量合格。凡严密性试验超过半年且未使用的管道，需重新进行试验。

2. 制定方案

"四防"原则：防止原有燃气管道内进入空气；防止作业人员烧伤、中毒或窒息；防止作业场所着火、爆炸；在新建管道内的空气未吹扫干净时，防止对新建管道的任何部位进行带火（或可能出现火花）作业，严禁用户点火用气。

方案内容：

（1）概述　包括原有与新建燃气管道的概况，接管位置等。

（2）降压　停气降压的方法，观察压力的位置，确定用户用气的措施等。

（3）操作方法　如连接方法、切割与焊接的要求、隔断气源的方法。

（4）通讯与交通

（5）组织与管理

（6）安全　操作人员的安全要求，安全防护用品的使用要求，应急措施等。

（7）作业时间　包括起止时间，说明作业步骤和每一步所需时间，以保证按计划完成；对于停气降压范围内的用户要事先通知。

3. 工地上准备工作及预防措施

新管必须经压力试验合格；现场备有足够灭火器；点火源移离工地并备有展示的警告牌；足够的放散管高度及阻焰器；并须有人看管；需要对施工进行风险评估；如情况许可，应将燃气输入一较低压系统，代替将气体放散到空气中；如在附近楼宇进行置换，可将放散气体燃烧，但须采取预防措施。

（二）停气降压

1. 次高压燃气管道降压

原有的次高压管道为环状管网时，只需关闭作业点两侧的阀门，并用阀门井内的放散管放散燃气。原有的次高压管道如是平行的两根管道与高中压调压站连接,使其个一条管道停止运行,另一条管道低峰供气。

2. 中压燃气管道降压

原有的中压管道为环状管网时,可关闭作业点两侧的阀门,用阀门井内的放散管排出燃气降压。如果是枝状管网,需做好用户的停气工作。

3. 低压燃气管道降压

一般的低压管的带气接管是不降压的,但在管径放大(大于 DN300)、作业点距调压站很近时,要进行降压。

4. 停气降压中应注意事项

(1)凡需要采取停气降压措施时,均应事前与有关部门协商,确定影响用户的范围和停气降压的允许时间。对于停气的用户,在施工前通知作好停气准备。

(2)停气降压的时间应避开高峰负荷时间,常在夜间进行。

(3)中压管上停气时,为防止阀门关闭不严密,造成施工管段内压力增加,引起阻气袋位移,使燃气大量外泄,应在阀门旁靠近停气管段一侧钻两个孔,作为安装放散管与测压仪表用。

(4)施工结束后,在通气前应将停气管段内的空气进行置换。

(5)恢复通气前,必须通知所有停气的用户将燃具开关关闭,通气后再逐一通知用户放尽管内混合气体再行点火。

(三)带气接三通

预制短管:短管长度150～200 mm。短管的一端按照干管与支管的管径放样下料,另一端焊上法兰。

关闭燃气管道作业点两侧阀门井内的阀门,将管内剩气放散并稳定到正压(500～700 Pa),然后开始电焊冲割。

当焊条割穿管壁时燃气外泄即着火燃烧。应用石棉粘土团(石棉:粘土:水＝1:3:1)投掷,将火苗扑灭并粘堵切割缝隙。

当切割圆弧达 2/3 时便安装专用牵引工具。

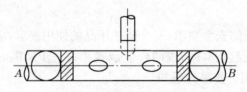

图 10-1　带气接三通示意图

继续使用焊条冲割,至仅留两个连接点(10 mm 左右)为止。切割处浇水冷却到常温。

在位于切割孔两侧钢管内塞入阻气袋阻塞气源后用快口扁凿切断 2 个连接点,旋紧外螺母,将弧形板随丝杆牵引至管外。

干管开洞处修整后,焊接法兰短管,并安装。

(四)带气对接

当管道延伸时,带气管道与新建管标高一致,采用对接连接。

1. 开天窗

在带气管道末端选定的位置上切割一块椭圆形钢板,方法与上述相同。

2. 塞球

切割完毕,将火焰全部扑灭,操作人员戴好防毒面具,撬开天窗,取下弧形钢板,立即向来气方向塞入橡胶球胆,并迅速向球胆内充入压缩空气,用打足气的球胆将管道堵塞,使之不漏气。

3. 切管与焊接

切掉已使用的燃气管道末端的堵板,焊接新、旧管道。

4. 置换

管道焊接完毕,焊口冷却后,立即将原来切割下来的天窗钢板盖在原来切割的位置上,将新建管道全部充满燃气,证明新建管内已充满燃气后,燃气压力再降至作业要求的压力。

5. 用电焊,带火焊接天窗

6. 试漏与防腐

将燃气压力升至运行压力,用肥皂水涂刷新焊的焊口,不漏为合格。以后按规定对新焊口处作防腐层。

（五）带压钻孔接管

带压接管装置主要由法兰短管、闸阀和钻孔机三部分组成。

首先把预制的法兰短管焊在燃气管道上(不要烧穿);阀门与法兰短管用螺栓紧固,再把钻孔机与闸阀用螺栓紧紧连接,然后在钻孔机主轴端部安装上钻头和筒状铣刀;操作时用手轮控制把钻头和铣刀伸入法兰短管内进行钻孔;中心定位钻头钻入管壁后形成定位轴,铣刀筒绕定位轴旋转进刀,规则地切下管壁片;最后反转手轮,提起钻头和铣刀筒,切片挂在钻头上一同被提出,迅速关闭闸阀;将钻孔机拆下后,即可在闸阀上安装新建管道。

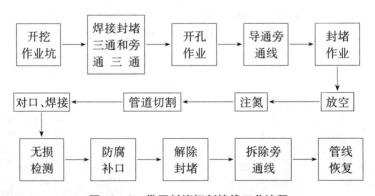

图 10‑2　带压封堵切割接线工艺流程

带压封堵切割接线:三通直接焊接在管线上,故其质量和材质都非常重要。由盲板、三通壳体、活塞、下护板、螺栓螺母、密封垫组成。

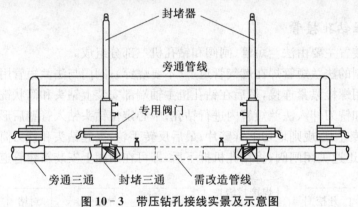

图 10-3　带压钻孔接线实景及示意图

图 10-4　三通外形图

图 10-5　对开三通

要求:上下弧板对正,弧板与管壁紧密结合,间隙最大不得超过 1 mm,上下壳体垂直对中,其中心线与管道中心线成正交。

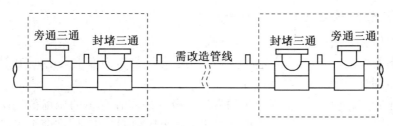

图 10‑6　对开三通位置图

图 10‑7　对金属管道开孔机

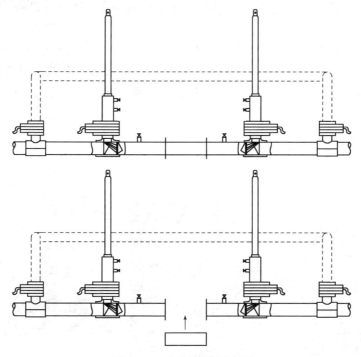

图 10‑8　切割管道示意图

（六）PE 管的维修方法——截气

两种带气堵管方法：压扁截气、阻气球截气。

在聚乙烯管切割的工地不需使用电接，但为防备因静电而产生火花，应在管道切割位置的两边以湿布围绕，并使湿布触及地面。

对于低压管道，进行切割位置每边的带气部分一般只作单一的压扁截气便已足够。对于中压管道，管径在 63 mm 以上时，每边需使用两个压扁截气工具，在两个工具之间需有放散装置。

图 10-9　PE 管道截气操作图

聚乙烯管道抢修时采用带气封堵设备封堵或阀门关闭截气，否则可考虑使用专用的压扁工具截气。同一位置上，决不可进行超过一次的压扁操作。曾被压扁截气的位置，再不应用作焊接。

压扁截气位置与干管管件或切割位置的最短距离应是管道直径的 2.5 倍。而压扁截气位置之间的最理想距离应为管直径的 6 倍。当压扁截气位置下游的管道被切开，应立刻以膨胀堵管器或其他认可的方法将开口封好或将之焊接至新的或更换的管道。

压扁截气点应有人看守。

当聚乙烯管需要修理时，损坏部分应以相同直径及 SDR 及不短于管直径 4 倍的新管将之更换。新管长度应比旧管短 5 mm。

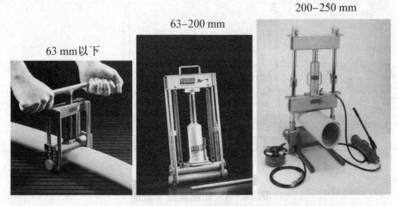

图 10-10　各管径截气图

　　如管道只是局部受损，可使用拼合管夹、管道包扎胶布或其他合适方法作临时止漏之用，但损坏部分亦应从速切除及更换。

　　（1）运用受控制的外力将管道变形直至管内径被压至紧闭为止。

　　（2）采取妥善的安全预防措施，尽可能低降低运行压力（如果允许，则关闭阀门）。

　　（3）建立旁通

　　（4）对 PE80 管道，可使用压扁机截气（低压管道一般每侧使用 1 组压扁机，中压管道 63 mm 以上每侧应使用 2 组压扁机，每组压扁机间加以放散）。如图 10 - 10 所示为截气位置示意图。

（七）堵管技术应用于聚乙烯管

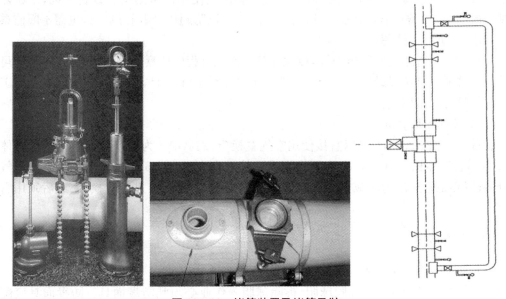

图 10 - 11　堵管装置及堵管马鞍

（八）PE 管的维修方法

　　任何带气操作，都必须采取妥善的安全预防措施。如在未开始焊接前，用可燃气体检测器在沟槽检查：最大可容许的浓度是 20%LEL。将焊机及发电机放于无可燃气体的地方，焊机不应放置在沟槽内。

　　PE 管的维修及带气连接必须由经过专门训练的员工实施。

三、置换

　　燃气置换分为直接置换和间接置换，直接置换适用于＜DN90 管径的分支管道和 ＜2.5 m³ 的主管道；惰性气体置换适用于＞2.5 m³ 的主管道，所用的惰性气体体积最少应为所置换管道容积的 1.5 倍。

　　1. 主管道直接置换要点：(150 mm≤DN≤250 mm(1×50 mm))

　　避免不同气体混合，保持 0.6 m/s 换气速度，换气压力＜下游管道或堵管设备的最高操作压力，监察区域压力≥可接受的最低水平，放散点的放散管的管径应与换气旁通管配合，采用可燃气体探测器连续两次测试,确定 GAS 成分已超过 90%,便完成置换。

2. 分支管道直接换气

小心开启阀门进行换气。如分支管道直径≤80 mm,可选择将气袋放气进行换气;连同立管一起换气,事前通知有关部门(如客户安装部门)作出安排;放散位上安装软管,软管出口放置在楼宇或密闭场地外面的安全地方;换气软管的出口安装阻焰器;对出口气体进行测试;管道换气口径(建议采用旁通管口径):DN≤125 mm(1×25 mm)、150 mm≤DN≤250 mm(1×50 mm)、300 mm≤DN≤400(1×80 mm 或 3×50 mm)。

3. 主管道间接置换

准备足够惰性气体及装设入口控制阀;安装压力计靠近惰性气体连接处;监察区域压力不小于可接受的最低水平;低压操作时,带气主管道应使用认可的堵管设备分隔;中压操作时则一般用阀门分隔;小心监察下游惰性气体压力,以防超压;阀门开启时,也需不断监察上游区域压力;进行气体测试;

应在带气主管道上安装压力计,以便在整个换气过程中监察区域压力,使之不低于可接受的最低水平。可选择最接近的调压站或凝水缸安装此压力计,但必须确保试压点与工作地点之间没有大量用气。

4. 置换废弃主管道

管道水容积≤2.5 m³ 可以直接使用空气置换(<2%GAS 为置换完成);用惰性气体置换(1.5 倍管道体积,<4%GAS 为置换完成);管道水容积>2.5 m³ 废弃主管,应与带气管道分离;废弃主管道压力应减至 0.5 KPa,压力没有上升迹象,才进行置换;完成后须用管塞封口。

四、安全技术

(1)带气作业必须明确负责人,现场由负责人统一指挥。

(2)带气切割、焊接、塞橡胶球胆、拆除球胆等作业必须戴防毒面具。防毒面具应配备较长的软管。

(3)降压作业时,燃气管内的压力要控制在 500～700 Pa,最高不能超过 1 000 Pa,最低不得低于 200 Pa。

(4)操作区 10 m 以内不准有易燃物品和火源,乙炔瓶和氧气瓶等应放在操作区 10 m以外,夜间作业应采用防爆照明设备。

(5)作业区应杜绝车辆来往,无关人员应远离操作区。

(6)带气敲打作业应使用铜工具。

(7)作业临时钻的阻气孔、测压孔、放散管等,用完后必须堵牢,保证严密不漏气。

模块九 高压及次高压管道施工

第十一章 高压及次高压管道施工

本章讨论的内容适用于压力大于 0.4 MPa 但不大于 4.0 MPa 的燃气(不包括液态气)。室外输配管道的设计和施工人员应具相关的资历或专业资格。

一、管道及附件材料

钢管及管道附件材料的选择,应根据管道的使用条件(设计压力、温度、介质特性、使用地区等)、材料的焊接性能等因素,经成本效益分析后确定。

当管道附件与管道采用焊接连接时,应采用相同或相近的材料。

高压 A 钢管在四级地区或在其他重要设施(如铁路、高速路等)的选材,应采用埋弧直缝钢管(如 UOE)或无缝(seamless)钢管。

在高压 A 的情况下,螺旋焊缝钢管的应用应限于一、二或三类区域。

螺旋焊缝钢管的应用,应优先考虑选用具扩径的管材,在缺乏扩径的情况下,管材供货商应提供测试结果,以证明管材的残余应力不大于其最低屈服强度的 10%。管道附件不得采用螺旋焊缝钢管制作,严禁采用铸铁制作。

ERW(直缝电阻焊管 Electric Resistance Welding,焊缝是由钢带本体的母材熔化而成,机械强度比一般焊管好。焊缝余高小,有利于 3PE 防腐涂层的包覆。外表光洁、精度高、成本低,应用在 DN400、壁厚 17 mm 以下较多。)高频电阻焊管的应用应限于不高于表压 0.8 MPa 及壁厚不大于 10 mm 的管道。

钢管及管件必须附有合适的外涂层,管道也宜有内防腐层以防止在运送及储藏期间锈蚀或损害。

如需要检管和清管,应符合:高压管道,其弯头的弯度应按 GB50251 的规定。次高压管道,其弯头的弯度应不少于 3D,弯头不应由钢管焊接制造。阀门必须为全通径。在支管的直径大于干管的直径 25% 时,三通的支管口位应设导杆。由于 0.8 MPa 以上的次高压或高压管道对整个输配系统极其重要,所以应尽量考虑检管要求。

在设计支管时,必须先考虑选用预制的管件,并具出厂合格证书。经考虑而情况不许可下,可使用支管连接的方法,而有关补强的规定必须符合《城镇燃气设计规范》GB50028。

法兰垫片必须不含石棉成分,应选用可靠的形式和材质。

燃气管道阀门的选用应符合有关国家现行标准或不低于其他国家国际标准,如 ASME B16.34,API6D,API6FA 等,并选择适用于燃气介质的阀门,宜选用焊接球阀。阀门应附设双隔中疏的功能(Double Block and Bleed),阀门上下游密封,阀门在(全开或)全关时,阀腔内的滞压可通过阀体上的排气阀/管释放,检查阀门是否存在内漏。

弯头的壁厚应较相连钢管为厚,其厚度的计算应按 GB50251 的规定。

导流三通使双向流通的液气能不受压力差的影响均匀汇合,导流三通还可以根据设计使用要求,对管道中的液气进行合理分流。

二、管材及管件存放

管道、管件、辅材、焊材等,必须具有生产厂质量检验部门的产品质量检验报告和合格证,其质量不得低于国家现行标准或其他国际标准,否则不得使用。

验收物料时,如果有损坏的话,应详细报告有关资料,并应附照片以作记录。

在收到提供的物料之后,应该注意所有这种物料的保护、搬运、存放和堆放。

为了防止管道保护层受到破坏,管道应该用厚的木料垫高。在有必要堆叠的时候,两层管道之间也应该放上衬垫。

任何损坏或不适合使用的物料,都应有清楚的标签,并与其他适合使用的物料分开存放,避免好坏混合,防止因疏忽而误用在工程中。

管道、设备搬运时,不得抛摔、拖拽和剧烈撞击。运输时的堆放高度、环境条件(湿度、温度光照等)必须符合产品的要求,应避免曝晒和雨淋。

运输时应逐层堆放,捆扎、固定牢靠,避免相互碰撞。

堆放处不应有可能损伤材料、设备的尖凸物。

避免接触可能损伤管道、设备的油类、酸、碱等物质。

三、燃气管道设计

1. 地区等级划分

燃气管道通过的地区,按沿线建筑物的密度可划分为四个地区等级,并依从所归类的地区等级作出相应的管道设计。

燃气管道地区等级的划分应符合下列规定:

沿管道中心线两侧各 200 m 范围内,任意划分为 1.6 km 长并能包括最多供人居住的独立建筑物数量的地段,按划定地段内的房屋建筑密集程度,划分为四个等级。

注:在多单元住宅建筑物内,每个独立住宅单元按一个供人居住的独立建筑物计算。

地区等级的划分:

一级地区:有 12 个或 12 个以下供人居住建筑物的任一地区分级单元。

二级地区:有 12 个以上,80 个以下供人居住建筑物的任一地区分级单元。

三级地区:介于二级和四级之间的中间地区。有 80 个和 80 个以上供人居住建筑物的任一地区分级单元;或距人员聚集的室外场所 90 m 内铺设管线的区域。

四级地区:地上 4 层或 4 层以上建筑物普遍且占多数的任一地区分级单元(不计地下室层数)。

二、三、四级地区的长度可按如下规定调整:

四级地区的边界线与最近地上 4 层或 4 层以上建筑物相距 200 m。

二、三级地区的边界线与该级地区最近建筑物相距 200 m。

设定燃气管道地区等级时,应保留该地区以后的发展余地,宜按城市规划划分地区等级。

2. 燃气管道的设计强度

燃气管道的设计强度,应根据管段所处地区等级和运行条件,按可能同时出现的永久载荷和可变载荷的组合进行设计。特殊情况,如需要(例如当有巨大温差,预计沉降或其他负荷等)时,管道设计应考虑进行详细的应力分析,以确保管道所承受的载荷。

设计钢管时,应考虑因高压或次高压系统每天压力循环所产生的金属疲劳效应。

钢质燃气管道的设计公称壁厚,应先按公式计算其直管段计算壁厚,其后按钢管标准规格选取不小于直管段计算壁厚的公称壁厚。最小公称壁厚不应小于相关的规定。

3. 钢质燃气管道壁厚计算

$$\delta = (PD)/(26s\Phi F)$$

式中:

δ=钢管计算壁厚(mm);

P=设计压力(MPa);

D=钢管外径(mm);

$6s$=钢管的最低屈服强度(MPa);

F=强度设计系数;

Φ=焊缝系数。

强度设计系数,F,根据地区等级:一级 0.72,二级 0.6,三级 0.4,四级 0.3。

考虑因素:不同地区等级是否有套管穿越 III、IV 级公路的管道;不同地区等级有套管穿越 I、II 级公路、高速公路、铁路的管道;不同地区等级的门站、储配站、调压站内管道及上下游各 200 m 管道,截断阀室管道及上、下游各 50 m 管道;不同地区等级的人员聚集场所的管道。

穿越铁路、公路和人员聚集场所的管道以及门站、储配站、调压站内管道的强度设计系数见相关标准和规范。

表 11-1 钢质燃气管道最小公称壁厚

钢管公称直径 DN(mm)	最小公称壁厚(mm)
DN100~DN150	4.0
DN200~DN300	4.8
DN350~DN450	5.2
DN500~DN550	6.4
DN600~DN900	7.1
DN950~DN1000	8.7
DN1050	9.5

4. 设计要求

烃露点应比最低环境温度低 5 ℃,水露点应比最低环境温度低 5 ℃。流速不宜大于 20 m/s。管网的规划应配合用户的分布,并尽量形成环状以加强供气的可靠性。

管道路线的选择,应考虑以下主要因素:

地区等级与最高设计压力的规定、间距的规定、城镇规划/土地用途可能对管道的影响、管线的长度、设计、施工及运作的要求及有关的造价、对环境或文物的影响、相邻设施及周边环境对管道可能造成的风险。

相邻设施及周边环境对管道可能造成的风险。地下燃气管道不可在堆积易燃、易爆材料和具有腐蚀性液体的场地下面穿越,并不宜与其他管道或电缆同沟敷设。如需要同沟敷设时,必须采取防护措施。

地下燃气管道埋设的最小厚度要求,以路面至管顶计算:

车行道下,≥0.9 m;

非车行道(含行人道)下时,≥0.6 m;

庭院内(指绿化地及载货汽车不能进入之地),≥0.3 m;

埋设在水田下时,≥0.8 m。

埋地管道的连接应尽量避免使用法兰,输送湿燃气的管道,应埋设在土壤冰冻线以下。地下燃气管道地基宜为原土层。凡可能引起管道不均匀沉降的地段,其地基应进行处理。

与建筑物之间的水平净距:通过四级地区的燃气管道,其压力不宜大于 1.6 MPa(表压)。当条件限制需要进入时,高压管道通过四级地区的设计应不低于 GB50028 的规定。次高压 B 地下燃气管道与建筑物或构筑物或相邻设施之间的水平净距不应小于 4.5 m。如强度设计系数不大于 0.3 及管壁厚度不少于 11.9 mm,所需的水平净距为不少于 3 m。

在三类地区允许采用挖土机,不会对强度设计系数不大于 0.3、管壁厚度不小于 11.9 mm 的钢管造成破坏,因此采用设计系数不大于 0.3,管厚度不小于 11.9 mm 的钢管(L245 以上),基本不需要安全距离。高压管道到建筑物 3 m 的最小要求,是考虑挖土机的操作规定和日常维修管道需要,以及避免以后建筑物拆建对管道的影响。

高压管道不宜进入四类地区,当进入时,高压 A 与建筑外墙水平净距不应小于 30 米(壁厚大于 11.9 mm 或采取其他保护措施时,不应小于 15 米);高压 B 间距为 16 米(当壁厚大于 11.9 mm 或采取其他保护措施时,不应小于 10 米)。

表 11 - 2　一级或二级地区地下燃气管道与建筑物之间的水平净距

燃气管道公称直径 DN(mm)	地下燃气管道压力		
	次高压 A	高压 B	高压 A
900＜DN≤1 050	53	60	70
750＜DN≤900	40	47	57
600＜DN≤750	31	37	45
450＜DN≤600	24	28	35
300＜DN≤450	19	23	28
150＜DN≤300	14	18	22
DN≤150	11	13	15

表 11-3 三级地区地下燃气管道与建筑物之间的水平净距(m)

燃气管道公称直径和壁厚(mm)	地下燃气管道压力 MPa		
	1.61	2.5	4.0
A. 所有管径 $\delta < 9.5$	13.5	15.0	17.0
B. 所有管径 $11.9 > \delta \geqslant 9.5$	6.5	7.5	9.0
C. 所有管径 $\delta \geqslant 11.9$	3.0	5.0	8.0

表 11-4 与相邻管道之间垂直净距(m)

项目		地下燃气管道(当有套管时,以套管计)
给水管、排水管或其他燃气管道		0.15
热力管的管沟低(或顶)		0.15
电缆	直埋	0.50
	在导管内	0.15
铁路轨底		1.20
有轨电车轨底		1.00

表 11-5 与相邻设施之间的水平净距(m)

项目		地下燃气管道			
		次高压		高压	
		B	A	B	A
给水管		1.0	1.5	1.5	1.5
污水、雨水排水管		1.5	2.0	2.0	2.0
电力电缆(含电车电缆)	直埋	1.0	1.5	1.5	1.5
	在导管内	1.0	1.5	1.5	1.5
通信电缆	直埋	1.0	1.5	1.5	1.5
	在导管内	1.0	1.5	1.5	1.5
其他燃气管道	300 mm	0.4	0.4	0.4	0.4
	>300 mm	0.5	0.5	0.5	0.5
热力管	直埋	1.5	2.0	2.0	2.0
	在导沟内(至外壁)	2.0	4.0	4.0	4.0
电杆(塔)的基础	35 kV	1.0	1.0	1.0	1.0
	>35 kV	5.0	5.0	5.0	5.0
通讯照明电杆(至电杆中心)		1.0	1.0	1.0	1.0
铁路路堤坡脚		5.0	5.0	6.0	8.0
有轨电车钢轨		2.0	2.0	3.0	4.0
街树(至树中心)		1.2	1.2	1.2	1.2

5. 管道的设计

埋地管道的路线,应尽量避免可能产生集散直流电的区域,如位于直流操作的铁路或电车轨附近,如情况不许可,管道应附设合适的防腐设施以抵御集散电流腐蚀的侵袭。地下燃气管道上的设施,如阀门、阴极保护测点等均应设置控制井。为减少密闭空间,此类控制井应尽量为手井(Handhole)式。(注:泄漏气体积聚于沙井引起爆炸及控制井盖飞脱的风险)。

在燃气管道三通起点处,应设置阀门。阀门的选址应为安全、容易操作的地方。阀门绝不可设于高速或繁忙车道上。阀门两侧应设置放散管,并在放散管上装设附设阀门。燃气干管上应设置分段阀门;分段阀门不应超过以下间距:

高压燃气干管:

以四级地区为主的管段不应大于 8 km;

以三级地区为主的管段不应大于 16 km;

以二级地区为主的管段不应大于 24 km;

以一级地区为主的管段不应大于 32 km;

高压及次高压燃气管道的设计,除站场或极特殊情况,应为埋地。在不可行及保证安全的情况下,才可考虑架空管道的方案。

0.8 MPa 以上的次高压或高压管道的设计,应考虑日后清管或电子检管的需要,并宜预留安装电子检管收发装置的位置。选择弯头、阀门、三通及其他配件时,应确保有效及安全的检管要求,在可检管的管道上不应装设嵌入管道内的设施,连接检管开发筒/接收筒的管道上的弯头的数量应尽量减少,支管与支管之间的距离不应太接近,避免影响检管器在管道内的推进。

6. 钢质燃气管道的防腐

管道及管件防腐前应逐根进行外观检查和测量,并应符合下列规定:

(1) 钢管弯曲度应小于钢管长度的 0.2%,椭圆度应小于或等于钢管外径的 0.2%。

(2) 焊缝表面应无裂纹、夹渣、重皮、表面气孔等缺陷。

(3) 管道表面局部凹凸应小于 2 mm。

(4) 管道表面应无斑疤、重皮和严重锈蚀等缺陷。

燃气管道及管道附件所需要的内层保护和外层保护,应尽可能于制造商的工厂内制造。地下燃气管道的外防腐涂层应为聚乙烯防腐层(宜为三层)或环氧粉末喷涂。如选用聚乙烯为外防腐层,建议厚度为 3 000 微米。如选用环氧粉末为外防腐层,建议厚度为 400 微米或以上。使用内防腐层的好处是能够减低管道内的摩擦损失,并同时减低管道在安装前腐蚀的可能性。一般的内防腐层应用环氧系列材料。

钢质燃气管道采用阴极保护,如强制电流方式或牺牲阳极法。在城市地区或地下设施密集地区,应使用牺牲阳极法。在郊外空旷区域,可考虑改用强制电流法。使用牺牲阳极法时,牺牲阳极的距离大约 300 m。

7. 管道施工前期及一般要求

高压及次高压燃气输配钢管工程施工及验收工作,包括了钢管铺设、焊接、测试和其他有关工序。

凡进行城镇燃气输配工程施工的单位,必须具有与工程规模相应的施工资质,并需要提交详细施工方案,该方案要获得相关的主管和监管部门的认可,并联络与敷设管道工程相关的单位,如当地路政、公安部门等,与其沟通、协调。

工程施工应具备以下条件方可开工:

(1) 必须得到当地主管部门和相关单位的批准,领取有关的施工许可证;

(2) 设计及相关技术文件齐全,施工图纸已经审定;

(3) 材料、机具备齐,工种齐全,施工现场环境符合要求,施工用水、电、气满足要求,并能保证连续施工。

工程施工必须按设计进行,修改设计或材料代用应经原设计部门同意。如发现施工图有误或在施工的燃气设施与其他市政设施的安全距离不能满足国家现行标准燃气设计规范时,不得自行更改,应及时向建设单位或设计单位提出变更设计要求。

工程施工所用管道组成件、设备等,应符合或不低于国家现行的有关产品标准,并具有出厂合格证。

工程施工及验收,应遵守国家和地方有关安全、施工、劳动保护、防火、防爆、环保和文物保护等方面的规定。

施工一般要求:

(1) 施工记录图表:

在工程的建设过程中,应当准备好全面的已建设工程的详细资料。

在施工进行中,应定期制订管道平面图册用作监理管道敷设的进度直至工程完成,该图册应包括相关的地图或足够的地标显示。此类施工进度图的比例宜为1∶1000。完工时则绘制整体管道安装图册,比例宜为1∶500或1∶250,并须包括以下数据:

① 管道平面图。

② 坐标及方向变化。

③ 相关的地图或具足够的地标显示。

④ 阴极保护控制井、阀门和其他永久性装置的位置。

⑤ 管道纵断面图。

⑥ 焊缝节点图。

⑦ 管道、装置、焊缝编号的识别记号。

⑧ 已铺管道与相对永久建(构)筑物的距离。

⑨ 管道地面标志设置。

为了运行维护、保养管理方便和防止外单位施工损伤燃气管道,燃气管道沿线宜设置标志。

阀门或阴极保护的护井标志必须具足够的承载力。路面标志应统一制作,同种规格一致。标志埋入后应与路面平齐。非路面的管道上面,应设置显眼的管线标志,如标志牌、砼桩柱。

(2) 公用事业及地下设施

在开挖土方以及铺设管道过程中,必须警惕所有地下设施,如水管、电缆或者电话线,排水管或者地隧道及其他工程的所在位置并且保护它们。

在开挖任何土方之前,应由经考核合格的人员使用探测器来确定地下设施的位置。在有需要时,应与有关的单位联系,在未确定地下设施的位置前,不应使用重型机械开挖,应先以人工开挖以确认地下设施的位置,或在个别地方开挖探洞,以确认地下设施的位置。

在施工和运行期间,在发现文物(推测有文物)的情况下,必须严格遵守文物保护法令。停止施工并且立刻向文物管理部门报告以便采取适当的缓解措施来保护遗迹。

交通安全措施:如在行车道施工,必须符合有关的交通法规,如照明、围栏、保护、锥形物、交通标志、干道通行的红绿灯等。在完工和修复以后对所有的损坏进行清理和修复。在施工期间造成的对公共道路、私人道路或者出入通道造成的破坏,应当维护、铺路、清理以及修补并且修复。

应文明施工,随着工程的进展,应适当地清除工地上的垃圾和碎屑,进行适度的清洗,确保清洁卫生。

在施工期间,应适当保护所有地上和地下、新铺的和现有的管道,尤其特别要注意保护现有的供气管道。

保护工程材料和设备免于被损坏和偷窃。

在整个施工期间,须使存放于工地上的材料免于由天气、操作不当、损坏、偷窃损失或者其他原因所带来的一切风险,必须进行所有必要的守卫或保护(包括白天和晚上)。

施工时需要采取必要的措施来防止产生噪音污染,并且应当遵守有关防止环境污染方面所作的规定。

禁止在可能引发危险的任何地带动用明火、吸烟或者进行其他燃点工作。

8. 施工准备

工程动工之前应预定充足材料,避免发生延误。这些材料包括管道、弯头、三通、阀门等主要物料。除了这些材料以外,必须确保施工时所需的其他材料有足够的供应,如(如适用时):

用于临时性或永久性围栏、照明和防护的材料。

保护焊接接口或弯头等的外防腐材料。

环氧树脂涂料及有关的工具。

回填及修复的材料。

获批准的保热衬垫,石棉类不应使用。

阴极保护装置和材料。

测试点(Test point)配件-盲板法兰、垫片及高拉力螺栓和螺母。

清管器、铝板检管器。

用于水压试验和气压试验的材料,包括所有装有阀门和压力表的排水装置,管尾盖(End Cap),盲板法兰板。

所有材料和器材用于道路施工的临时性道路标志、锥形筒,交通指示牌、交通信号灯等。

钢制套管以及阀井盖。

路面的检查,在任何道路的地段上进行施工之前,宜安排与当地路政部门的代表共同察看该地。

安全:施工时应遵守有关的安全规定。施工人员应具有相应的资格证书,工地应设有急救设备。如在施工期间发生任何安全事故,应通知有关方面并对事故作出详细报告。

9. 工程施工

（1）一般规定

工程应有完整的施工计划，包括开挖、下管、回填、路面修复及特殊路段的施工方案。作好管沟开挖前的放线工作，应符合有关的工程测量规定。

在施工区域内，有碍施工的现有建筑物、构筑物、道路、沟渠、管线、电杆、树木等，应在施工前与有关单位协商处理。

管沟内的积水应及时清除，确保管沟的稳定性及工地环境卫生。

（2）施工现场安全防护

在车行道、人行道施工时，应在管沟沿线四周设置安全护栏，并应设置明显的警示标志。在施工路段沿线，应设置夜间警示灯。对无路灯的施工路段沿线，应设置照明灯。对不可断路面，应有保证车辆、行人安全通行的措施。施工中使用吊车起吊时，应注意沟槽上方高压电线等设施。

（3）开槽

混凝土路面和沥青路面的开挖应使用切割机切割。槽底应预留不少于 150 mm。管沟沟底宽度、坡度和工作坑尺寸，可参照（CJJ33）城镇燃气输配工程施工及验收规范的要求。沟槽一侧或两侧临时堆土位置高度不得影响边坡的稳定性和管道安装，不得掩埋消防栓、雨水口等设施。

弃土与沟边应有安全距离，一般而言，可考虑预留不少于 0.5 m 空间，以确保沟槽稳定，防止弃土下塌及保持工地往来通道。

在无法确定沟槽在不加支撑下的稳定性时，应用支撑加固沟壁。对于不坚实的土壤应作连续支撑，支撑物应有足够的强度。

沟底遇有废旧物料、硬石、木头、垃圾等杂物时，必须清除，然后铺一层厚度不少于 150 mm 的砂土或素土并整平夯实至设计标高，以确保不会损害管道及其防腐层。

（4）回填及修复

恢复所有的工作区域和道路，至少应与工程开始之前的情况相同。管道周边 150 mm 回填宜为细沙或无杂质的素细原土，其余的回填应为经筛选的泥土。回填必须按规定夯实。

埋设燃气管道的沿线应连续敷设警示带，警示带敷设前应对敷设面夯实，然后将其平整地敷设在管道的正上方，距管顶的距离不小于 0.5 m，但不得埋入路基和路面里。

警示带宜采用黄色聚乙烯等不易分解的材料，并有明显、牢固的警示提示语，字体宜大于或等于 100 mm×100 mm。

管道路面标志设置：

当燃气管道设计压力大于或等于 0.8 MPa 时，管道沿线宜设置路面标志。混凝土和沥青路面宜使用铸铁标志；人行道和土路宜使用混凝土方砖标志；绿化带、荒地和耕地宜使用钢筋混凝土桩标志。

路面标志应设置在燃气管道的正上方，并能正确、明显地指示管道的走向和地下设施。设置位置应为管道转弯处、三通、四通处、管道末端等，直线管段路面标志的设置间隔不宜大于 200 m。

承担燃气钢质管道、设备焊接的人员，必须具有锅炉压力容器压力管道特种设备操作人员资格证（焊接）焊工合格证书，且在证书的有效期及合格范围内从事焊接工作。间断焊接时间超过6个月,再次上岗前应重新考试;承担其他材质燃气管道安装的人员,必须经过专门培训,并经考试合格,间断安装时间超过6个月,再次上岗前应重新考试和技术评定。当使用的安装设备发生变化时,应针对该设备操作要求进行专门培训。

10. 焊接及接口处理

(1)一般规定

管道焊接标准应符现行国家标准或不低于国际标准,如GB50236、SY/T/4103、SY/T/4106、SY/T/4071,API1104、BS4515等。

施工单位必须在施工前安排足够管道焊工以应付有关的工程量。

在工程的焊接工作开始之前,施工单位应根据设计要求,制定详细的焊接工艺指导书,并据此进行焊接工艺评定,然后根据评定合格的焊接工艺,编制焊接工艺规程,并将规程提供初步批阅。

焊接工艺规程包括建议使用的设备、方法和材料、焊条的类型和大小、电流的强度,管材/管件的直径、厚度及级别等。

规程经初步批阅后,施工单位必须在工地上按焊接工艺规程进行测试,包括外观检查,X-射线照相检验及力学性能试验,以确定其方法为可接受的。如果测试结果符合规定,则该规程会被批准在工程中使用,而该焊工也被认为符合资格。

其后沿用该获批准的规程测试其他焊工,可采用X-射线和外观检查。

(2)两层焊接之间的时滞

第二层应该立即在完成第一层之后进行。所有的焊接都必须在当天完成。冷却必须慢慢地和在绝缘覆盖下进行。

(3)预先加热

设定焊接前的预热温度时,应考虑管材的化学成分,管壁厚度,焊接时的热能等因素。焊接前预先加热的温度应不低于50℃,或应符合获批准的焊接规程所规定较高的温度。

预热可以防止氢气裂纹的产生。预热操作方便及具成本效益,对整体工程造价的影响较小。所有管道焊接接头,应预热不低于50℃或根据个别焊接工艺规程所定的预热温度,以较高者为准。

预热的工具和测试:瓶装液化气火焰、测温笔。

(4)材料规格

如果管道材料转换,一般都需要对焊接工艺规程进行重新测试。

(5)焊条的类型

如果焊条规格、生产厂家或者品牌发生任何变化,都需要对焊条重新进行质量验证并重新编制焊接工艺规程。

(6)焊缝质量检查

管道焊接完成后,强度试验及严密性试验之前,必须对所有焊缝进行外观检查和对焊缝内部质量进行检验,外观检查应在内部质量检验前进行。

焊缝内部质量的抽样检验应符合下列要求:

① 管道内部质量的无损探伤数量,应按设计规定执行。当设计无规定时,抽查数量不应少于焊缝总数的15%,且每个焊工不应少于一个焊缝。抽查时,应侧重抽查固定焊口。

② 对穿越或跨越铁路、公路、河流、桥梁、有轨电车及敷设在套管内的管道环向焊缝,必

须进行100%的射线照相检验。

③ 当抽样检验的焊缝全部合格时，则此次抽样所代表的该批焊缝应为全部合格；当抽样检验出现不合格焊缝时，对不合格焊缝返修后，应按下列规定扩大检验：

a. 每出现一道不合格焊缝，应再抽查两道该焊工所焊的同一批焊缝，按原探伤方法进行检验。

b. 如第二次抽检仍出现不合格焊缝，则应对该焊工所焊全部同批的焊缝按原探伤方法进行检验。对出现的不合格焊缝必须进行返修，并应对返修的焊缝按原探伤方法进行检验。

c. 同一焊缝的返修的次数不应超过2次。

（7）检查和试验：

非破坏性方法检查：

所有焊接都需要经过外观检查，并进行X-射线检查。如果照片未能确定焊缝质量，可考虑开展超声波试验。如有某些位置被确定为不能进行X-射线检查，都需要尽量进行磁性离子裂缝检查（MPFD）。所有的焊缝修补都必须依照以上非破坏性检查方法进行测试。

X-射线拍摄检查：在工程中进行的全部焊接都需要经过100%X-射线检查及格，除非工地情况不许可，但亦应尽量以其他非破坏性测试代替，例如MPFD或超声波检查。

X-射线拍摄程序：X-射线拍摄只有在焊缝已经冷却到周围环境的温度及干燥后方可进行。进行X-射线拍摄的以及呈交的照片必须在焊接结束后24小时之内完成。

管道间隙：在地上或者在深沟中焊接的钢管在管道与其他阻碍之间，一般应至少预留600毫米的空间以方便进行焊接。在可能的情况下，钢管焊接应尽量在地上进行。

11. 管道铺设

（1）一般事项

管道下沟前，须检查每一管道及配件有无割损、深刮痕、点蚀或其他损伤。如怀疑管道或配件有瑕疵，须于其上划上记号，并禁止使用此管道及配件。遇此情况时，应通知监理工程师作进一步指示。

安装前应将管道、管件及阀门等内部清理干净，不得存有杂物。

在敷设管道期间，应特别小心避免水或其他杂物进入系统内。若工地无人看管时，管末端的开口应用膨胀堵管器、管帽或其他认可方法适当地封好。

管材及管道组成件在安装前应按设计要求核对无误，并应进行外观检查，其内外表面应无疤痕、裂纹、严重锈蚀等缺陷，方准使用。

（2）管件、设备安装

管道及配件必须有出厂合格证明。

管道及配件安装前应检查型号、规格及管道配置情况，按设计要求核对无误，符合要求并获批准方准使用。

管道组成、设备安装完毕后及时对连接部位进行防腐，应与管线一起进行严密性试验。

（3）阀门安装

安装前应检查阀芯的开启度和灵活度，并根据需要对阀体进行清洗、上油。阀门在正式安装前，应进行严密性试验。

安装时，燃气流向应与阀门体上的箭头方向一致。阀门的阀杆及传动装置的位置、方向应按设计安装，动作应灵活。

阀门安装时,不得强力组装,安装过程中应保证受力均匀,阀门下部应根据设计设承重支撑。与钢管连接的新安装阀门,应采用钢制阀体并有防腐保护,例如以防腐胶布包扎,或涂上防锈漆。安装阀门时,应考虑通往阀门的过道,以方便操作及维修。

每个阀门应具有个别编号以便识别。应清楚地记录所有阀门的位置于总记录上。在资料中应存放每个阀门的记录,以提供以下数据:阀编号、位置、直径、状况(开启或关闭)、阀门类型、开阀转数、测量图编号。

(4) 法兰应在自由状态下安装连接,并应符合下列要求:

① 法兰连接时应保持平行,其偏差不得大于法兰外径的 1.5‰,且不得大于 2 mm,不得采用紧螺栓的方法消除偏斜。

② 法兰连接应保持同一轴线,其螺孔中心偏差一般不宜超过孔径的 5%,并应保证螺栓自由穿入;

③ 法兰垫片应符合标准,不得使用斜垫片或双层垫片。采用软垫片时,周边应整齐,垫片尺寸应与法兰密封面相符。

④ 螺栓与螺孔的直径应配套,并使用同一规格螺栓,安装方向一致,紧固螺栓应对称均匀,紧固适度,紧固后螺栓外露长度不应大于 1 倍螺距,且不得低于螺母。

⑤ 螺栓紧固后应与法兰紧贴,不得有楔缝。需要加垫片时,每个螺栓所加垫片每侧不应超过 1 个。

⑥ 法兰与支架边缘或墙面距离不宜小于 200 mm。

(5) 管道吊装时,吊装点间距不应大于 8 m。吊装管道的最大长度不宜大于 36 m。

(6) 管道对口前应将管道、管件内部清理干净,不得存有杂物。每次收工时,敞口管端应临时封堵。

(7) 管道下沟前必须对防腐层进行 100% 的外观检查和电火花检漏;回填前应进行 100% 电火花检漏,回填后必须对防腐层完整性进行全线检查,不合格必须返工处理直至合格。

(8) 管道穿跨越敷设时,燃气管道的安装应符合下列要求:

① 采用钢管时,燃气钢管的焊缝应进行 100% 的射线照相检验。

② 采用 PE 管时,要先做相同人员、工况条件下的焊接试验。

③ 接口宜采用电熔连接;当采用热熔对接时,应切除所有焊口的翻边,并应进行检查。

④ 燃气管道穿入套管前,管道的防腐已验收合格。

⑤ 在燃气管道穿入过程中,应采取措施防止管体或防腐层损伤。

⑥ 在目标井工作坑应按要求放置燃气钢管,用导向钻回拖敷设,回拖过程中应根据需要不停注入配制的泥浆。

⑦ 燃气钢管的防腐应为特加强级。

⑧ 燃气钢管敷设的曲率半径应满足管道强度要求,且不得小于钢管外径的 1 500 倍。

12. 牺牲阳极阴极保护

牺牲阳极宜采用镁合金,镁阳极与泥土的电压值参考($Cu/CuSO_4$)应低于 -1.5 V,镁阳极应为填包料类型(Package Type),镁阳极的消耗量一般约为 1.23 A. hr/kg。

连接阴极保护后应维持 -0.85V 至 -2V 管道/土壤电位(相对于 $Cu/CuSO_4$ 半电池)。

为监察阴极保护的功能,管道每隔一定距离应加设牺牲阳极保护及测试点,一般为

300 m。

13. 试验与验收

管道安装完毕，应依次进行管道清扫、强度试验和严密性试验。燃气管道穿（跨）越大中型河流、铁路、二级以上公路、高速公路时，应单独进行试压。

（1）安全预防措施

应将进行试验的任何管道与无关系统隔离，与现已运行的燃气管道不得用阀门隔离，必须完全断开。

测试竖管上应安设压力放散阀，并调校以防止试验压力超过设定压力的 5%。

当压力被提升时，所有人等不应逗留在沟槽内。在试验期间，只准负责测试接口的人员留于沟槽内。不论配件已经如何安稳地固定，这些人员在任何时间都严禁停留于管帽、管塞、弯管、三通管后面。

在整个试验过程中，应间歇检验整个系统，以确保所有锚固设施牢固及无存在危险。

在试验或压力提升期间，如发现管道有任何移动迹象，应立刻停止压力试验及释放管道内的压力，并采取补救措施纠正此情况。

严禁使用关闭的阀门作为管帽。压力试验期间试验段上所有的阀门必须在开启的位置。

当完成测试，应将压力经适合的放散管释放，所有放散管应由人控制。应用压力计或用其他方法检查，并应由在场的负责人以书面认可，而该文件须经负责测试的监理工程师审查。

（2）管道清扫

管道安装检验合格后，应由施工单位负责组织吹扫工作，并应在吹扫前编制吹扫方案。应按主管、支管、庭院管的顺序进行吹扫，吹扫出的脏物不得进入已合格的管道。吹扫管段内的调压器、阀门、孔板、过滤网、燃气表等设备等不应参与吹扫，待吹扫合格后再安装复位。吹扫口应设在开阔地段并加固，吹扫时应设安全区域，吹扫出口前严禁站人。

吹扫介质宜采用压缩空气，严禁采用氧气和可燃性气体。吹扫压力不得大于管道的设计压力，且不应大于 0.3 MPa。公称直径大于或等于 100 mm 的钢质管道，宜采用清管球进行清扫。（球墨铸铁管道、聚乙烯管道、钢骨架聚乙烯符合管道和公称直径小于 100 mm 或长度小于 100 m 的钢质管道，可采用气体吹扫。）每次吹扫管道的长度不宜超过 500 m；当管道长度超过 500 m 时，宜分段吹扫。

吹扫合格设备复位后，不得再进行影响管内清洁的其他作业。

（3）强度试验

管道试验用压力计及温度记录仪表均不应少于两块，并应分别安装在试验管道的两端。

强度试验压力应按设计确定，一般而言，试验压力应不低于设计压力的 1.5 倍，但必须考虑管材及管件所承受的压力。试验介质一般采用清洁水。

管道进行强度试验时，压力应逐步缓升，首先升至试验压力的 50%，进行初检。如无泄露、异常，继续升压至试验压力，然后稳压一小时，观察压力计三十分钟，无持续下降才可开始试验。试验期应不少于四小时。

强度试验时一般不应有压力下降。在试验完成时，所有的记录表都应由负责测试的监理工程师签名。

（4）严密性试验

一般在强度试验合格后，管线全线回填后，路面恢复前进行，使温度变化减至最小。试验介质一般采用压缩空气。

稳压时间一般为 24 小时，试验压力为设计压力的 1.15 倍。

严密性试验时间为 24 小时，以修正压力降小于 133 Pa 为合格。

试验用的压力计精度等级、最小分格值及表盘直径应满足要求。

（5）管道干燥

如需进行管内干燥，以清除管内残余积水，可考虑以真空抽干或其他方法。在顺利完成之后，亦可考虑在管道中注入氮气或其他惰性气体。

（6）工程竣工

工程竣工验收应依据经批准的设计文件、有关建设文件和国家现行的有关技术标准规范、协议等完成。

竣工数据的收集、整理工作应与工程建设过程同步，工程完工后应及时作好整理和移交工作。

模块十　非开挖技术

第十二章　非开挖技术

非开挖技术就是采用各种方法、材料、设备，来铺设、更换或修复地下公用设施而能做到最小限度地扰民碍市。

目前非开挖施工技术的方法有：顶管法、螺旋钻进法(1940)、冲击矛法(1962)、水平定向钻进法(1971)、夯管法(1980)、爆(裂)管法(1980)。

由于开沟更换管道需要开凿路面、挖沟、产生运土费和倒土费用、回填和运输费用，另需要压实、重铺水泥和沥青等施工工序，成本高，时间长，还需要交通管制，带来诸多不便，因此需要非开挖技术解决这些问题。

非开挖技术的优点有：最小的交通干扰、全年可以施工、安全性改善、减少对周围物景的损坏、对周围的商业环境影响少、改善施工的效率、在难以进入的区域也可施工。

非开挖技术应用可分为三大类：铺设新管线、修复置换旧管线、探测原有管网。

铺设新管线施工技术：导向钻进铺管法、定向钻进铺管法、气动矛铺管法、夯管锤铺管法、螺旋钻进铺管法、推挤顶进铺管法、微型隧道铺管法、盾构法和顶管法。

修复旧管线施工技术：原位固化法、原位换管法、滑动内插法、变形再生法、局部修复法。

探测地下管网：地下管线探测仪(非金属管道探测仪、金属管道探测仪、塑料管道探测仪、电力电信缆线探测仪和井盖探测仪等)、供水管网监测仪(流量水压记录仪、漏区诊断仪、漏点定位仪等)、电信线路故障定位仪、气体故障检测仪、管中摄影仪、探地雷达、声呐系列。

一、非开挖技术施工

(一)定向钻进法

适用于施工长度15～1 800米、管径25～1 200毫米的工程。主要应用于市政工程、管道设施、下水管道、压力管道、治理污染的水平管群、地质调查。

1. 定向钻机的构造

在管线入土点附件安设一台定向钻机，该钻机用地锚固定，钻机长15～20 m，在其钢制底盘的左半部安一可以调整倾斜角度的井架，右半部设有柴油机、液压泵、压力油箱、泥浆泵、控制室、变压器、发电机等设备。

柴油机带动一台液压油泵和一台发电机。液压油泵为所有液压马达提供动力，从而控制井架的升降、卡盘的移动、带动泥浆泵和钻机配套的液压起重机。发电机提供现场照明、

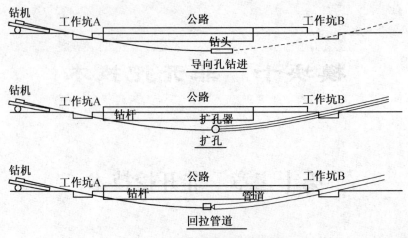

图 12-1 定向钻铺管钻进示意图

水泵的用电。

2. 主要配套设备

定向钻穿越河流设备除主机即定向钻外,为了完成全部施工作业,尚需一些配套设备。主要是供水系统、泥浆系统和现场施工所必需的施工机具。

(1) 液压起重机

液压起重机主要供下钻时吊钻杆和套管用,因此起重量很小,设备做得很轻巧,设备上装置全部靠液压油泵提供的液压动力而工作。

(2) 泥浆罐

该设备全长 10 m,宽 3 m,高 2 m。它是泥浆罐和工具间合二为一的设施,其中泥浆罐约占总长 2/3,工具间约占总长 1/3,泥浆罐的前部安装供水管、阀、泵、泥浆进出管路、加干料的漏斗等设施。

(3) 液压单斗挖掘机

现场配单斗挖掘机一台,供挖地锚坑、接头管沟和吊装。

(4) 推土机

施工现场设推土机一台,供平整场地和拖拉重物使用。

(5) 火、电焊两用机

施工现场有一台体形很小(约长 2 m,宽 1 m)的火、电焊两用机,供施工中使用。

(6) 钻杆和套管

钻杆长 10 m,直径 76.2 mm,套管长 10 m,直径为 127 mm 或 152.4 mm。其数量按穿越长度而定,堆放在钻机旁边的场地上。

(7) 定向钻的控制系统

定向钻的控制系统是由若干控制仪表和电子计算机、电视机组成的,这是定向钻的神经中枢,测向仪表和造斜工具装在钻头后面的钻杆中,反映钻进方向的参数,由微波传给控制室的计算机控制机构,钻进方向由电视屏幕上显示出来。

3. 定向钻进的基本原理

按预先设定的地下铺管轨迹钻一个小口径先导孔,随后在先导孔出口端的钻杆头部安装扩孔器回拉扩孔,当扩孔至尺寸要求后,在扩孔器的后端连接旋转接头、拉管头和管线,回拉铺设地下管线。

水平定向钻进铺管的施工顺序为:地质勘探、规划和设计钻孔轨迹、配制钻液、钻先导孔、回拉扩孔、回拉铺管、管端处理。

(1)地层勘察:主要了解有关地层和地下水的情况,为选择钻进方法和配制钻液提供依据。

(2)地下管线探测:主要了解有关地下已有管线和其他埋设物的位置,为管线设计和设计钻进轨迹提供依据。

钻孔轨迹的设计主要是根据工程要求、地层条件、地形特征、地下障碍物的具体位置、钻杆的入出土角度、钻杆允许的曲率半径、钻头的变向能力、导向监控能力和被铺设管线的性能等,给出最佳钻孔路线。

(3)配制钻液:钻液具有冷却钻头(冷却和保护其内部传感器)、润滑钻具,更重要的是可以悬浮和携带钻屑,使混合后的钻屑成为流动的泥浆顺利地排出孔外,既为回拖管线提供足够的环形空间,又可减少回拖管线的重量和阻力。残留在孔中的泥浆可以起到护壁的作用。在不同的地质条件下,需要不同成分的钻液。钻液由水、膨润土和聚合物组成。

(4)钻导向孔:利用造斜或稳斜原理,在地面导航仪引导下,按预先设计的铺管线路,由钻机驱动带锲型钻头的钻杆,从 A 点到 B 点钻一个与设计轨迹尽量吻合的导向孔(平面误差 100 毫米)

钻导向孔的关键技术是钻机、钻具的选择和钻进过程的监测和控制。钻进过程中对钻头的监测方法主要通过随钻测量技术获取孔底钻头的有关信息。孔底信号传送的方法主要有:电缆法和电磁波法。地面接收器具有显示与发射功能,将接收到的孔底信息无线传送至钻机的接收器并显示,以便操作手能控制钻机按正确的轨迹钻进。

(5)回拉扩孔:导向孔钻成孔后,卸下钻头,换上适当尺寸和符合地质状况的特殊类型的回扩钻头,使之能够在拉回钻杆的同时,又可将钻孔扩大到所需尺寸。

在回扩过程中和钻进过程一样,自始至终泥浆搅拌系统要向钻头和回扩钻头提供足够的泥浆。

扩孔器类型有桶式、飞旋式、刮刀式等:穿越淤泥粘土等松软地层时,选择桶式扩孔器较适宜,扩孔器通过旋转,将淤泥挤压到孔壁四周,起到很好的固孔作用;当地层较硬时,选择飞旋或刮刀式扩孔器成孔较好。一般要求选择的最大扩孔器尺寸按表 12-1 考虑,或按铺设管径的 1.2～1.5 倍,这样能够保持泥浆流动畅通,保证管线能安全、顺利的拖入孔中。分级扩孔:各级扩孔分别为一级 $\varnothing$200 mm、二级 $\varnothing$250 mm、三级 $\varnothing$300 mm、四级 $\varnothing$400 mm、五级 $\varnothing$500 mm 等。

表 12-1　管径与扩孔口径

铺设产品口径	扩孔口径
<200 mm	管线直径+100 mm
200 mm～600 mm	管线直径×1.5
>600 mm	管线直径+300 mm

（6）铺管：扩孔完毕，在拖管坑一端的钻杆上，再装扩孔器与管前端通万向接、特制拖头等连接牢固，启动导向钻机回拉钻杆进行拖管，将预埋管线拖入孔内，完成铺管工作。在拖管的同时加入专用膨润土进行泥浆护壁。在条件许可的情况下，可将全部管线一次性连接。

（7）管端处理：当拖管结束后，采用挖掘机将扩孔器及管前端挖出，拆除扩孔器及万向接，处理造斜段，施工检查井，恢复路面，清场。

4. 施工注意事项

（1）定向钻进施工前应掌握施工位置的地质状况，选择适当结构的钻头。

（2）仔细清查钻进轨迹中的地下管线情况，掌握地下管线的埋深、管线类型和管线材料，根据实际情况编制施工方案。

（3）导向孔施工前应对导向仪进行标定或复检，以保证探头精度。

（4）导向孔每 3 米测一次深度，如发现偏差应及时调整，以确保导向孔偏差在设计范围内。

（5）拖拉管线前应作好安全辅助工作，特别是拖拉非金属管线时，避免损伤管材。

（6）管线拖拉完毕后，应按管道试压规程进行试压，验收合格后方可进行管道连接。

5. 定向钻穿越河流技术应用

（1）主要施工程序

定向钻穿越河流技术是油田定向钻井和铁路、公路的横钻孔机的基础上发展起来的一项河流穿越技术，它的施工程序是：先用定向钻机钻一导向孔，当钻头和套管在对岸出土后，撤出钻杆，在套管出土端连接扩孔器和穿越管段，在扩孔器转动扩孔的同时，钻台上的活动卡盘向上移动，拉动扩孔器和穿越管段前进，逐渐穿越管段就被敷设在扩大了的孔中。

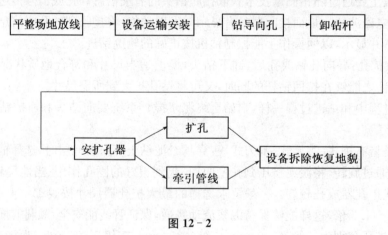

图 12 - 2

（2）定向钻穿越河流施工作业原理和方法

1）钻导向孔的原理和作业方法

在采用定向钻穿越河流施工中，钻导向孔是关键工序，其原理是泥浆通过钻杆前的涡轮钻头破土钻进，泥浆从钻杆和套管间隙返回（钻杆为 203.2 mm，套管 127～152.4 mm，长均为 10 m），具体操作要点如下：

① 采用液压吊杆将钻杆吊上钻台，并固定在能在钻台上移动的活动卡盘上，前端和钻头连接后端与泥浆管路连通，开动泥浆泵后，泥浆推动涡轮钻向前钻，卡盘与钻头同步向前

移动。

② 当活动片盘移至钻前部的固定卡具时,卸开钻杆接头向后移动活动卡盘,能放下一根钻杆时,吊上另一根钻杆,进行接加钻杆,接头安装卸开均靠前端卡具固定钻杆,活动卡盘正反转完成,然后继续钻进。

③ 在钻进到一定进尺时需加套管,其方法是用活动卡盘向前推进套管,套管前端保持距钻头 20 m,因为距钻头 20 m 范围内为去磁段。如遇复杂地层可钻进一根钻杆加一根套管。

④ 入土角、出土角的确定和钻进曲线的形成。入土角 12~20 度为宜,出土角 4~30 度为宜,入土角和出土角确定后,在曲线上确定若干点,并确定各点 x、y、z 三维坐标。此坐标返回到控制盘上,由控制各点坐标使钻头按设计曲线前进。

2）扩孔的原理和作业方法

① 扩孔器扩孔和牵引管线同时进行,扩孔器上端管段用丝扣和套管相连,由套管供给泥浆(此时钻杆撤出)推动扩孔器转动,同时钻台上活动卡盘向后移动,拉动扩孔器前进,并牵引穿越管段前进直到铺设完毕。

② 操作方法

（a）当钻头和套管对岸出土后撤出钻杆,将扩孔器前端丝扣和套管相连,后端轴承和油管相连(扩孔器尺寸一般比穿越管道尺寸大一号,例如 $\varnothing 600$ 穿越管段应采用 $\varnothing 700$ 的扩孔器)

（b）注入泥浆推动扩孔器,此泥浆不回收,用量约为：$\varnothing 377$，1.59 m^3/min；$\varnothing 720$，3.54 m^3/min。移动钻台上活动卡盘,拉动扩孔器和穿越管段前进。

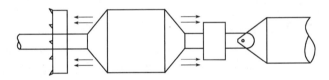

图 12-3

3）定向钻穿越河流的方向控制

定向钻穿越河流的方向控制系指方向测定、造斜和纠偏,通过这三项措施,使钻头按特定的方向前进,形成一条曲线,该曲线有两种形式：一种是当河面较宽时其穿越曲线由三条直线和两段圆弧组成。设计曲线的曲率半径 R 的圆弧与直线相切,在弧线和直线切点处更换造斜工具即可形成曲线。另一种是对窄而深的河流整个穿越管段是一条曲线,这种情况应在曲线上确定若干点的坐标,是钻头按这些点前进形成所要的曲线。

a. 方向测定。在设计曲线上确定若干点,按设计曲线算出各点的空间坐标(x、y、z)输入到电子计算机,钻进过程中钻头到达各点的坐标由装在钻头后面钻杆中的特制的仪表测出,并通过有线或无线的方式传到控制室的表盘或电视机屏幕上,如果与既定的坐标不符,说明钻头偏离了设计方向,需进行纠偏。如与既定坐标一致说明钻头按设计方向前进。

b. 造斜。造斜工具有两种,即造斜短节(也叫弯接头)和造斜偏块。造斜短节是两端有斜口和丝扣的短管段,装在钻头后面的两根钻杆中间,靠其斜度使钻进方向转折而造斜,根据造斜需要可更换不同斜度的短节。造斜偏块是加在钻头后面钻杆一侧的半圆形的金属块,采用螺丝和焊接固定,它的工作原理是改变钻杆受到的侧向压力而造斜。

c. 纠偏。发现钻头偏离设计方向,采用造斜短节和造斜偏块调整钻头前进方向,其方法是:如果偏离不大,可转动钻杆;如果偏离较大,可抽出钻杆更换造斜短节和造斜偏块,从而改变钻头的前进方向,达到纠偏的目的。

4) 泥浆的配制和要求

a. 泥浆的配备　泥浆的配备在方箱型的泥浆罐中进行,在泥浆罐的前端装有泥浆管线、供水管线以及相应的阀组和上下水用的管道泵,泥浆干料从方型漏斗加入,搅拌用水靠管道泵从河中吸取,并打入罐中,干料随之进入罐中和水混合并靠水流进行搅拌而成泥浆。施工中如需要再搅拌,则用从泥浆泵返回泥浆灌的具有一定压力的泥浆进行搅拌。

b. 对泥浆的要求　定向钻穿越河流采用一般钻井泥浆,其相对密度为 1.1～1.2,在施工中应根据地质情况不同随时调整泥浆相对密度,如卵石地层的河床,应加大泥浆相对密度,减少泥浆的漏失。

(3) 定向钻穿越河流的勘察设计工作

1) 定向钻穿越河流技术对地质条件的要求

定向钻使用范围较为广泛,它适用于各种粘性土样,也使用于各种非粘性土,虽然各种地层难易程度有所不同,在黏土和砂土中钻进和定向较为容易,在卵石地层中钻进和方向控制都比较困难。由于钻进技术和方向控制技术的发展,在这些困难地层中穿越问题逐渐得到解决。例如,穿越中如遇到卵石地层可先穿透卵石层,在容易钻进的地层中前进;如穿越中遇到局部岩石,可绕过这些岩石,再沿设计方向前进,这就使复杂地层的穿越成为可能,因而适用范围也就越来越大了。

2) 定向钻穿越河流对地质勘探工作的要求

在穿越范围内需要钻孔时,布孔间距和钻孔方法和常规穿越方法相同,其钻孔深度需在管线设计标高以下 6.1～9.15 m,在粘性土中要取完整土样,在非粘性土中则采用标准动力触探,每 1.52～3.05 m 取一土样,作颗粒分析,分析其中的含水量、干密度、液限、塑限和塑性指数等项试验参数。

3) 入土点和出土点

根据国外资料,入土点和出土点均需在距河岸 60.96 m 以外设置入土角以 12～20 度为宜,出土角以 4～30 度为宜,此两个角度的选择直接影响管段牵引力的计算,因此施工前应根据设计资料和地质情况适当的选择入土角和出土角。

4) 穿越管段的弯曲半径

关于曲率半径的设计,可按一般管道强度计算取值,但是由于造斜的要求,曲率半径 r 应大于 300 mm。

5) 穿越管段的埋深和配重

采用定向钻穿越河流的方法穿越管段很容易埋设到设计深度,但是由于埋设过深会因增加管段弯曲程度而使施工中的牵引力大大增加,因而一般要求埋设深度为 8～19 m。由于管段埋设到河床下面的稳定的地层中,因而不必另外增加连续覆盖层、加重块、复壁管等稳定设施。

6）关于管线的涂层问题

在考察过程中看到的穿越管线都采用环氧粉末涂层,他们认为在粘性土和砂质土壤中采用沥青涂层也是可以的。但是,我们认为采用定向钻穿越的管线最好不采用沥青涂层,而应采用环氧粉末、黄夹克等防腐涂层。

（4）定向钻穿越河流技术的优点

1）工程造价低

由于施工方法的改革,所采用的人力、物力都大大减少,工期显著缩短,因而工程造价也大降低,粗略估算可认为,定向钻穿越河流的造价仅为常规穿越方法的1/2~1/3。

2）工期短

由于施工方法的改变,不但施工设备和人员大大减少,而且施工工期显著的缩短了,以某河流穿越工程为例,如果用爆破气举例法工期为 4 个月左右,而采用定向钻穿越河流只需 30 天。

3）有利于保护周围环境

某穿越工程,如果采用爆破法占很多土地,管线发送道和牵引道要求占地 3 333~40 000 m²,河道还要停止航运 3~5d,爆破时对河堤和水中生物威胁很大,而采用定向钻穿越河流,河道不必停止航运,对水中生物和河堤毫无影响,施工占地只需 25×40 m² 的面积（约 1.5 亩土地）。

4）施工人员少

如果采用爆破法,以某河流穿越为例,大约需 500 人,而定向钻穿越河流只需 40~50 人（包括管线组装和焊接）。

5）工程质量好

根据目前常规穿越方法的技术水平,管线只能埋设 3~4 m 深,达不到冲刷深度以下,因此生产运行很不安全,而采用定向钻穿越河流可以很容易埋到预期深度,因此质量安全可靠。

6）节约工程材料

采用定向钻穿越河流不许加重层和复壁管等设施,因此工程材料了大为节省。

7）应用范围广

由于定向钻穿越河流不受水流和环境的影响,因此,陆地、海上、市区、河流等情况的穿越工程都可以采用这一方法。

（二）夯管锤

气动夯管锤,是用于非开挖铺设地下管道的新型设备,适于在粘土层、亚粘土层、含砂砾石土层、杂填地层铺设直径 $\varnothing$2 000 mm 以下且较短距离的钢管。主要具有铺管精度高、铺管直径范围大、对地层适应性强、设备操作简单、投资少、施工成本低等特点。

夯管锤实质上是一个低频、大冲击功的气动冲击器。它是以压缩空气为动力,驱动缸体里的冲锤打击砧子,同时将钢管沿着导轨的轨迹直接夯入地层中,工作时,夯管锤产生较大的冲击力,这个力直接作用于钢管的一端,通过钢管传递到另一端的管靴上,切割土体,切割的土体进入钢管内。待钢管抵达目标坑后,取下管靴,排除土芯,管道铺设完成。

夯管锤主要用于钢管的非开挖铺设,另外还可以用于管棚工程、金矿勘探、沉管灌注桩、钢管桩和异型钢板桩等工程。

1. 管锤系统主要部件及作用

夯管锤系统由夯管锤、高压胶管、注油系统、润滑系统等部件组成。

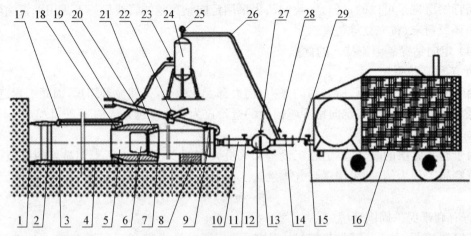

图 12－3　夯管锤系统的组装示意图

1—土层;2—切削头;3—钢管;4—垫木;5—出土器;6—出土窗口;7—夯管锤;8—滑车;9—钩子;10—高压气管;11—锤进气阀;12—注油器;13—示油窗;14—主进气阀;15—空压机排气阀;16—空压机;17—注浆硬管;18—夯管头;19—拉环;20—注浆软管;21—调节锥套;22—张紧器;23—注浆阀;24—储浆罐;25—压力表;26—进气软管;27—油量调节阀;28—注浆管进气阀;29—高压软管

切削头:又称管靴,焊接于钢管的前端,保护管口,减小切削面积,压实管外土层,减小土层对钢管外壁的摩擦力;

垫木:调整钢管及夯管锤的高度,使之保持在同一中轴线上;

清土器:包括清土球和密封盖板。清土球外壁紧贴钢管内壁,在钢管内形成一个活塞,压缩空气的作用使其在钢管内前进,将钢管内的土芯从钢管中推出。密封盖板用于封堵钢管一端的管口。

夯管锤:提供铺管所需的冲击力;

进气阀:用于启动或关闭夯管锤;

注油器:由压缩空气将润滑油送入夯管锤中,润滑夯管锤中的运动部件,注油量可调,示油窗可观察其中的油量;

空压机:向夯管锤提供压缩空气和清除钢管内的土芯;

夯管头:防止钢管受锤击后管口扩径或损坏;

调节锥套:使夯管头、出土器和夯管锤与钢管直径间相互匹配;

注浆管:将泥浆或润滑液输送到钢管前端、管靴后部的通道;

注浆系统:由储浆罐、注浆管、气管、控制阀组成,可向钢管内外壁压浆以减小摩擦阻力;

夯管锤系统中主要设备是夯管锤,压缩空气通过配气杆(5)驱动冲锤(2)在缸体(3)中作往复运动,打击砧子(1)夯击钢管。废气从减震器的排气孔排出。

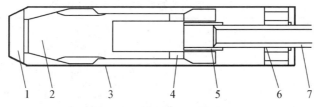

图 12-4　夯管锤结构示意图

1—砧子；2—冲锤；3—缸体；4—配气孔；5—配气杆；6—减震器；7—胶管

2. 铺设原理

钢管夯入地下后，土芯进入钢管内，用压缩空气将钢管内的土芯顶出，管道就铺设完成了。

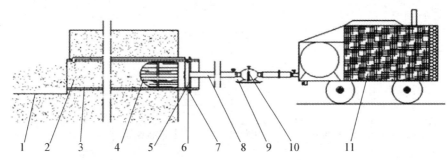

图 12-5　出土时设备安装示意图

1—地层；2—土芯；3—钢管；4—清土球；5—密封盖板；6—密封环；7—挡杆；8—进气管；
9—进气阀；10—注油器；11—空压机

3. 夯管锤的选用

夯管工程中正确选用夯管锤非常重要。选择夯管锤时应综合考虑所穿越的地层、铺管长度和铺管直径三个因素。

地层的密实度、硬度、粘性、含水性、含砂砾情况等对夯管锤的铺管能力有很大的影响。在松软、粘性小、含水丰富、砂砾石含量少（小于 20%）的地层中铺管相对较容易，这种地层我们称之为夯管锤铺管理想地层。在密实、硬、粘性大、含水少、砂砾石含量大（超过 60%）的地层中铺管相对较困难，这种地层我们称之为夯管锤铺管困难地层。很明显，在理想地层中可选用较小直径的夯管锤铺设较大直径的管道，在困难地层中则必须选用较大直径的夯管锤铺设较小直径的管道。

实际工程中以平均铺管速度 2～5 m/h 的标准选用夯管锤，对降低铺管成本来说比较理想。

4. 夯管锤铺管所用钢管管壁要求

夯管锤铺管所用钢管在壁厚上有一定的要求（表 12-2），当所用钢管的壁厚小于要求的最小壁厚时，需加强钢管端部和接缝焊口处，以防钢管端部和接缝处被打裂。钢管防腐工作也应在施工前做好。为防止防腐层在夯管过程中损坏，最好采用玻璃钢防腐，可用的防腐方法还有：三油两布沥青防腐、环氧树脂防腐等。

表 12-2　夯管锤铺管要求的钢管最小壁厚

管径(mm)	壁厚(mm)	管径(mm)	壁厚(mm)
≤∅100	4	∅500~∅800	9
∅100~∅180	5	∅800~∅1 000	10
∅180~∅250	6	∅1 000~∅1 200	12
∅250~∅350	7	∅1 200~∅1 500	15
∅350~∅500	8	∅1 500~∅2 000	19

5. 气动夯管锤铺管施工过程

气动夯管锤铺管工程的一般施工程序如图 12-6 所示。

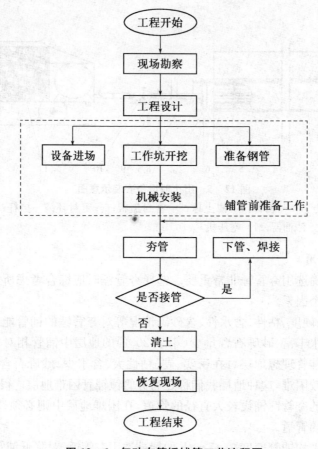

图 12-6　气动夯管锤铺管工艺流程图

（1）现场勘察

现场勘察资料是进行工程设计的重要依据,也是决定工程难易程度,计算工程造价的重要因素,因此必须高度重视现场勘察工作,勘察资料必须精确、可靠。现场勘察包括地表勘察和地下勘察两部分工作。

1）地表勘察

地表勘察的主要目的是确定穿越铺管路线。主要考虑的因素有:

① 尽可能地符合市政管理部门提供的审批要求；

② 下管工作坑的长度和宽度要求；

③ 设备进场和装卸是否方便；

④ 是否有足够的场地供设备占用；

⑤ 在居民区还要考虑施工噪音的影响。

进行地表勘察时应充分考虑施工现场各方面因素，根据勘察结果绘制出施工现场平面布置图。

2) 地下勘察

① 地下原有管线及设施的勘查和地层的勘察。地下原有管线及设施勘查对于穿越城市街道尤为重要。街道两侧地下往往有污水管、自来水管、高压电缆、通信电缆、热力管线等，有时纵横交错，有些地方甚至还有基础或人防工程等，工程设计时都应避开这些设施，并保持距这些设施一定的安全距离。这些设施的位置和走向应标注在施工设计剖面图和平面图上。了解相关部门的档案、查找现场原有标志将有助于确定这些设施的准确位置。对于金属管道或缆线可用管线仪对其进一步验证。

② 地层勘察主要包括地层土质种类，含砂、含砾石情况，地下水位情况的勘查。这些情况可能通过寻找有关地质资料和开挖探槽的方式获得。夯管工程一般都要开挖下管工作坑，可以将探槽和工作坑合二为一。重要工程或穿越深度较大不便开槽，可采用钻探取样，工程难度愈大，取样间隔愈小。取样时应获取如下资料：土层标准分类、土层孔隙度、含水性、透水性等、地下水位、基岩深度（如果遇到基岩）。勘查结果应反映在施工设计图上。

（2）工程设计

根据工程要求和工程勘察结果进行工程设计。工程设计包括施工组织设计、工程预算和施工图设计等。各个管线工程部门对工程设计都有不同的要求和规定，在此不进行详细介绍。但进行夯管锤铺管工程设计时必须考虑如下几点：

1) 确定夯管锤铺管的可行性

根据工程勘察情况、工程质量要求、地层情况和以往施工经验，决定该项工程是否可用夯管锤铺管技术进行施工。

2) 确定铺管路线和深度

先根据地表勘察情况确定穿越铺管的路线，然后根据地下勘察情况确定铺管深度。在甲方确定的铺管路线下没有铺管空间，须进行协商，并重新进行工程勘察以确定最佳的铺管路线和铺管深度。

3) 预测铺管精度

因夯管锤铺管属非控向铺管，管道到达目标坑时的偏差受管道长度、直径、地层情况、施工经验等多方面因素的影响，预测并控制好铺管精度是工程成败的关键。

4) 确定是否注浆

一般地层较干、铺管长度较长、直径较大时，应考虑注浆润滑。确定注浆后必须预置注浆管。

（3）铺管前准备工作

铺管前准备工作包括机械进场、工作坑开挖、准备钢管和机械安装等工作。

机械进场主要是空压机、电焊机、夯管锤及配套机具的进场。

工作坑开挖包括下管坑和目标坑的开挖。正式施工前应按照施工设计图挖下管坑，一般坑底长为:管段长度+夯管锤长度+1 m,坑底宽为:管径+1 m。在含水地层开挖时,应事先做好降水工作。对于含砂量小的粘性地层,因其渗水性差,一般采用坑内排水即可。当开挖深度较深,水位较高时,可采用井点降水。对于粘结性差的砂层,无法进行坑内排水,必须进行井点降水,待水位降至坑底 1 米以下时才能开挖。在城市施工时,因地下管网一般都比较复杂,难以判明基坑位置下是否有管线,因此应尽可能不用挖掘机开挖下管坑,以防损坏未知管线。目标坑相对可挖得短一些,用于夯管完成后的清土操作,坑的大小、位置视操作方便而定,可在夯管过程中开挖。

以上各项工作准备好以后即可进行机械安装。如图 12－2 所示,先在下管坑内安装导轨(短距离穿越铺管甚至可以不用导轨),调整好导轨的位置,然后将钢管置于导轨上。在钢管进入地层的一端焊上切削头。如决定注浆,还须在切削头后焊上注浆喷头,并连接好注浆系统。用张紧器将夯管锤、调整锥套(如果用的话)、出土器、夯管头和待铺钢管连在一起,使它们成为一个整体。将夯管锤的进风管通过管路系统与空压机相连接。此时一切准备就绪,等待夯管工作。

6. 使用方法及注意事项

(1) 使用方法

1) 在开挖好的基坑中安装导轨(可使用两条工字钢或槽钢),调整导轨的方向和水平度,将导轨与坑底固定牢固。

2) 切削头与钢管焊接到一起,对着发射坑壁将钢管置于导轨上。

3) 按照图 12－2 将设备连接好,用张紧器将夯管锤与钢管拉紧使之成为一个整体。

4) 注油器中加满润滑机油,将化学泥浆配置好,灌于储浆罐中。

5) 开动空压机,打开主进气阀、注浆罐进气阀和注浆阀,调试注浆量。注浆量可根据地层情况调整,含水量低的地层注浆量要大一些,反之可以小一些。

6) 关闭注浆阀,打开夯管锤进气阀,慢速启动夯管锤,将钢管冲击到发射坑壁,再拉紧张紧器,将夯管头、调节锥套、出土器及夯管锤打紧。

7) 关闭夯管锤进气阀,检查钢管和夯管锤的水平度。

8) 打开注浆阀,待泥浆从注浆管流出后,开启夯管锤进气阀,慢速夯入钢管。在钢管进入地层 1～3 m 之前可以调整钢管的水平、垂直位置,钢管进入地层的距离较多后,将无法调节方向。

9) 注意调整注油器的注油量,其调节范围为 0.005～0.05 L/min,观察夯管锤排出的尾气,以其中略含油雾为宜。直径较大的夯管锤用较大的注油量,直径较小的夯管锤用较小的注油量。

10) 夯入 3 m 以后,完全开启夯管锤进气阀,全速夯进钢管。

11) 一条钢管夯进完成后,撤去张紧器,将夯管锤、出土器、调节锥套、夯管头拆下,焊接下一条钢管,重复以上操作。

12) 当钢管从接受坑中露头后,停止夯管,将张紧器、夯管锤、出土器、调节锥套、夯管头拆下。

13) 把钢管一端约 1.5 m 的土芯清出,在距管口约 10～15 cm 的管壁上对称地割两对圆孔,如图 12－4 安装出土装置,务必将密封盖板拧紧,使之将钢管一端密封。

14) 通过气管向钢管内注入清水,必要时可以边注水边浸泡,待清水将土芯泡软后,用压缩空气将土芯顶出。

15）清土时，可以反复开闭进气阀，利用压缩空气的突然释放，撞击清土球和土芯，这样可以克服较大的静摩擦力。当土芯从钢管的另一端被顶出后，就全部开启进气阀，土芯可以在几分钟内排除干净。如果空压机最大可调压力能达到 1.0 MPa，能大大提高清除管内土芯的成功率，缩短清土时间。如果使用高压空气清土不能成功时，可以向钢管内大量注水后，将气管与钢管连接，清土球置于钢管内，并将管端密封，然后再连接一段钢管，安装上夯管锤，夯管锤在小风量下工作，使其震动钢管，同时使用高压空气吹土，这样可以将含水量低的土芯排出。

16）土芯清除后，卸下密封盖板、气管，管道铺设完成。

17）将接收坑和下管坑回填。

（2）注意事项

1）夯管锤为气动冲击器，其内部运动部件间均为间隙配合，砂土、铁屑等硬物进到配合间隙中，会造成零件过度磨损而使设备报废。

2）严格按照不同型号的参数规定使用夯管锤，超过额定参数使用会加速零件疲劳损坏。

3）使用一段时间后，冲锤的支撑环会磨损过量，可能会造成密封不严而使夯管锤不能自如启动，此时应更换支撑环。

4）施工前，在管路连接好后，应开动空压机，打开放气阀将管路吹干净，施工完毕将胶管两端用护丝帽封好。

5）夯管锤在运动时，应经常观察注油器，保证润滑油随时注入夯管锤内，严禁长时间无润滑使用。

6）夯管锤在吊装时应平稳，缸体内的冲锤为活动部件，大直径的夯管锤冲锤质量较大，经常冲击尾部减震器会影响其寿命。

7）高压气管在使用时，不可弯成死弯，反复弯折会造成气管断裂，如果在使用时断裂可能会造成事故。

8）清土时，管路和后挡板要密封好，否则可能出现土芯排出困难的现象。

（3）维护保养

1）所有配件在使用完毕后，应清除表面的泥土，涂上防锈漆或防锈油脂。

2）夯管锤使用结束后，应从进气接头处向内腔注入适量润滑油，并且开小风量使冲锤在缸体内往复运动数次，这样润滑油就均匀地分布于缸体内各运动部件的表面，防止生锈。将锤尾部的护丝帽拧好，把排气孔塞紧，防止在运输过程中硬物落入。

3）高压气管在储存时要盘成盘，并捆扎牢固，防止气管打折。

4）注油器拆卸后要将进出口用护丝帽拧好，防止异物进入。

5）注浆罐和注浆软管在使用完毕后要用清水冲洗，防止泥浆堵塞管路。

6）夯管锤打紧固定以后要及时将张紧器松开。

（4）安全注意事项

1）检查现场地层情况，必要时在工作之前加固坑壁，防止坍塌事故的发生。

2）在操作之前，要探明地下管线的位置、深度，击穿这些管线有可能产生严重的伤亡事故。

3）夯管锤在工作时，管路及运动部件具有一定的压力，注意承压件的使用状况，严禁带压操作。

4）清除钢管内的土芯时，严防钢管出土一端飞石伤人。

5）夯管锤主机用户不可随意拆卸。

（三）其他非开挖施工比较

表 12-3　其他非开挖施工

工法	施工长度(m)	适用管径(mm)	应用
爆（裂）管法	100～900	70～1 060	压力管的更换和下水道的更换
微型隧道法	25～225	250～3 050	下水管道的安装
顶管法	≤490	1 060～3 050	大型下水管道和压力管道
螺旋横钻孔机	12～150	200～1 500	短距离的管道施工

二、管道修复技术

管道修复技术有内衬法、机器人现场修复和管道扫描和评估。

1. 内衬法

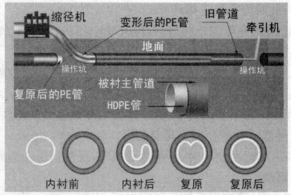

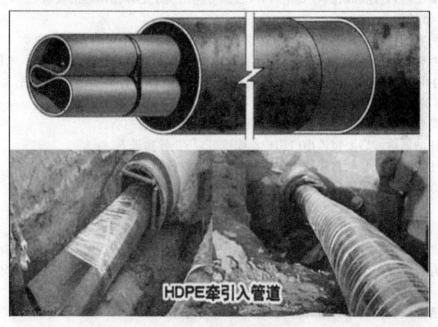

图 12-7　内衬法施工

　　一些城市由于旧管年久失修,腐蚀较为严重,不仅造成资源浪费而且具有危险性,但是如果将这些管道全部挖出,再埋入新管道,将会耗资巨大,影响交通和环境,因此可以以 PE 管道插入旧金属管中。

　　施工长度可达 1 000 米,管径介于 100～1 500 毫米,成本因方法而异。应用:供水管,下水管和天然气管道的内衬。

　　2. 机器人现场修复——内部/外部注浆

　　应用:修复位于地层局部结构复杂的下水管,供水管和其他管道。

　　3. 管道扫描和评估

　　方法有:闭路电视、雷达、声呐、涡流。应用:检查基础管道设施的状况。

模块十一　室内燃气管道施工

第十三章　室内燃气管道施工

一、基本概念

1. 城镇燃气室内工程

指城镇居民、商业和工业企业用户内部的燃气工程系统,含引入管到各用户燃具和用气设备之间的燃气管道(包括室内燃气道及室外燃气管道)、燃具、用气设备及设施。

燃气室内工程的燃气管道包括室外配气支管与用户引入管总阀门之间的管道、燃气外爬墙管道和沿屋顶敷设的燃气管道。

2. 室内燃气管道

从用户引入管总阀门到各用户燃具和用气设备之间的燃气管道。

3. 引入管

室外配气支管与用户室内燃气进口管总阀门(当无总阀门时,指距室内地面 1.0 m 高处)之间的管道。含沿外墙敷设的燃气管道。配气支管指最靠近燃气用户的室外燃气配气管道。

二、施工单位和焊接人员要求

承担城镇燃气室内工程和燃气室内配套工程的施工单位,应具有国家相关行政管理部门批准的与承包范围相应的资质。相关行政管理部门是指:燃气工程施工资质由建设主管部门颁发;配套工程根据消防有关法定的规则,其资质由消防主管部门颁发。

焊接连接的钢质管道一般敷设于重要的或对安全有特殊要求的场所,因此对焊接人员的资格提出必要的要求。

从事燃气钢质管道焊接的人员必须具有锅炉压力容器压力管道特种设备操作人员资格证书,且应在证书的有效期及合格范围内从事焊接工作。间断焊接时间超过六个月,再次上岗前应重新考试合格。

焊工间断焊接时间较长后,操作手法容易生疏,难以保证焊接质量,因此再次上岗前还应考试,以适应该工程对焊接质量的要求。考试的组织部门可以为施工单位的焊接工考试委员会等具有培训考试资格的机构。

从事燃气铜管钎焊作业的人员,应经专业技术培训合格,以保证铜管钎焊的质量。同时,钎焊作业属于特种作业焊工的作业范围,因此应持有特种作业人员上岗证书方可上岗,以确保作业安全。

薄壁不锈钢管、不锈钢管纹软管及铝塑复合管机械连接的安装人员的上岗资格,目前国家尚无明确的统一规定。为了保证上岗人员正确进行施工,保证工程质量,从事燃气管道机械连接的安装人员应经专业技术培训合格,并持具有培训能力的管材生产单位、施工企业的培训主管部门或燃气行业管理部门等相关部门签发的上岗证书,方可上岗操作。

三、施工管理与质量控制

设计文件是工程施工的主要依据,按图施工是《建设工程质量管理条例》的规定,因此必须执行。但设计文件有误或因现场条件的原因不能按设计文件执行时,必须事先经原设计单位对设计文件进行修改,施工单位不得随意改变设计文件。

设计文件包括施工图、设计变更、设计洽商函等。

施工单位应结合工程特点制定施工方案,并应经有关部门批准。

燃气室内工程采用的材料、设备及管道组成件进场时,施工单位应按国家现行标准及设计文件组织检查验收,并填写相应记录。验收应以外观检查和查验质量合格文件为主。主要检查外观有无损伤、包装有无损坏。若包装有损坏,说明在运输过程中受到了较大的外力,因此在检查中应引起特别的注意。当对产品的质量或产品合格文件有疑义时,应在监理(建设)单位人员的见证下,由相关单位按产品检验标准分类抽样检验。

进场检查的主体是施工单位。

对工程采用的材料、设备进场抽检不合格时,应按相关产品标准进行抽测。抽测的材料、设备再出现不合格时,判定该批材料、设备不合格,并严禁使用。

燃气设备一旦存在质量隐患,将造成极大危害,因此把好安装前的质量检查至关重要,对进口设备也应如此,一旦检验不合格,严禁使用。

管道组成件和设备的运输及存放应符合下列规定:

(1) 管道组成件和设备在运输、装卸和搬动时,应避免被污染,不得抛、摔、滚、拖等;

(2) 管道组成件和设备严禁与油品、腐蚀性物品或有毒物品混合堆放;

(3) 铝塑复合管、覆塑的铜管、覆塑的不锈钢波纹软管及其管件应存放在通风良好的库房或棚内,不得露天存放,应远离热源且防止阳光直射;

(4) 管子及设备应水平堆放,堆置高度不宜超过 2.0 m。管件应原箱码堆,堆高不宜超过 3 层。

在质量检验中,根据检验项目的重要性分为主控项目和一般项目。主控项目是对工程质量起决定性影响的检验项目,主控项目必须全部合格,这种项目的检验结果具有否决权。由于主控项目对工程质量起重要作用,从严要求是必须的。

一般项目经抽样检验应合格。当采用计数检验时,除有专门要求外,一般项目的合格点率不应低于 80%,且不合格点的最大偏差值不应超过其允许偏差值的 1.2 倍。

当不合格的最大偏差值超过其偏差值的 1.2 倍时,原则上应进行返修(返工)处理,特殊情况下,应按设计文件的要求处理。

当采用计数检验时,计数规定宜符合下列规定:

(1) 直管段:每 20 m 为一个计数单位(不足 20 m 按 20 m 计);

(2) 引入管:每一个引入管为一个计数单位;

（3）室内安装：每一个用户单元为一个计数单位；

（4）管道连接：每个连接口（焊接、螺纹连接、法兰连接等）为一个计数单位。

返修：在原基础上，对不合格的问题进行处理。

返工：将原不合格的项目拆除，重新安装。

当对不合格的项目进行返修（返工）处理后，应重新进行合格点率的计算。

工程完工必须经验收合格，方可进行下道工序或投入使用。工程验收的组织机构应符合相关规定。

对无监理的工程，验收工作均应由建设单位项目负责人组织。

因燃气工程的安全特殊性要求，故对存在的超标准缺陷一般均应按要求进行返修（返工）处理。

验收不合格的项目，通过返修或采取安全措施仍不能满足设计文件要求时，不得对该项目验收。

四、室内燃气管道（附件）安装及检验

（一）一般规定

（1）室内燃气管道安装前应对管道组成件进行内部清扫，保持其内部清洁，以便保证后续工作的正常进行。

（2）为保证室内管道安装的质量及施工工期，安装施工前的准备工作是很重要的。室内燃气管道施工前应满足下列要求：

① 施工图纸及有关技术文件应齐备；

② 施工方案应经过批准；

③ 管道组成件和工具应齐备，且能保证正常施工；

④ 燃气管道安装前的土建工程，应能满足管道施工安装的要求；

⑤ 应对施工现场进行清理，清除垃圾、杂物。

（3）在燃气管道安装过程中，未经原建筑设计单位的书面同意，不得在承重的梁、柱和结构缝上开孔，不得损坏建筑物的结构和防火性能。

（4）当燃气管道穿越管沟、建筑物基础、承重墙、地板或楼板时应符合下列要求：

① 燃气管道必须敷设于套管中，且宜与套管同轴；

② 套管内的燃气管道不得设有任何形式的连接接头（不含纵向或螺旋焊缝及经无损检测合格的焊接接头）；

③ 套管与燃气管道之间的间隙应采用密封性能良好的柔性防腐、防水材料填实，套管与建筑物之间的间隙应用柔性防腐、防水材料填实。

套管内管道应包缠防蚀布，防蚀布必须自建筑物外的管道开始缠绕，避免外墙部分管道上防腐布松脱。若非热镀锌管或管道没有保护层，必须在包缠防蚀布前涂富锌漆。

（5）燃气管道穿过建筑物基础、墙和楼板所设套管的管径不宜小于下表的规定；高层建筑引入管穿越建筑物基础时，其套管管径应符合设计文件的规定。

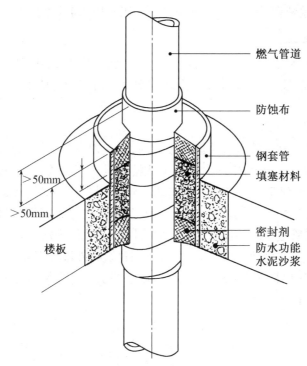

图 13-1　管道穿越楼板的典型结构

表 13-1　燃气管道的套管公称尺寸

燃气管	DN10	DN15	DN20	DN25	DN32	DN40	DN50	DN65	DN80	DN100	DN150
套管	DN25	DN32	DN40	DN50	DN65	DN65	DN80	DN100	DN125	DN150	DN200

　　燃气管道穿墙套管的两端应与墙面齐平；穿楼板套管的上端宜高于最终形成的地面5 cm,下端应与楼板底齐平。

　　(6) 阀门的安装应符合下列要求:

　　① 阀门的规格、种类应符合设计文件的要求;

　　② 在安装前应对阀门逐个进行外观检查,并宜对引入管阀门进行严密性试验;

　　③ 阀门的安装位置应符合设计文件的规定,且便于操作和维修,并宜对室外阀门采取安全保护措施;

　　④ 寒冷地区输送湿燃气时,应按设计文件要求对室外引入管阀门采取保温措施;

　　⑤ 阀门宜有开关指示标识,对有方向性要求的阀门,必须按规定方向安装;

　　⑥ 阀门应在关闭状态下安装。阀门如果在开启状态下安装,则无法避免安装时产生的脏物进入阀门,从而有可能导致阀门口被破坏。

　　(7) 燃气管的切割应符合下列规定:

　　① 碳素钢管宜采用机械方法或氧-可燃气体火焰切割;

　　② 薄壁不锈钢管应采用机械或等离子弧方法切割;当采用砂轮切割或修磨时,应使用专用砂轮片;不得使用切割碳素钢管的砂轮片,以免受污染而影响不锈钢的质量。

　　③ 铜管应采用机械方法切割;

④ 不锈钢波纹软管和燃气用铝塑复合管应使用专用管剪切割。

(二) 引入管敷设

居民生活用户的燃气管道系统按用户引入管的输气压力大小可分为低压引入系统和中压引入低压供气系统,按引入管的敷设方式可分为地下引入、地上引入和室外立管引入系统。

1. 低压引入系统

是指庭院内的低压燃气管道直接进入楼栋内,经室内燃气管道系统将低压燃气供应居民生活用户。如图 13-2 所示,用户引入管 1 从楼前低压燃气管道 12 接出,将燃气引入室内,再经立管 4,水平干管 5 和用户支管 6 将燃气输送到各楼层的居民厨房中,通过灶具连接管 9 将燃气输入燃气灶具 10,用户支管上需安装燃气表对燃气用量进行计量,引入管末端就安装总控制阀对管道系统的供气进行控制,此外,还应设用户控制阀和灶具控制阀。图中所示的引入管敷设方式为地上引入,即引入管在建筑物外墙垂直伸出地面,距室内地面一定高度的位置引入室内,北方冰冻地区,冰冻线以上的引入管作保温处理,如管道加保温层,并作砖砌保温台加以保护。

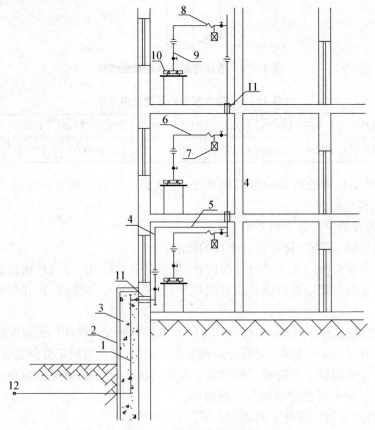

图 13-2 燃气管道系统图

1—用户引入管;2—保温台;3—保温层;4—立管;5—水平干管;6—用户支管;7—燃气表;8—软管;9—灶具连接管;10—燃气灶具;11—套管;12—楼前管;H—最大冰冻深度

燃气管道系统之外可增设燃气自动抄表系统,一个抄表系统可接100多户燃气表,实现不进用户家门即可查表收费。

用户引入管应采用无缝钢管,水平干管、立管和用户支管等可采用低压液体输送用钢管,室内燃气管道系统的控制阀一般采用球阀,也可采用旋塞阀。

2. 中压引入低压供气系统

中压引入低压供气系统是指庭院内的中压燃气管道敷设至楼前或直接引入楼栋内,经调压箱(或调压器)调至低压,再经室内燃气管道输送至居民生活用户,根据调压箱(调压器)的安装位置又分楼栋调压箱式和中压直接引入式。

(1) 楼栋调压箱式

楼栋调压箱式的中压引入低压供气系统是指由埋地敷设的中压庭院支管与设在楼栋前或悬挂固定在楼栋外墙上的调压箱入口侧相连接,燃气经调压箱内的调压器调到低压后,经调压箱出口侧的低压引入燃气管道系统,将低压燃气输送到各楼层的居民生活用户,如图13-3所示。一般情况下,一个用户引入管上设一个调压箱,也可以2～3栋楼设一个调压箱,调压箱的供气能力应视用户数量而选定。

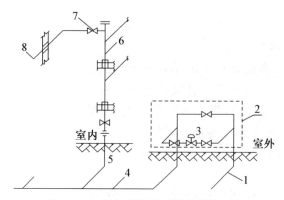

图 13-3 楼栋调压箱式燃气管道系统
1—中压干管;2—调压箱;3—调压器;4—低压楼前管;
5—用户引入管;6—主管;7—安全阀;8—放散管

(2) 中压直接引入式

中压直接引入式的中压引入低压供气系统是指将中压庭院支管直接引入室(楼)内,在中压引入管末端设置用户调压器(或调压箱),低压燃气经室内低压燃气管道系统输送至楼栋内各居民生活用户,如图13-4所示,该系统的中压燃气已经进入楼栋内,几须加强安全管理。图中引入管为地下引入式,即引入管在地下穿建筑物外墙后垂直伸出室内地面。

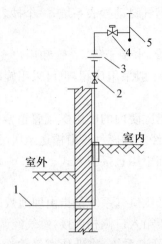

图 13 - 4　中压直接引入方式

1—中压引入管;2—总控制阀;3—活接头;4—中低压调
压器;5—室内低压管道

3. 室外立管引入供气系统

这种燃气系统将立管沿楼栋外墙垂直布置,从立
管上接出水平支管穿外墙直接进入各楼的居民厨房,
即用户引入管代替用户支管,如图 13-5 所示,这种燃
气管道系统构造简单,便于施工维修,供气安全,但北
方具有冰冻期的地区,不适于输送含有冷凝水或其他
冷凝液的燃气。

室外配气支管上采取阴极保护措施时,引入管进
入建筑物前应设绝缘装置;绝缘装置的形式宜采用整
体式绝缘接头,应采取防止高压电涌破坏的措施,并确
保有效;进入室内的燃气管道应进行等电位联结。

4. 引入管地下引入

埋地引入管敷设的施工技术要求以及回填与路面
恢复要求应符合国家现行标准《城镇燃气输配工程施
工及验收规范》CJJ33 的有关规定;引入管室内部分宜
靠实体墙固定。

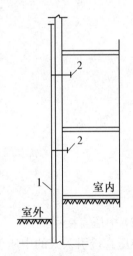

图 13 - 5　室外立管引入式
1—室外立管;2—用户引入管

引入管埋地部分与室外埋地 PE 管相连时,其连接位置距建筑物基础不宜小于 0.5 m,
且应采用钢塑焊接转换接头。

采用法兰转换接头时,应对法兰及其紧固件的周围死角和空隙部分采用防腐胶泥填充
进行过渡,进行防腐层施工前胶泥应干实。防腐层的种类和防腐等级应符合设计文件要求,
接头钢质部分的防腐等级不应低于管道的防腐等级。

5. 引入管地上引入

即引入管在建筑物外墙垂直伸出地面,距室内地面一定高度的位置引入室内,北方冰冻

地区,冰冻线以上的引入管作保温处理,如管道加保温层,并作砖砌保温台加以保护。应符合下列规定:

(1) 引入管与建筑物外墙之间的净距应便于安装和维修,宜为 0.10～0.15 m;

(2) 引入管上端弯曲处设置的清扫口宜采用焊接连接,焊缝外观质量应按现行国家标准《现场设备、工业管道焊接工程施工及验收规范》GB50236 进行评定,Ⅲ级合格;

(3) 引入管保温层的材料、厚度及结构应符合设计文件的规定,保温层表面应平整,凹凸偏差不宜超过±2 mm。

(4) 引入管不得敷设在卧室、卫生间、易燃或易爆品的仓库、有腐蚀性介质的房间、发电间、配电间、变电室、不使用燃气的空调机房、通风机房、计算机房、电缆沟、暖气沟、烟道和进气道、垃圾道等地方。

住宅燃气引入管宜设在厨房、外走廊、与厨房相连的阳台内等便于检修的房间内。确有困难时可从楼梯间引入,此时引入管阀门宜设在室外。引入管阀门宜设在室内,重要阀门还有在室外另设阀门。

(5) 引入管进入地下室、半地下室、设备层和地上密闭房间时,应符合① 房间净高不宜小于 2.2 m;② 应有良好的通风措施,房间换气次数不得小于 3 次/时;

(6) 燃气引入管穿过建筑物基础、墙或管沟时,均应设置在套管中,对于高层建筑等沉降量较大的地方,仅采取将燃气管道设在套管中的措施是不够的,还应采取补偿措施,例如,在穿过基础的地方采用柔性接管或波纹补偿器等更有效的措施,用以防止燃气管道损坏。套管与墙之间的间隙应填实,套管与引入管之间的间隙应采用柔性防腐、防水材料密封。

建筑物设计沉降量大于 50 mm 时,可对燃气引入管采取加大引入管穿墙处的预留洞尺寸、引入管穿墙前水平或垂直弯曲 2 次以上、引入管穿墙前设置金属柔性管或波纹补偿器等补偿措施:

(7) 输送湿燃气的引入管,埋设深度应在土壤冰冻线以下,并应有不小于 0.01 坡向室外的坡度。

(8) 当输送人工煤气或矿井气时,我国多数燃气公司根据多年生产实践经验,规定最小公称直径为 DN25。国外有关资料如英国、美国、法国等国家也规定了最小公称直径为 DN25。为了防止造成浪费,又要防止管道堵塞,根据国内外情况,将输送人工煤气或矿井气的引入管最小公称直径定为 DN25。

当输送天然气或液化石油气时,因这类燃气中杂质较少,管道不易堵塞,且燃气热值高,因此引入管的管径不需过大。

故将引入管的最小公称直径规定为:人工气不小于 25 mm,天然气不小于 20 mm,液化气不小于 15 mm。

(9) 为了万一在用气房间发生事故时,能在室外比较安全地带迅速切断燃气,有利于保证用户的安全。燃气引入管阀门宜设在建筑物内,对重要用户还应在室外另设阀门。重要用户一般系指:国家重要机关、宾馆、大会堂、大型火车站和其他重要建筑物等,具体设计时还应听取当地主管部门的意见予以确定。

6. 燃气管道计算流量和水力计算

城镇燃气管道的计算流量,应按计算月的小时最大用气量计算。该小时最大用气量应根据所有用户燃气用气量的变化叠加后确定。

（1）居民生活用燃气计算流量可按下式计算：

$$Q_h = \sum kNQ_n$$

式中：

Q_h——燃气管道的计算流量（m³/h）；

k——燃具同时工作系数，居民生活用燃具可按附录 F 确定；

N——同种燃具或成组燃具的数目；

Q_n——燃具的额定流量（m³/h）。

（2）居民生活和商业用户燃气小时计算流量（0 ℃和 101.325 kpa），宜按下式计算：

$$Q_h = (1/n)Q$$

$$n = 365 \times 24 / K_m K_d K_h$$

式中：Q_h——燃气小时计算流量（m³/h）；

Q_a——年燃气用量（m³/a）；

n——年燃气最大负荷利用小时数（h）；

K_a——月高峰系数。计算月的日平均用气量和年的日平均用气量之比；

K_d——日高峰系数。计算月中的日最大用气量和该月日平均用气量之比；

K_h——小时高峰系数。计算月中最大用气量的小时最大用气量和该日小时平均用气量之比。

（3）低压燃气管道单位长度的摩擦阻力损失应按下式计算：

$$\frac{\Delta P}{L} = 6.26 \times 10^7 \lambda \frac{Q^2}{d^5} \rho \frac{T}{T_0}$$

式中：

ΔP——燃气管道摩擦阻力损失（Pa）

λ——燃气管道摩擦阻力系数；

I——燃气管道的计算长度（m）

Q——燃气管道的计算流量（m³/h）；

d——管道内径（mm）；

ρ——燃气的密度（kg/m³）；

T——设计中所采用的燃气温度（K）；

T_0——273.15（K）。

（4）高压、次高压和中压燃气管道的单位长度摩擦阻力损失，应按下式计算：

$$\frac{P_1^2 \cdot P_2^2}{L} = 1.27 \times 10^{10} \lambda \frac{Q^2}{d^5} \rho \frac{T}{T_0}$$

$$\frac{1}{\sqrt{\lambda}} = 2\lg\left[\frac{K}{3.7d} + \frac{2.51}{Re\sqrt{\lambda}}\right]$$

式中：

P_1——燃气管道起点的压力（绝压 kPa）；

P_2——燃气管道终点的压力（绝压 kPa）；

Z——压缩因子，当燃气压力小于 1.2 Mpa（表压）时，Z 取 1；

L——燃气管道的计算长度（km）；

λ——燃气管道摩擦阻力系数,宜按下式计算:

式中:lg——常用对数;

K——管壁内表面的当量绝对粗糙度(mm);

Re——雷诺数(无量纲)。

(5)室外燃气管道的局部阻力损失可按燃气管道摩擦阻力损失的5%～10%进行计算。

(6)城镇燃气低压管道从调压站到最远燃具管道允许阻力损失,可按下式计算:

$$\Delta P_d = 0.75 P_n + 150$$

式中:

ΔP_d——从调压站到最远燃具的管道允许阻力损失(Pa);

P_n——低压燃具的额定压力(Pa)。

注:ΔP_d含室内燃气管道允许阻力损失。

(7)计算低压燃气管道阻力损失时,对地形高差大或高层建筑立管应考虑因高程差而引起的燃气附加压力。燃气的附加压力可按下式计算:

$$A_H = 9.8 \times (\rho_k - \rho_m) \times h$$

式中

A_H——燃气的附加压力(Pa);

ρ_k——空气的密度(kg/m³);

ρ_m——燃气的密度(kg/m³);

h——燃气管道终、起点的高程差(m)。

表 13-2　室内低压燃气管道允许的阻力损失参考表(阻力损失包括计量装置的损失)

燃气种类	从建筑物引入管至管道末端阻力损失(Pa)	
	单层	多层
人工煤气、矿井气	200	300
天然气、油田伴生气、液化石油气混空气	300	400
液化石油气	400	500

家用燃气表的阻力损失一般为:流量小于或等于 3 m³/h 时,阻力损失可取 120 Pa;大于 3 m³/h 而小于或等于 10 m³/h,或在 1.5 倍额定流量下使用时,阻力损失可取 200 Pa。

(三)室内燃气管道

室内燃气设施构成:立管、表前阀、燃气表、用户管、灶前阀、燃气热水器(灶具)。

室内燃气管道最高供气压力,液化石油气管道的最高压力不应大于 0.14 MPa,管道井内的燃气管道的最高压力不应大于 0.2 MPa。

表 13 - 3　室内燃气管道最高供气压力 MPa

燃气用户		最高压力
工业用户	独立、单层建筑	0.8
	其他	0.4
商业用户		0.4
居民用户(中压进户)		0.2
居民用户(低压进户)		<0.01

中压进厨房的限定压力为 0.2 MPa,主要是根据我国深圳等地多年运行经验和参照国外情况制定的,为保证运行安全,故将进厨房的燃气压力限定为 0.2 MPa。

表 13 - 4　民用低压用气设备燃烧器的额定压力(表压:KPa)

燃气燃烧器	人工煤气	天然气		液化石油气
		矿井气	天然气、石油伴生气、液化石油气混空气	
民用燃具	1.0	1.0	2.0	2.8 或 5.0

燃气额定压力是燃烧器设计的重要参数。为了逐步实现设备的标准化、系列化,首先应对燃气额定压力进行规定。

一个城市低压管网压力是一定的,它同时供应几种燃烧方式的燃烧器(如引射式、机械鼓风的混合式、扩散式等),当低压管网的压力能满足引射式燃烧器的要求时,则更能满足另外两种燃烧器的要求(另外两种燃烧器对压力要求不太严格),故对所有低压燃烧器的额定压力以满足引射式燃烧器为准而作了统一的规定,这样就为低压管网压力确定创造了有利条件。

1. 敷设方式

当室内燃气管道的敷设方式在设计文件中无明确规定时,宜按下表选用。

表 13 - 5　室内燃气管道的敷设方式

管道材料	明设管道	暗设管道	
		暗封形式	暗埋形式
热镀锌钢管	应	可	—
无缝钢管	应	可	—
铜管	应	可	可
薄壁不锈钢管	应	可	可
不锈钢波纹软管	可	可	可
燃气用铝塑复合管	可	可	可

室内明设或暗封形式敷设的燃气管道与装饰后墙面的净距,应满足维护、检查的需要并宜符合下表的要求;铜管、薄壁不锈钢管、不锈钢波纹软管和铝塑复合管与墙之间净距应满

足安装的要求。

表 13-6　室内燃气管道与装饰后墙面的净距

管子公称尺寸	＜DN25	DN25～DN40	DN50	＞DN50
与墙净距(mm)	≥30	≥50	≥70	≥90

这个距离主要是考虑安装时使用工具所需的空间。不锈钢波纹软管和铝塑复合管属于柔性管道，可不需要与墙面保留维护检修的净距。

2. 室内燃气管道安装要求

(1) 燃气水平干管和立管不得穿过易燃易爆品仓库、配电间、电缆沟、烟道、进风道和电梯井等。

(2) 燃气水平干管宜明设，有特殊要求时可敷设在通风良好检修方便的吊顶内。

(3) 燃气立管不得敷设在卧室或卫生间，立管穿过通风不良的吊顶时应设在套管内。宜明设，亦可设置在便于检修的管道井内。

(4) 燃气支管宜明设。不宜穿过起居室、过道等，当穿过起居室、过道、卫生间、阁楼、壁橱时，管道不宜有接头，连接必须采用焊连接，并应设在钢套管中。

为了便于检修、检漏并保证使用安全，同时明设法也较节约，所以，室内燃气管道一般均应明设。在特殊情况下(例如考虑美观要求而不允许设明管或明管有可能受特殊环境影响而遭受损坏时)允许暗设，但必须便于安装和检修，并达到通风良好的条件(通风换气次数大于 2 次/h)，例如装在具有百页盖板的管槽内等。

(5) 住宅内暗封的燃气支管应设在不受外力冲击和暖气烘烤部位，且拆卸、检修方便，通风良好；暗埋支管内不宜有接头，且不应有机械接头，需做好防腐措施，有标志。

(6) 燃气管道不应设置在潮湿或有腐蚀性介质的房间内，确需敷设时应采取防腐措施。

(7) 敷设在地下室、半地下室、设备层和地上密闭房间以及竖井、车库的燃气管道应符合：管材、管件、阀门的公称压力应提高一个等级；管道提高一个压力等级的含义是指：低压提高到 0.1 MPa；中压 B 提高到 0.4 MPa；中压 A 提高到 0.6 MPa。管道宜采用钢号为 10、20 的无缝管或同等以上的其他金属材料；除阀门、仪表等部位和采用加厚管的低压管道外，均应采用焊接或法兰连接，且焊口应进行探伤。

(8) 输送干燃气的室内管道可不设坡度。输送湿燃气(包括气相液化石油气)的管道，其敷设坡度不宜小于 0.003；煤气表前后的水平支管应分别坡向立管和燃具。

(9) 室内燃气管道的下列部位应设阀门：引入管、调压器前和煤气表前、燃气用具前、测压计前、放散管起点。

(10) 室内明设管道与墙的净距：管径小于 DN25 时，不宜小于 30 mm；DN25～DN40 时，不宜小于 50 mm；等于 DN50 时，不宜小于 60 mm；大于 DN50 时，不宜小于 90 mm。

(11) 燃气管道垂直交叉敷设时，大管应置于小管外侧；其他情况见下表：

表 13-7　燃气管道与电器设备、相邻管道之间的净距(cm)

管道和设备		与燃气管道的净距(cm)	
		平行敷设	交叉敷设
电气设备	明装的绝缘电线或电缆	25	10(注)
	暗装或管子内绝缘电线	5(从所做的槽或管子的边缘算起)	1
	电压小于 1 000 V 的裸露电线	100	100
	配电盘或配电箱、电表	30	不允许
	电插座、电源开关	15	不允许
相邻管道		保证燃气管道、相邻管道的安装和维修	2

注:① 当明装电线加绝缘套管的两端各伸出燃气管道 10 cm 时,套管于燃气管道的交叉净距可降至 1 cm。② 当布置确有困难时,在采取有效措施后,可适当减少净距。

(12) 暗埋管道:

1) 埋设管道的管槽不得伤及建筑物的钢筋。管槽宽度宜为管道外径加 20 mm,深度应满足覆盖层厚度不小于 10 mm 的要求。

2) 暗埋管道不得与建筑物中的其他任何金属结构相接触,当无法避让时,应采用绝缘材料隔离。

3) 暗埋管道不应有机械接头。

4) 暗埋管道宜在直埋管道的全长上加设有效地防止外力冲击的金属防护装置,金属防护装置的厚度宜大于 1.2 mm。当与其他埋墙设施交叉时,应采取有效的绝缘和保护措施。

5) 暗埋管道在敷设过程中不得产生任何形式的损坏,管道固定应牢固。

6) 在覆盖暗埋管道的砂浆中不应添加快速固化剂。砂浆内应添加带色颜料作为永久色标。当设计无明确规定时,颜料宜为黄色。

(13) 铝塑复合管的安装要求:

1) 不得敷设在室外和有紫外线照射的部位;

2) 公称尺寸小于或等于 DN20 的管子,可以直接调直;公称尺寸大于或等于 DN25 的管子,宜在地面压直后进行调直;

3) 管道敷设的位置应远离热源;

4) 灶前管与燃气灶具的水平净距不得小于 0.5 m,且严禁在灶具正上方;

5) 阀门应固定,不应将阀门自重和操作力矩传递至铝塑复合管。

(14) 燃气软管选择与安装

燃具与燃气管道的连接部分,严禁漏气。燃具连接用部件(阀门、管道、管件等)应是符合国家现行标准并经检验合格的产品。连接部位应牢固、不易脱落。室内燃气管道采用软管时,应符合下列规定:

1) 燃气用具连接部位、实验室用具或移动式用具等处可采用软管连接。

2) 中压燃气管道上应采用符合现行国家标准《波纹金属软管通用技术条件》GB/T14525、《液化石油气(LPG)用橡胶软管和软管组合件散装运输用》GB/T10546 或同等性能以上的软管。

3) 低压燃气管道上应采用符合国家现行标准《家用煤气软管》HG2486 或国家现行标准《燃气用不锈钢波纹软管》CJ/T197 规定的软管。

4) 软管最高允许工作压力不应小于管道设计压力的 4 倍。

5) 软管与家用燃具连接时,其长度不应超过 2 m,并不得有接口。在软管连接时不得使用三通,形成两个支管。临时性、季节性使用时,软管长度可小于 5 m。软管不得产生弯折、拉伸、脚踏等现象。龟裂、老化的软管不得使用。

6) 软管与移动式的工业燃具连接时,其长度不应超过 30 m,接口不应超过 2 个。

7) 软管连接时,应采用专用的承插接头、螺纹接头或专用卡箍紧固;承插接头应按燃气流向指定的方向连接。软管与管道、燃具的连接处应采用压紧螺帽(锁母)或管卡(喉箍)固定。在软管的上游与硬管的连接处应设阀门。

8) 橡胶软管不得穿墙、顶棚、地面、窗和门。

9) 燃气软管不应装在有火焰和辐射热的地点和隐蔽处。

为了保证燃具和用气设备的正常燃烧。烟道的设置及结构应符合燃具和用气设备的要求,并应符合设计文件的规定。对旧有烟道应核实烟道断面及烟道抽力,不满足烟气排放要求的不得使用。

用气设备的烟道应按设计文件的要求施工。居民用气设备的水平烟道长度不宜超过 5 m,商业用户用气设备的水平烟道不宜超过 6 m,并应有 1% 坡向燃具的坡度。

(15) 燃气管道与燃具的距离

1) 主立管与燃具水平净距不小于 30 cm,灶前管与燃具水平净距不小于 20 cm;燃气管道在燃具上方通过时,应位于油烟机上方,且与燃具的垂直净距应大于 100 cm(灶前管不包含铝塑管)。

2) 当水平管道上设有阀门时,应在阀门来气侧 1 m 范围内设支架并尽量靠近阀门。

3) 与不锈钢波纹管、铝塑管直接相连的阀门应设有固定底座或管卡。

3. 管道支撑

表 13 - 8　燃气管道采用的支撑形式

公称尺寸	砖砌墙壁	混凝土制墙板	石膏空心墙板	木结构墙	楼板
DN15～DN20	管卡	管卡	管卡、夹壁管卡	管卡	吊架
DN25～DN40	管卡、托架	管卡、托架	夹壁管卡	管卡	吊架
DN50～DN65	管卡、托架	管卡、托架	夹壁托架	管卡、托架	吊架
>DN65	托架	托架	不得依敷	托架	吊架

高层建筑室内燃气管道的支撑形式应符合设计文件的规定,高层建筑的燃气立管应有承受自重和热伸缩推力的固定支架和活动支架。沿墙、柱、楼板的管道应采用支架、吊架、管卡等固定;穿过承重墙、地板或楼板时必须加钢套管,套管内不得有接头。

多层以上居民单元:燃气立管底部应安装承重的支架,高层建筑的燃气立管应有承重的支架和必要的补偿措施。

支架宜应用不锈钢材料,当管道与支架为不同种类的材质时,二者之间应采用绝缘性能良好的材料进行隔离;隔离不锈钢管道所使用的非金属材料,其氯离子含量不应大于50×10^{-6}。支架选用其他材料时,必须涂防锈漆。

燃气管道的支撑不得设在管件、焊口、螺纹连接处;立管宜以管卡固定。水平管道转弯处:钢管1 m以内设固定托架,铜管、不锈钢管、波纹管不大于0.5 m,铝塑管小于0.3 m。

表 13-9 钢管的水平管和立管的支撑之间的最大间距

管道公称直径(mm)	最大间距(m)	管道公称直径(mm)	最大间距(m)
15	2.5	100	7.0
20	3.0	125	8.0
25	3.5	150	10.0
32	4.0	200	12.0
40	4.5	250	14.5
50	5.0	300	16.5
70	6.0	350	18.5
80	6.5	400	20.5

管道支撑、支架、托架、吊架(以下简称"支架")的安装应符合以下要求:与不锈钢波纹软管、铝塑复合管直接相连的阀门应设有固定底座或管卡。

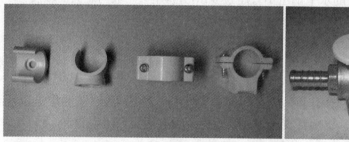

图 13-6 管卡和固定底座

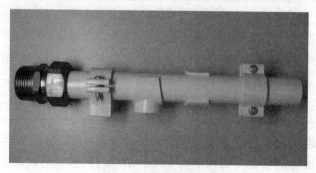

图 13-7 安装好的卡座

燃气用铝塑复合管支架的最大间距宜按下表选择。

表 13－10　燃气用铝塑复合管支架最大间距

外径(mm)	16	18	20	25
水平敷设(m)	1.2	1.2	1.2	1.8
垂直敷设(m)	1.5	1.5	1.5	2.5

水平管道转弯处应在以下范围内设置固定托架或管卡座：铝塑复合管每侧不应大于 0.3 m。

4. 燃气的监控设施及防雷、防静电

(1) 防雷：室内燃气管道严禁作为接地导体或电极。进出建筑物的燃气管道的进出口处，室外的屋面管、立管、放散管、引入管和燃气设备等处均应有防雷、防静电接地设施；沿屋面或外墙明敷的室内燃气管道，不得布置在屋面上的檐角、屋檐、屋脊等易受雷击部位。当安装在建筑物的避雷保护范围内时，应每隔 25 m 至少与避雷网采用直径不小于 8 mm 的镀锌圆钢进行连接，焊接部位应采取防腐措施，管道任何部位的接地电阻值不得大于 10 Ω；当安装在建筑物的避雷保护范围外时，应符合设计文件的规定。

(2) 可燃气体检测报警器与燃具或阀门的水平距离规定如下：

1) 当燃气相对密度比空气轻时，水平距离应控制在 0.5～8.0 m 范围内，安装高度应距屋顶 0.3 m 之内，且不得安装于燃具的正上方；

2) 当燃气相对密度比空气重时，水平距离应控制在 0.5～4.0 m 范围内，安装高度应距地面 0.3 m 以内。

(3) 在建筑物内专用的封闭式燃气调压、计量间；地下室、半地下室和地上密闭的用气房间；燃气管道竖井；地下室、半地下室引入管穿墙处；有燃气管道的管道层等场所应设置燃气浓度检测报警器。

(4) 燃气浓度检测报警器的设置还应符合下列要求：

1) 燃气浓度检测报警器宜与排风扇等排气设备连锁。

2) 燃气浓度检测报警器宜集中管理监视。

3) 报警器系统应有备用电源。

(5) 在地下室、半地下室和地上密闭的用气房间；一类高层民用建筑；燃气用量大、人员密集、流动人口多的商业建筑；重要的公共建筑；有燃气管道的管道层等场所宜设置燃气紧急自动切断阀。

(6) 燃气紧急自动切断阀的设置应符合下列要求：

1) 紧急自动切断阀应设在用气场所的燃气入口管、干管或总管上；

2) 紧急自动切断阀宜设在室外；

3) 紧急自动切断阀前应设手动切断阀；

4) 紧急自动切断阀宜采用自动关闭、现场人工开启型，当浓度达到设定值时，报警后关闭。

（四）燃气计量表安装

1. 一般规定

为节约国家资源，保护燃气用户利益，燃气计量表必须准确。燃气计量表在安装前应做相应的检查：

（1）燃气计量表应有出厂合格证、质量保证书；标牌上应有 CMC 标志、最大流量、生产日期、编号和制造单位；"CMC"是国家对"制造计量器具许可证"的认定标记。而具有出厂合格证是证明该产品为已经厂家质量检验合格的产品；

（2）国家明文规定计量器具必须实行定期检查，燃气计量表应有法定计量检定机构出具的检定合格证书，并应在有效期内；

（3）超过检定有效期及倒放、侧放的燃气计量表应全部进行复检，不按规定方法放置的燃气计量表，会使传动机构受到影响，从而造成计量不准确；

（4）燃气计量表的性能、规格、适用压力应符合设计文件的要求。

2. 燃气计量表的安装

燃气计量表应按设计文件和产品说明书进行安装，且燃气计量表的安装位置应满足正常使用、抄表和检修的要求，并应具有自然通风的功能，包括安装在橱柜内。燃气计量表的安装应使用专用的表连接件，安装后应横平竖直，不得倾斜；

表 13 - 11　燃气计量表与燃具、电气设施的最小水平净距

名称	与燃气计量表的最小水平净距
相邻管道、燃气管道	便于安装、检查及维修
家用燃气灶具	30（表高位安装时）
热水器	30
电压小于 1 000 V 的裸露电线	100
配电盘、配电箱或电表	50
电源插座、电源开关	20
燃气计量表	便于安装、检查及维修

燃气表的环境温度，当使用人工煤气和天然气时，应高于 0 ℃；当使用液化石油气时，应高于其露点 5 ℃以上。

住宅内燃气表可安装在厨房内，当有条件时也可设置在户门外。

住宅内高位安装燃气表时，表底距地面不宜小于 1.4 m；当燃气表装在燃气灶具上方时，燃气表与燃气灶的水平净距不得小于 30 cm；低位安装时，表底距地面不得小于 10 cm。

商业和工业企业的燃气表宜集中布置在单独房间内，当设有专用调压室时可与调压器同室布置。

严禁安装在下列场所：

（1）卧室、卫生间及更衣室内；

（2）有电源、电器开关及其他电器设备的管道井内，或有可能滞留泄漏燃气的隐蔽场所；

（3）环境温度高于 45 ℃的地方；

（4）经常潮湿的地方；

（5）堆放易燃易爆、易腐蚀或有放射性物质等危险的地方；

（6）有变、配电等电器设备的地方；

（7）有明显振动影响的地方；

（8）高层建筑中的避难层及安全疏散楼梯间内。

商业及工业企业最大流量小于 65 m³/h 的膜式燃气计量表，当采用高位安装时，表后距墙净距不宜小于 30 mm，并应加表托固定；采用低位安装时，应平稳地安装在高度不小于 200 mm 的砖砌支墩或钢支架上，表后与墙净距不应小于 30 mm。因为最大流量小于 65 m³/h 的燃气计量表较重，故高位安装要加表托固定；低安装时，安放在支墩或支架上，可保证表的平稳，避免螺纹接头泄漏。

最大流量大于或等于 65 m³/h 的膜式燃气计量表，应平正地安装在高度不小于 200 mm 的砖砌支墩或钢支架上，表后与墙净距不宜小于 150 mm；腰轮表、涡轮表和旋进旋涡表的安装场所、位置、前后直管段及标高应符合设计文件的规定，并应按产品标识的指向安装。

最大流量大于或等于 65 m³/h 的燃气计量表，体积和重量均较大，低位安装可降低劳动强度，提高工作效率，保证安全，故规定低位安装。表后与墙净距不宜小于 150 mm 是为了安装和检修保证松紧法兰上的螺栓（母）有所需的空间与位置。

从安全的角度，商业及工业企业燃气计量表与燃具和设备的水平净距是：距金属烟囱不应小于 80 cm，距砖砌烟囱不宜小于 60 cm；距炒菜灶、大锅灶、蒸箱和烤炉等燃气灶具灶边不宜小于 80 cm；距沸水器及热水锅炉不宜小于 150 cm；

但是当燃气计量表与燃具和设备的水平净距无法满足上述要求时，加隔热板后水平净距可适当缩小。

家用、商业用及工业企业用燃具和用气设备安装时，应检查燃具和用气设备的产品合格证、产品安装使用说明书和质量保证书，产品外观的显见位置应有产品参数铭牌，并有出厂日期，应核对性能、规格、型号、数量是否符合设计文件的要求。不符合以上要求的产品不得安装，以保证用户使用的安全。

家用燃具应采用低压燃气设备，商业用气设备宜采用低压燃气设备。

为了保证燃具和用气设备的正常燃烧，烟道的设置及结构应符合燃具和用气设备的要求，并应符合设计文件的规定。对旧有烟道应核实烟道断面及烟道抽力，不满足烟气排放要求的不得使用。

（五）居民生活及商用气燃具的安装

居民生活的各类用气设备应采用低压燃气，用气设备前（灶前）的燃气压力应在 $0.75\sim1.5P_n$ 的范围内（P_n 为燃具的额定压力）。

居民生活用气设备严禁设置在卧室内，住宅厨房内宜设置排气装置和燃气浓度检测报警器。

1. 家用燃气灶的设置应符合下列要求

（1）燃气灶应安装在有自然通风和自然采光的厨房内。利用卧室的套间（厅）或利用与卧室连接的走廊作厨房时，厨房应设门并与卧室隔开。

（2）安装燃气灶的房间净高不宜低于 2.2 m。

（3）燃气灶与墙面的净距不得小于 10 cm。当墙面为可燃或难燃材料时，应加防火隔热板。

燃气灶的灶面边缘和烤箱的侧壁距木质家具的净距不得小于 20 cm，当达不到时，应加防火隔热板。

(4) 放置燃气灶的灶台应采用不燃烧材料,当采用难燃材料时。应加防火隔热板。

(5) 厨房为地上暗厨房(无直通室外的门和窗)时,应选用带有自动熄火保护装置的燃气灶,并应设置燃气浓度检测报警器、自动切断阀和机械通风设施,燃气浓度检测报警器应与自动切断阀和机械通风设施连锁。

2. 家用燃气热水器的设置应符合下列要求

(1) 燃气热水器应安装在通风良好的非居住房间、过道或阳台内;

(2) 有外墙的卫生间内,可安装密闭式热水器,但不得安装其他类型热水器;

(3) 装有半密闭式热水器的房间,房间门或墙的下部应设有效截面积不小于 0.02 m² 的格栅,或在门与地面之间留有不小于 30 mm 的间隙;

(4) 房间净高宜大于 2.4 m;

(5) 可燃或难燃烧的墙壁和地板上安装热水器时,应采取有效的防火隔热措施;

(6) 热水器的给排气筒宜采用金属管道连接。

3. 商业用气设备

商业用气设备宜采用低压燃气设备,应安装在通风良好的专用房间内;商业用气设备不得安装在易燃易爆物品的堆存处,亦不应设置在兼做卧室的警卫室、值班室、人防工程等处。

商业用气设备设置在地下室、半地下室(液化石油气除外)或地上密闭房间内时,应符合下列要求:

(1) 燃气引入管应设手动快速切断阀和紧急自动切断阀;紧急自动切断阀停电时必须处于关闭状态(常开型);

(2) 用气设备应有熄火保护装置;

(3) 用气房间应设置燃气浓度检测报警器。并由管理室集中监视和控制;

(4) 宜设烟气一氧化碳浓度检测报警器;

(5) 应设置独立的机械送排风系统;通风量应满足下列要求:

1) 正常工作时,换气次数不应小于 6 次/h;事故通风时。换气次数不应小于 12 次/h;不工作时换气次数不应小于 3 次/h;

2) 当燃烧所需的空气由室内吸取时,应满足燃烧所需的空气量;

3) 应满足排除房间热力设备散失的多余热量所需的空气量。

商业用气设备的布置应符合:用气设备之间及用气设备与对面墙之间的净距应满足操作和检修的要求;用气设备与可燃或难燃的墙壁、地板和家具之间应采取有效的防火隔热措施。

大锅灶和中餐炒菜灶应有排烟设施,大锅灶的炉膛或烟道处应设爆破门;

商业用户的燃气锅炉和燃气直燃型吸收式冷(温)水机组设置时,宜设置在独立的专用房间内;设置在建筑物内时,燃气锅炉房宜布置在建筑物的首层,不应布置在地下二层及二层以下;燃气常压锅炉和燃气直燃机可设置在地下二层;燃气锅炉房和燃气直燃机不应设置在人员密集场所的上一层、下一层或贴邻的房间内及主要疏散口的两旁;不应与锅炉和燃气直燃机无关的甲、乙类及使用可燃液体的丙类危险建筑贴邻;燃气相对密度(空气等于 1)大于或等于 0.75 的燃气锅炉和燃气直燃机,不得设置在建筑物地下室和半地下室;宜设置专用调压站或调压装置,燃气经调压后供应机组使用。

商业用户中燃气锅炉和燃气直燃型吸收式冷(温)水机组的安全技术措施要求:燃烧器

应是具有多种安全保护自动控制功能的机电一体化的燃具；应有可靠的排烟设施和通风设施；应设置火灾自动报警系统和自动灭火系统。

（六）工业企业生产用气设备

当城镇供气管道压力不能满足工业企业生产用气设备要求。需要安装加压设备时，在城镇低压和中压 B 供气管道上严禁直接安装加压设备。

城镇低压和中压 B 供气管道上间接安装加压设备时，加压设备前必须设低压储气罐。其容积应保证加压时不影响地区管网的压力工况；储气罐容积应按生产量较大者确定；储气罐的起升压力应小于城镇供气管道的最低压力；储气罐进出口管道上应设切断阀。加压设备应设旁通阀和出口止回阀；由城镇低压管道供气时，储罐进口处的管道上应设止回阀；储气罐应设上、下限位的报警装置和储量下限位与加压设备停机和自动切断阀连锁。

城镇供气管道压力为中压 A 时，应有进口压力过低保护装置。

工业企业生产用气设备的烟气余热宜加以利用。

（1）工业企业生产用气设备装置应有：单台用气设备应有观察孔或火焰监测装置，并宜设置自动点火装置和熄火保护装置；气设备上应有热工检测仪表，加热工艺需要和条件允许时，应设置燃烧过程的自动调节装置。

（2）工业企业生产用气设备燃烧装置的安全设施应符合下列要求：

① 燃气管道上应安装低压和超压报警以及紧急自动切断阀；

② 烟道和封闭式炉膛，均应设置泄爆装置，泄爆装置的泄压口应设在安全处；

③ 风机和空气管道应设静电接地装置。接地电阻不应大于 100 Ω；

④ 用气设备的燃气总阀门与燃烧器阀门之间，应设置放散管。

（3）燃气燃烧需要带压空气和氧气时，应有防止空气和氧气回到燃气管路和回火的安全措施，并应符合要求：

① 燃气管路上应设背压式调压器。空气和氧气管路上应设泄压阀。

② 燃气、空气或氧气的混气管路与燃烧器之间应设阻火器；混气管路的最高压力不应大于 0.07 MPa。

（4）阀门设置应符合下列规定

① 用气车间的进口和燃气设备前的燃气管道上均应单独设置阀门，阀门安装高度不宜超过 1.7 m；燃气管道阀门与用气设备阀门之间应设放散管；

② 单个燃烧器的燃气接管上，必须单独设置有启闭标记的燃气阀门；

③ 单个机械鼓风的燃烧器，在风管上必须设置有启闭标记的阀门；

④ 大型或并联装置的鼓风机，其出口必须设置阀门；

⑤ 放散管、取样管、测压管前必须设置阀门。

（5）工业企业生产用气设备应安装在通风良好的专用房间内。

（七）燃烧烟气的排除

（1）燃气燃烧所产生的烟气必须排出室外。设有直排式燃具的室内容积热负荷指标超过 207 w/m³ 时，必须设置有效的排气装置将烟气排至室外。注：有直通洞口（哑口）的毗邻房间的容积也可一并作为室内容积计算。

（2）浴室用燃气热水器的给排气口应直接通向室外。其排气系统与浴室必须有防止烟气泄漏的措施。

（3）商业用户厨房中的燃具上方应设排气扇或排气罩。

（4）燃气用气设备的排烟设施应符合下列要求：

① 不得与使用固体燃料的设备共用一套排烟设施；

② 单台用气设备宜采用单独烟道；当多台设备合用一个总烟道时，应保证排烟时互不影响；

③ 容易积聚烟气的地方，应设置泄爆装置；

④ 设有防止倒风的装置；

⑤ 从设备顶部排烟或设置排烟罩排烟时，其上部应有不小于 0.3 m 的垂直烟道方可接水平烟道；

⑥ 有防倒风排烟罩的用气设备不得设置烟道闸板；无防倒风排烟罩的用气设备，在至总烟道的每个支管上应设置闸板，闸板上应有直径大于 15 mm 的孔；

⑦ 安装在低于 0 ℃ 房间的金属烟道应做保温。

（5）水平烟道的设置应符合下列要求：

① 水平烟道不得通过卧室；

② 居民用气设备的水平烟道长度不宜超过 5 m，弯头不宜超过 4 个（强制排烟式除外）；商业用户用气设备的水平烟道长度不宜超过 6 m；工业企业生产用气设备的水平烟道长度，应根据现场情况和烟囱抽力确定；

③ 水平烟道应有大于或等于 0.01 坡向用气设备的坡度；

④ 多台设备合用一个水平烟道时，应顺烟气流动方向设置导向装置；

⑤ 用气设备的烟道距难燃或不燃顶棚或墙的净距不应小于 5 cm；距燃烧材料的顶棚或墙的净距不应小于 25 cm。注：当有防火保护时，其距离可适当减小。

（6）用气设备排烟设施的烟道抽力（余压）应符合下列要求：

① 负荷 30 kW 以下的用气设备，烟道的抽力（余压）不应小于 3 Pa；

② 负荷 30 kW 以上的用气设备，烟道的抽力（余压）不应小于 10 Pa；

③ 工业企业生产用气工业炉窑的烟道抽力，不应小于烟气系统总阻力的 1.2 倍。

（八）室内燃气管道试验

室内燃气管道安装完毕后，应进行强度和严密性试验。

进行强度试验前，管、内应吹扫干净，吹扫介质宜采用空气或氮气，不得使用可燃气体。

室内燃气管道的试验范围：自引入管阀门起至燃具之间的管道，而引入管阀门以前的管道应和埋地配气支管连通进行试验。

试验介质应采用空气或氮气或惰性气体，严禁用水，用水可能会对管道和设备造成污染。试验用压力表应在检验有效期内，其量程应为被测压力的 1.5～2 倍，精度等级为 0.4 级。U 形压力计的最小分度值不得大于 1 mm。试验用压力计量装置的量程和精度关系到压力试验的准确性。

暗埋敷设的燃气管道系统的强度试验和严密性试验应在未隐蔽前进行。

城市燃气工程在竣工验收时，应组织城建、公安消防、劳动等有关部门及燃气安全方面的专家参加。试验工作应由施工单位负责实施，监理（建设）等单位应参加。

1. 强度试验

明管敷设时,居民用户应为引入管阀门至燃气计量装置前阀门之间的管道系统;暗埋或暗封敷设时,居民用户应为引入管阀门至燃具接入管阀门(含阀门)之间的管道;

商业用户及工业企业用户应为引入管阀门至燃具接入管阀门(含阀门)之间的管道(含暗埋或暗封的燃气管道)。

进行强度试验前,管、内应吹扫干净,吹扫介质宜采用空气或氮气,不得使用可燃气体。

强度试验:强度试验压力应为设计压力的 1.5 倍且不得低于 0.1 MPa。

(1)在低压燃气管道系统达到试验压力时;稳压不少于 0.5 h 后。应用发泡剂检查所有接头,无渗漏、压力计量装置无压力降为合格;

(2)在中压燃气管道系统达到试验压力时。稳压不少于 0.5 h 后。应用发泡剂检查所有接头,无渗漏、压力计量装置无压力降为合格;或稳压不少于 1 h。观察压力计量装置,无压力降为合格;

(3)当中压以上燃气管道系统进行强度试验时,应在达到试验压力的 50% 时停止不少于 15 min,用发泡剂检查所有接头,无渗漏后方可继续缓慢升压至试验压力并稳压不少于 1 h 后,压力计量装置无压力降为合格。

2. 严密性试验

严密性试验范围应为引入管阀门至燃具前阀门之间的管道。通气前还应对燃具前阀门至燃具之间的管道进行检查。室内燃气系统的严密性试验应在强度试验合格之后进行。

(1)低压管道系统:

试验压力应为设计压力且不得低于 5 kPa。在试验压力下。居民用户应稳压不少于 15 min,商业和工业企业用户应稳压不少于 30 min,并用发泡剂检查全部连接点。无渗漏、压力计无压力降为合格。

当试验系统中有不锈钢波纹软管、覆塑铜管、铝塑复合管、耐油胶管时,在试验压力下的稳压时间不宜小于 1 h,除对各密封点检查外,还应对外包覆层端面是否有渗漏现象进行检查。

低压燃气管道严密性试验的压力计量装置应采用 U 形压力计。

(2)中压及以上压力管道系统:

试验压力应为设计压力且不得低于 0.1 MPa。在试验压力下稳压不得少于 2 h,用发泡剂检查全部连接点,无渗漏、压力计量装置无压力降为合格。

主要参考文献

1. 曹阿林,朱庆军,侯保荣,张胜涛. 油气管道的杂散电流腐蚀与防护[J]. 煤气与热力, 2009,29(3):B06 - B09.

2. 中国就业培训技术指导中心. 燃气具安装维修工(初级)[M]. 北京:中国劳动社会保障出版社,2012

3. 丁崇功. 燃气管道工[M]. 北京:化学工业出版社,2008